연산마스터

계산력 강화

+ − × ÷

7권

초등 4-1

계산력 한눈에 보기

1권 (1-1)

단원	단계	내용
1. 9까지의 수	1단계	(1) 1부터 5까지의 수 알아보기
		(2) 6부터 9까지의 수, 0 알아보기
		(3) 몇째인지 알아보기
		(4) 수의 순서 알아보기
	2단계	(1) 1 큰 수와 1 작은 수 알아보기
		(2) 두 수의 크기 비교하기
2. 더하기와 빼기	3단계	(1) 1~5까지의 수 모으기와 가르기
		(2) 6~9까지의 수 모으기와 가르기
		(3) 1~9까지의 수 모으기와 가르기
		(4) 0을 더하거나 빼기
	4단계	(1) 덧셈 / (2) 뺄셈
		(3) 세 수로 덧셈식, 뺄셈식 만들기
3. 50까지의 수	5단계	(1) 9 다음 수 알아보기 / (2) 십몇 알아보기
		(3) 11~15 모으기와 가르기 / (4) 16~19 모으기와 가르기
	6단계	(1) 몇십 알아보기 / (2) 몇십몇 알아보기
		(3) 50까지의 수의 순서 / (4) 더 큰수 찾아보기

2권 (1-2)

단원	단계	내용
1. 100까지의 수	1단계	(1) 몇십 알아보기 / (2) 99까지의 수 알아보기
		(3) 수의 순서 알아보기 / (4) 수의 크기 비교하기
		(5) 짝수와 홀수 알아보기
2. 덧셈과 뺄셈(1)	2단계	(1) 받아올림이 없는 (몇십몇)+(몇) 계산하기
		(2) 받아올림이 없는 (몇십)+(몇십) 계산하
		(3) 받아올림이 없는 (몇십몇)+(몇십몇) 계산하기
		(4) 그림을 보고 덧셈하기, 여러 가지 방법으로 덧셈하기
	3단계	(1) 받아내림이 없는 (몇십몇)-(몇) 계산하기
		(2) 받아내림이 없는 (몇십)-(몇십) 계산하기
		(3) 받아내림이 없는 (몇십몇)-(몇십몇) 계산하기
		(4) 그림을 보고 뺄셈하기, 여러 가지 방법으로 뺄셈하기
3. 덧셈과 뺄셈(2)	4단계	(1) 계산 결과가 한 자리 수인 세 수의 덧셈
		(2) 계산 결과가 한 자리 수인 세 수의 뺄셈
	5단계	(1) 10이 되는 더하기 / (2) 10에서 빼기
		(3) 10을 만들어 세 수를 더하기
4. 덧셈과 뺄셈(3)	6단계	(1) 10을 이용하여 모으기와 가르기
		(2) 여러 가지 방법으로 (몇)+(몇)=(십몇) 계산하기
		(3) 여러 가지 방법으로 (십몇)-(몇)=(몇) 계산하기

3권 (2-1)

단원	단계	내용
1. 100까지의 수	1단계	(1) 백, 몇백 알아보기
		(2) 뛰어서 세기, 1000 알아보기
		(3) 두 수의 크기 비교하기
2. 덧셈과 뺄셈(1)	2단계	(1) 일의 자리에서 받아올림이 있는 (두 자리 수)+(한 자리 수)
		(2) 일의 자리에서 받아올림이 있는 (두 자리 수)+(두 자리 수)
		(3) 십의 자리에서 받아올림이 있는 (두 자리 수)+(두 자리 수)
		(4) 일, 십의 자리에서 받아올림이 있는 (두 자리 수)+(두 자리 수)
		(5) 여러 가지 방법으로 덧셈
	3단계	(1) 받아내림이 있는 (두 자리 수)-(한 자리 수)
		(2) 받아내림이 있는 (몇십)-(몇십몇)
		(3) 받아내림이 있는 (두 자리 수)-(두 자리 수)
		(4) 여러 가지 방법으로 뺄셈
3. 덧셈과 뺄셈(2)	4단계	(1) 덧셈을 뺄셈, 뺄셈을 덧셈으로 나타내기
		(2) 덧셈식에서 □의 값
		(3) 뺄셈식에서 □의 값
	5단계	(1) 세 수의 덧셈 / (2) 세 수의 뺄셈
		(3) 세 수의 덧셈과 뺄셈
4. 덧셈과 뺄셈(3)	6단계	(1) 몇의 몇 배 알아보기
		(2) 곱셈식으로 나타내기

4권 (2-2)

단원	단계	내용
1. 네 자리 수	1단계	(1) 100이 10개인 수 알아보기
		(2) 몇천 알아보기
		(3) 네 자리 수 알아보기
		(4) 각 자리의 숫자가 나타내는 값 알아보기
	2단계	(1) 뛰어 세기
		(2) 네 자리 수의 크기 비교하기
2. 곱셈구구	3단계	(1) 2의 단 곱셈구구
		(2) 5의 단 곱셈구구
	4단계	(1) 3, 6의 단 곱셈구구 / (2) 4, 8의 단 곱셈구구
		(3) 7의 단 곱셈구구 / (4) 9의 단 곱셈구구
	5단계	(1) 1의 단 곱셈구구와 0의 곱
		(2) 곱셈표 만들기, 곱셈구구를 이용하여 문제 해결하기
3. 규칙 찾기	6단계	(1) 덧셈표에서 규칙 찾아보기
		(2) 곱셈표에서 규칙 찾아보기
		(3) 무늬에서 규칙 찾아보기
		(4) 쌓은 모양에서 규칙 찾아보기

5권 (3-1)

단원	단계	내용
1. 덧셈과 뺄셈	1단계	(1) 받아올림이 없는 (세 자리수)+(세 자리수)
		(2) 받아올림이 한번 있는 (세 자리수)+(세 자리수)
		(3) 받아올림이 두 번 있는 (세 자리수)+(세 자리수)
		(4) 받아올림이 여러 번 있는 (세 자리수)+(세 자리수)
	2단계	(1) 받아내림이 없는 (세 자리수)-(세 자리수)
		(2) 받아내림이 한번 있는 (세 자리수)-(세 자리수)
		(3) 받아내림이 두번 있는 (세 자리수)-(세 자리수)
2. 평면도형	3단계	(1) 선, 각, 직각 알아보기
		(2) 직각삼각형, 직사각형, 정사각형 알아보기
3. 나눗셈	4단계	(1) 똑같이 나누기
		(2) 곱셈과 나눗셈의 관계
4. 곱셈	5단계	(1) (몇십)×(몇) / (2) 올림이 없는 (몇십 몇)×(몇)
		(3) 올림이 한 번 있는 (두 자리 수)×(한 자리 수)
		(4) 올림이 두 번 있는 (두 자리 수)×(한 자리 수)
5. 길이와 시간	6단계	(1) 길이와 거리 / (2) 시간의 합
		(3) 시간의 차
6. 분수와 소수	7단계	(1) 분수의 크기 비교
		(2) 소수와 분수의 크기 비교

6권 (3-2)

단원	단계	내용
1. 곱셈	1단계	(1) 올림이 없는 (세 자리 수)×(한 자리 수)
		(2) 올림이 있는 (세 자리 수)×(한 자리 수)
	2단계	(1) (몇십)×(몇십) 또는 (몇십몇)×(몇십)
		(2) (몇)×(몇십몇)
		(3) 올림이 있는 (몇십몇)×(몇십몇)
2. 평면도형	3단계	(1) 내림이 없는 (몇십)÷(몇)
		(2) 내림이 있는 (몇십)÷(몇)
		(3) 나머지가 없는 (몇십몇)÷(몇)
		(4) 나머지가 있는 (몇십몇)÷(몇)
	4단계	(1) 나머지가 없는 (세 자리 수)÷(한 자리 수)
		(2) 나머지가 있는 (세 자리 수)÷(한 자리 수)
3. 원	5단계	(1) 원의 중심, 반지름, 지름 알아보기
		(2) 원의 성질 알아보기
4. 분수	6단계	(1) 분수로 나타내고 얼마인지 알아보기
		(2) 대분수와 가분수 알아보기 / (3) 분모가 같은 분수의 크기 비교
5. 들이와 무게	7단계	(1) 들이를 비교하고, 덧셈과 뺄셈을 해보기
		(2) 무게를 비교하고, 덧셈과 뺄셈을 해보기
6. 자료의 정리	8단계	(1) 표 읽고 만들기
		(2) 그림그래프 알아보기

수학을 잘 하려면, 어떻게 공부해야 할까요?

1. 수학은 지겨워하지 않고 흥미를 가지면서 공부해야 합니다.

OECD 국가 중에 우리나라 학생들의 수학 실력은 상위 수준이지만 수학에 대한 흥미도는 하위 수준이라는 조사 결과가 말하듯이 많은 학생들이 학년이 올라가면서 점점 더 수학에 흥미를 잃고 있습니다.

특히나 초등학생들이 직면하는 연산은 기초 원리를 이해하면서 호기심과 흥미를 느껴야 하는 과목임에도 불구하고, 반복적 학습을 통한 훈련만이 정답인 것처럼 생각하는 기성세대들의 고정관념을 강요당하여, 같은 방식의 문제를 더 많이 더 빨리 반복 풀이하는 훈련을 지나칠 정도로 시키게 됩니다. 이런 방식은 아이들 입장에서는 피하고 싶은 고문과도 같아서 수학에 점차 흥미를 잃고 지겨워하게 하는 이유가 됩니다.

수학은 암기과목이 아닙니다. 아이들은 이미 우리 생각보다 많은 수학적 호기심과 이해력을 가지고 있습니다. 이런 아이들에게 공식이나 절차와 함께, 자연스럽게 원리를 이해하게 하고, 흥미를 가지고 접근하도록 유도하는 것이 무엇보다 중요합니다.

2. 집중과 몰입의 공부 방법이 중요합니다.

우리나라 초등 교과서는 선진국 중에서도 상위 수준입니다. 그런데 우리 아이들의 연산 교재는 10년 전이나 지금이나 한결같은 반복 훈련으로 더 빨리 더 많이 푸는 기계식 학습에서 머물러 있는 실정입니다.

매일 규칙적으로 적정 분량을 학습하는 훈련을 통하여 집중력을 키우고, 문제풀이 과정을 통해 자연스럽게 연산 방식이 어떤 원리와 규칙성이 있으며, 실생활에는 어떻게 적용되는지를 알게 하여 아이들의 호기심을 자극하여 학습의 흥미와 함께 몰입도를 높여야 합니다.

3. 원리를 알고 기본기를 튼튼히 해야 합니다.

  수학은 모든 단원들이 별개가 아니고 유기적인 관계로 연결되어있습니다. 그런데 공식과 절차만을 암기하여, 서로 연결된 개념과 원리의 관계 구조를 이해하지 못한다면 더이상 사고를 확장 시키지 못하게 되고 흥미도 잃게 되어 실력도 급격히 저하되게 됩니다.

  연산 법칙은 물론, 개념의 관계 구조를 알게 하여 복잡해 보이는 문제라 할지라도 원리를 이용해 단순하게 구조화시켜서 풀이할 수 있는 능력을 길러줘야 합니다.

4. 문제를 단순화 구조화 할 수 있어야 합니다.

  구조화만 시키면 모든 문제는 쉽고 단순하게 풀립니다.

  문장제도 연산의 응용일 따름입니다. 연산을 배우는 것은 실생활에 적용하기 위함인데, 식으로 된 계산은 잘 풀면서 실생활 관련 문장제만 나오면 겁을 집어먹는 이유는 도구적 이해에 갇혀서 더 이상 사고가 확장 되지 않기 때문입니다. 복잡하고 어려운 문제도 구조화 시켜 놓으면 그냥 계산식일 뿐인데 말이죠. 원리를 알고 구조화 시키는 훈련을 조금만 하면 모든 문제가 간단히 풀립니다.

5. 실수를 줄여나가야 합니다.

  반복적인 문제 풀이만 하다 보면 수학적 개념과 원리를 소홀히 하게 되고 암기식으로 치우쳐, 응용력과 분석 및 적용력이 떨어지게 됩니다. 이런 아이들은 조금만 문제가 달라져도 틀리게 됩니다. 그리고 심지어 같은 유형 마져도 빨리 풀려고 손으로 써가며 푸는 대신 눈으로 읽으며 풀어서 실수할 수 있습니다.

  실수를 줄이기 위해서는 반복적인 연습 보다는 오히려 쉬운 문제라 할지라도 원리와 풀이 과정에 입각해서 직접 손으로 써보면서 정확하게 푸는 습관이 필요합니다.

1. 원리를 쉽게 이해하게 됩니다.

원리를 이해하면 계산 방법을 재구성할 수 있으며, 단순 계산력 훈련을 하더라도 지식의 체계화 과정에서 지적 자극을 통한 사고 과정을 확장할 수 있습니다.

본 책은 풀이 과정을 따라가면서 설명한 내용을 읽고, 제시된 이미지를 통해서 입체적으로 개념을 정리하도록 했습니다.

2.계산력을 강화합니다.

수학의 기본은 연산이고 연산은 속도와 정확성이 관건입니다. 틀리지 않고 정확하게 푸는데 집중하면서 점차 빨리 푸는 훈련을 해나가는 과정에서 실수하지 않도록 집중해서 훈련을 하다보면 적당한 긴장과 성취감을 느끼게 됨으로써 흥미를 잃지 않고 공부할 수 있습니다.

본 책은 두 가지 이상의 계산 방식으로 유형의 변화를 주어 지루하지 않도록 배려했으며 충분한 문제를 풀면서 계산능력이 체계적으로 올라가도록 구성하였습니다.

3. 사고력을 확장합니다.

그림 언어인 그래픽 구성을 채워나가면서, 단순 계산에서 오는 지루함을 벗어나 새롭게 흥미를 느끼게 되고 계산 방식을 체계화하게 되며, 자연스럽게 지적 자극을 주어 생각의 폭이 확장 되도록 하였습니다.

이 때 대부분의 책에서처럼 기계식으로 빈칸을 채워 넣기만 하면 의미가 없고, 서술형 문제를 단순화 시켜서 계산식을 세우는 과정과 연결하여 학습하는 것이 중요합니다.

4. 구조화하기를 통한 관계적 학습을 돕습니다.

연산은 잘하는데 단순한 문장제만 나와도 손도 못 대는 아이들이 허다합니다.

그러나 연산을 글로 설명한 것이 문장제이며, 실제 생활 관련한 서술형 문제들이 사고력 창의력 관련 문제들인데, 이런 문제들을 아이들은 많이 어려워합니다. 그런데 실상은 어렵고 복잡해 보이는 문제도 구조화해놓고 보면 쉽고 단순하게 풀립니다.

그런데, 대부분의 연산 교재들이 기계적으로 빨리 푸는 훈련에 치중하기 때문에 아이들의 수학적 사고력을 닫히게 하고, 흥미까지 잃게 합니다. 수학은 개념들이 서로 연결되어 있어서 개념 사이의 관계를 구조화시켜 이해하면 흥미를 느낌은 물론, 다음 표에서 보듯 기억률도 현저히 높아집니다.

<관계적 학습과 도구적 학습의 기억률 차이>

구분	직후	하루 후	4주 후
관계적 학습	69%	69%	58%
도구적 학습	32%	23%	8%

본 책은 아래와 같이 구조화하기를 통하여 문제를 단순화 시켜서, 쉽고 재미있게 학습면서 아이들의 사고력과 창의력 확장에 도움을 주도록 구성했습니다.

1. 변화형 구조와 그룹형 구조

사과 3개를 먹고 남은 것이 7개입니다. 처음 몇 개를 가지고 있었나요?

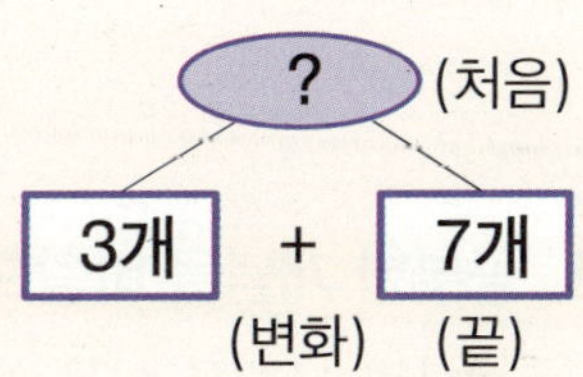

2. 비교형 구조

철이는 구슬을 300개를 가지고 있고 도희는 철이 보다 구슬을 50개를 더 가지고 있습니다.
도희는 몇 개를 가지고 있나요?

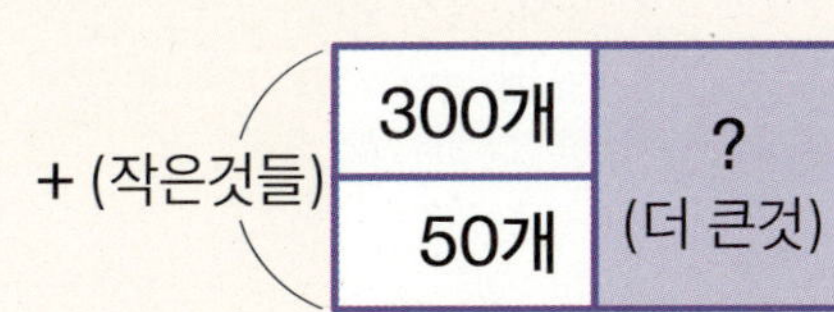

3. 동등한 그룹형 구조

자전거는 걷는 것보다 2배가 빠릅니다. 자전거로 500미터를 가는 동안 걸어서는 얼마를 갈 수 있을까요?

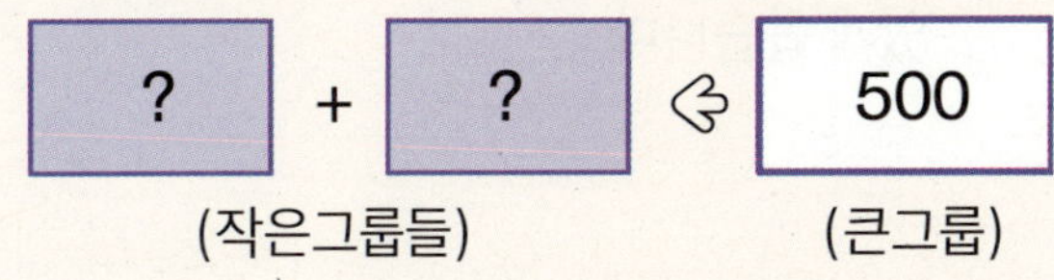

4. 곱셈 비교형 구조

한반에 30명인 여학생 3반과 한반에 25명인 남학생 몇 반이 있습니다. 모두 합한 학생 수가 140명이라면 남학생은 몇 반입니까?

이 책의 구성과 특징

초등연마 계산력의 특장점

1. 계산력을 키우기 위한 알찬 개념

최대한 쉽게 개념을 설명하고, 그림이나 숫자를 이용해 아이들의 이해를 돕습니다.

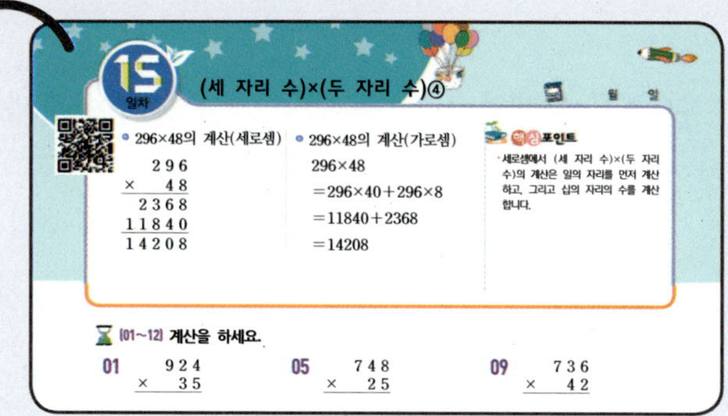

2. 공부한 개념을 바탕으로 문제풀이

계산력 문제를 아무 생각 없이 풀기보단 개념과 연결된 문제를 풀기 때문에 계산 실력을 차곡차곡 쌓을 수 있습니다.

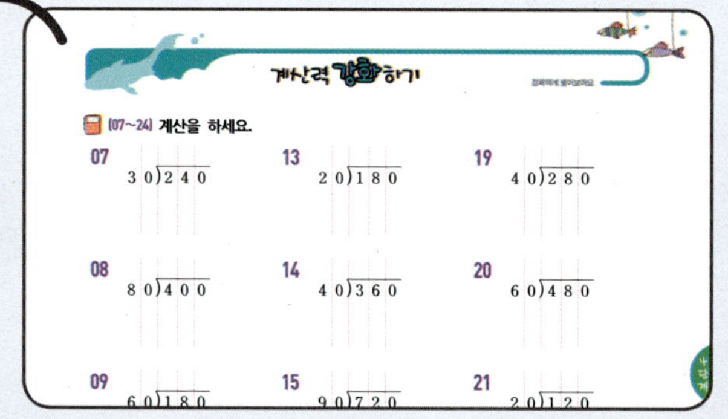

3. 구조화하기

간단한 구조를 계산 문제에 적용하여, 단순 계산 문제 풀이를 학습하는 동안 그 구조를 익혀 서술형에 대비할 수 있게 돕습니다.

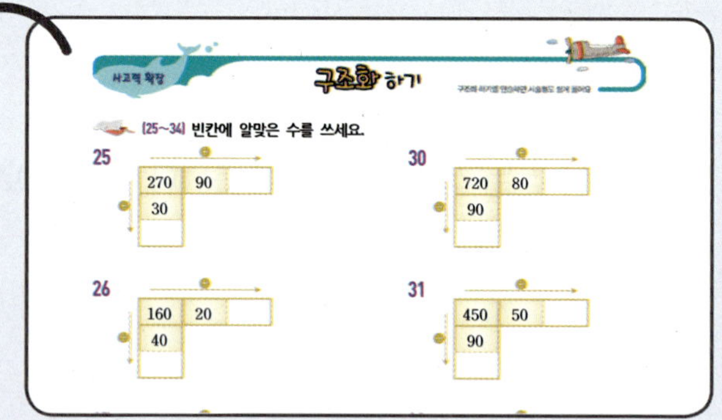

4. 서술형 풀어보기

앞에서 공부한 구조화하기를 서술형에 적용해 봅니다. 식만 주르륵 나와 있을 때는 어렵지 않게 답을 척척 쓰다가, 글자만 많아지면 머리 아파하는 경우가 많은데, 서술형을 구조화시킴으로 단순계산 문제를 풀듯 쉽게 서술형을 해결할 수 있습니다.

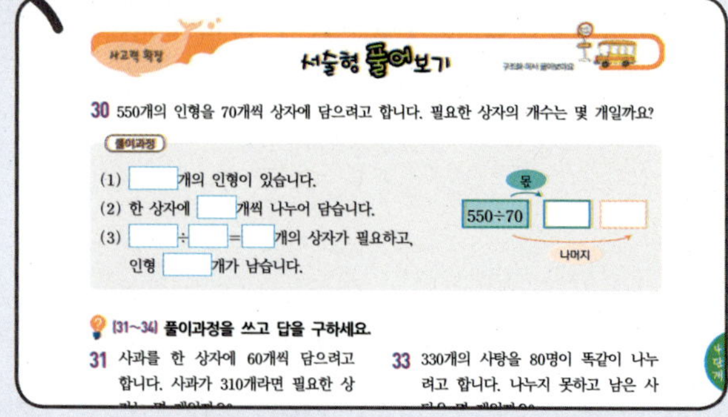

초등연마 계산력의 구조 한눈에 보기

개념 없이 문제 풀다가는 조금만 응용이 들어가도 못 풀어요!

개념과 연관된 문제 풀이를 통해 앞에서 배운 개념을 더 확실히 익혀요!

구조화하기를 통해 서술형까지 정복할 수 있어요!

앞서 배운 구조화하기를 통해 서술형도 단순 계산으로 변신시켜요!

이렇게 활용해 보세요!

1. 동영상을 활용해 보세요.

○ 개념을 스스로 익히지 못하는 아이들을 위한 개념 설명 동영상이 있어요. 개념 창 옆의 큐알코드를 활용하시거나 홈페이지에 접속하시면 동영상을 보실 수 있습니다.

○ 동영상이 있어요.

2. 연마 Check 활용

문제풀이를 마친 뒤, 연마 Check 활용에 맞힌 개수와 푼 시간 등을 적어두면 한 눈에 본인 실력을 확인할 수 있어요.

3. 선생님/부모님 가이드 활용

○ 선생님/부모님 체크 리스트를 통해 꼭 알아야 할 내용과, 문제 풀이 시간을 기입해 성적표로 활용하시거나, 표를 통한 분석으로 아이의 공부 방향을 조정할 수 있어요.

○ 답지를 본문 축소하여서 아이가 어느 부분의 어떤 문제를 틀리는지 바로 확인 가능해요. 답과 문제집을 따로 확인하지 않아도 되게 구성했어요.

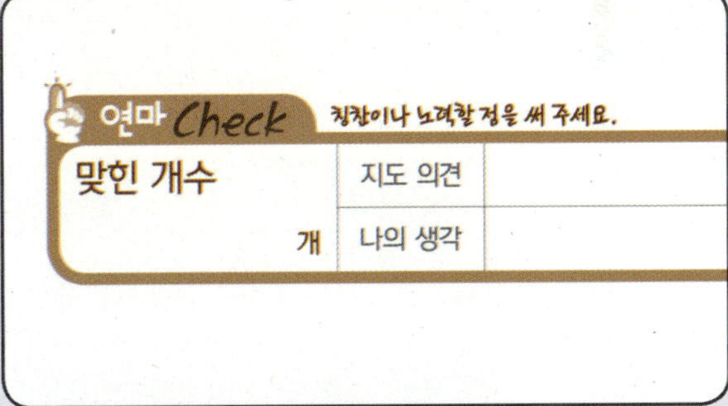

7권

4학년 1학기

- 이 책의 표준 학습일은 35일입니다. 표준 계획을 참고하여 공부하세요.
- 계획대로 공부한 날은 ✓ 체크를 하고, 공부하지 않은 날에는 ◯ 그대로 두세요.

차례

1만과 다섯 자리 수

- 1000이 10개인 수 '10000' 또는 '1만'이라고 쓰고, '만' 또는 '일만'이라고 읽습니다.

- 10000이 5개
  1000이 2개
  100이 8개   이면 52814입니다.
  10이 1개
  1이 4개

핵심 포인트

- 10000은 9000보다 1000 큰 수입니다.

- 10000은 1000이 10개인 수입니다.

- 52814
  $= 50000 + 2000 + 800 + 10 + 4$

(01~04) 빈칸에 알맞은 수를 써넣으세요.

01 10000은 9999보다 ☐ 큰 수입니다.

03 10000은 ☐ 보다 10 큰 수입니다.

02 9999보다 ☐ 큰 수는 10000입니다.

04 ☐ 보다 10 큰 수는 10000입니다.

(05~06) 빈칸에 알맞은 수를 써넣으세요.

05

만의 자리	천의 자리	백의 자리	십의 자리	일의 자리
2	7	9	1	5

$20000 + ☐ + 900 + ☐ + 5$

06

만의 자리	천의 자리	백의 자리	십의 자리	일의 자리
8	4	3	1	3

$☐ + 4000 + 300 + ☐ + 3$

(07~15) 빈칸에 알맞은 수를 써넣으세요.

07

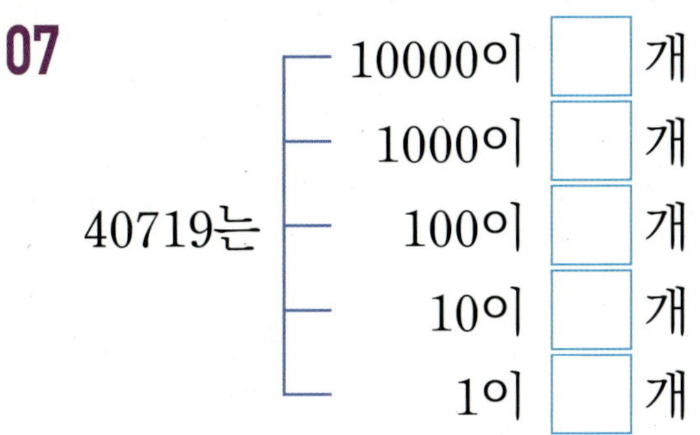

40719는
- 10000이 ☐ 개
- 1000이 ☐ 개
- 100이 ☐ 개
- 10이 ☐ 개
- 1이 ☐ 개

08

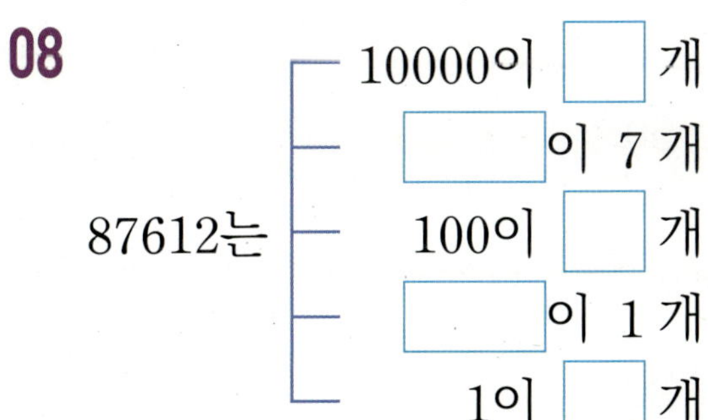

87612는
- 10000이 ☐ 개
- ☐ 이 7 개
- 100이 ☐ 개
- ☐ 이 1 개
- 1이 ☐ 개

09

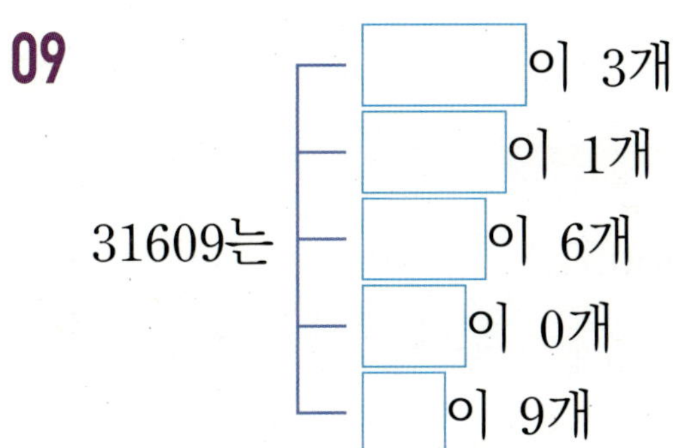

31609는
- ☐ 이 3개
- ☐ 이 1개
- ☐ 이 6개
- ☐ 이 0개
- ☐ 이 9개

10

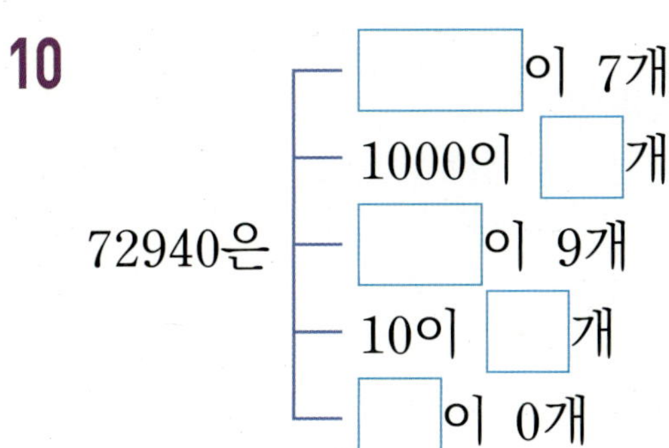

72940은
- ☐ 이 7개
- 1000이 ☐ 개
- ☐ 이 9개
- 10이 ☐ 개
- ☐ 이 0개

11

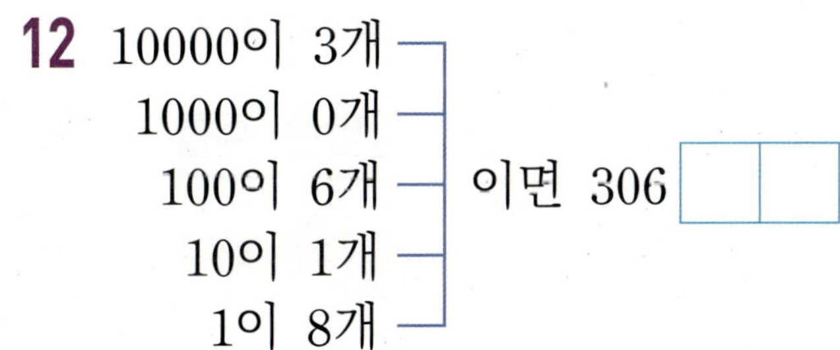

- 10000이 5개
- 1000이 3개
- 100이 2개
- 10이 4개
- 1이 9개

이면 ☐ ☐ 249

12

- 10000이 3개
- 1000이 0개
- 100이 6개
- 10이 1개
- 1이 8개

이면 306 ☐ ☐

13

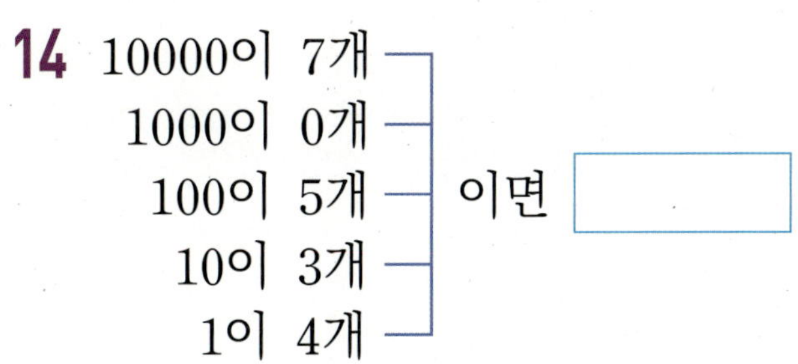

- 10000이 4개
- 1000이 1개
- 100이 5개
- 10이 9개
- 1이 2개

이면 ☐

14

- 10000이 7개
- 1000이 0개
- 100이 5개
- 10이 3개
- 1이 4개

이면 ☐

15

- 10000이 1개
- 1000이 2개
- 100이 0개
- 10이 8개
- 1이 8개

이면 ☐

구조화 하기

구조화 하기를 연습하면 서술형도 쉽게 풀어요

 **[16~18] 빈칸에 알맞은 수를 써넣으세요.**

16 | | | 8000 | 9000 | 10000 |

17 | 9996 | 9997 | | | 10000 |

18 | 9600 | | | 9900 | 10000 |

 **[19~20] 빈칸에 알맞은 수를 써넣으세요.**

19

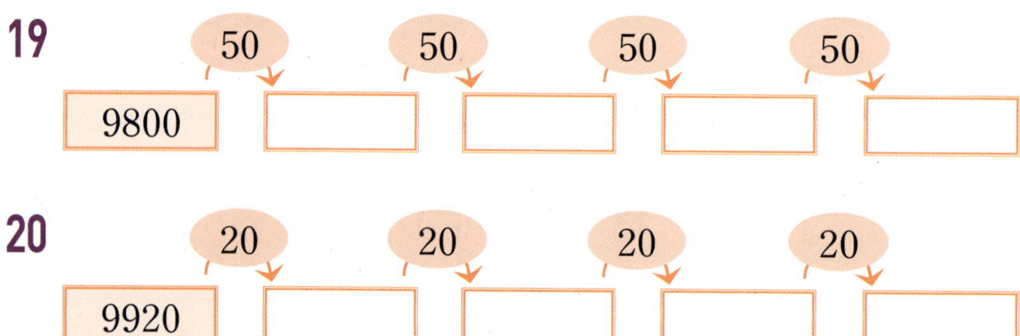

20

[21~24] 빈칸에 알맞은 수를 써넣으세요.

21 → 37195

	만의 자리	천의 자리	백의 자리	십의 자리	일의 자리
숫자					
값					

23 → 26051

	만의 자리	천의 자리	백의 자리	십의 자리	일의 자리
숫자					
값					

22 → 19482

	만의 자리	천의 자리	백의 자리	십의 자리	일의 자리
숫자					
값					

24 → 49896

	만의 자리	천의 자리	백의 자리	십의 자리	일의 자리
숫자					
값					

서술형 풀어보기

25 하나는 은행에 10000원짜리 지폐 3장, 1000원짜리 지폐 5장, 100원짜리 동전 8개, 10원짜리 동전 2개를 저금했습니다. 하나가 저금한 돈은 모두 얼마입니까?

풀이과정

(1) 10000짜리 지폐는 모두 ☐ 원입니다.

(2) 1000짜리 지폐는 모두 ☐ 원입니다.

(3) 100짜리 동전은 모두 ☐ 원입니다.

(4) 10짜리 동전은 모두 ☐ 원입니다.

→ 30000+5000+800+20= ☐ (원)

10000이 3개, 1000이 5개,
100이 8개, 10이 2개, 1이 0개

만의 자리	천의 자리	백의 자리	십의 자리	일의 자리

→ ☐0000+ ☐000+ ☐00+ ☐0= ☐

[26~29] 풀이과정을 쓰고 답을 구하세요.

26 10000개씩 5상자, 1000개씩 9상자, 100개씩 2상자, 10개씩 1상자, 1개씩 4개의 클립이 있습니다. 모두 몇 개의 클립이 있을까요?

풀이

답 ________ 개

27 한 상자에 1000개의 사탕이 들어있는 상자를 몇 개 사야 10000개의 사탕을 살 수 있을까요?

풀이

답 ________ 상자

28 수아의 저금통엔 10000원짜리 지폐 2장, 100원짜리 동전 9개, 10원짜리 동전 3개가 있습니다. 수아의 저금통엔 모두 몇 원이 있을까요?

풀이

답 ________ 원

29 소연이는 아침마다 줄넘기를 100번씩 500일을 했습니다. 500일 동안 모두 몇 번의 줄넘기를 했을까요?

풀이

답 ________ 번

연마 Check 칭찬이나 노력할 점을 써 주세요.

맞힌 개수	지도 의견		확인란
개	나의 생각		

십만, 백만, 천만

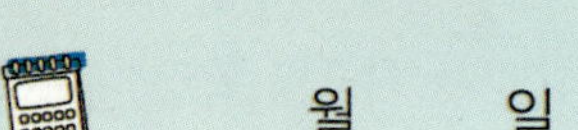

월   일

- 10000이 3761개이면 37610000또는 3761만이라 쓰고, 삼천칠백육십일만이라고 읽습니다.

핵심 포인트

- 큰 수를 읽을 때 일의 자리부터 네 자리씩 끊은 다음 앞에서부터 읽습니다.

- 만이 234개이면 만 뒤에 0을 4개 씁니다.

수	쓰기	읽기
10000이 10개인 수	100000, 10만	십만
10000이 100개인 수	1000000, 100만	백만
10000이 1000개인 수	10000000, 1000만	천만

[01~03] 빈칸에 알맞은 수를 써넣으세요.

01 ➜ 54190000

5	☐	1	☐	0	0	0	0
천	백	십	일	천	백	십	일

만 / 일

☐ + 4000000 + ☐ + 90000

02 ➜ 73180000

☐	3	☐	8	0	0	0	0
천	백	십	일	천	백	십	일

만 / 일

☐ + 3000000 + ☐ + 80000

03 ➜ 12460000

1	☐	☐	6	0	0	0	0
천	백	십	일	천	백	십	일

만 / 일

☐ + 2000000 + ☐ + 60000

정확하게 풀어보아요

1단계

(04~11) 빈칸에 알맞은 수나 말을 써 넣으세요.

04

18460000	
	삼백칠십구만

05

28640000	
	삼천구백이십만

06

86570000	
	칠천사백삼십만

07

43910000	
	삼천구백이만

08

5010000	
10100000	천십만

09

	칠천사백삼십만
4100000	

10

	삼천삼백칠십만
86570000	

11

	육백삼십칠만
1140000	

(12~17) 빈칸을 채우세요

12 10000이 49개이면 ☐

또는 49만이라 쓰고 ☐
이라고 읽습니다.

13 10000이 6902개이면 ☐
또는 6902만이라 쓰고
☐ 이라고 읽습니다.

14 10000이 137개이면 ☐
또는 137만이라 쓰고
☐ 이라고 읽습니다.

15 10000이 381개이면 ☐
또는 381만이라 쓰고
☐ 이라고 읽습니다.

16 10000이 2784개이면 ☐
또는 2784만이라 쓰고
☐ 이라고 읽습니다.

17 10000이 390개이면 ☐
또는 390만이라 쓰고
☐ 이라고 읽습니다.

구조화 하기를 연습하면 서술형도 쉽게 풀어요

(18~29) 빈칸에 알맞은 수를 써넣으세요.

18 십이만

천	백	십	일	천	백	십	일

만	일

24 칠십사만

천	백	십	일	천	백	십	일

만	일

19 사백구십삼만

천	백	십	일	천	백	십	일

만	일

25 구백오십일만

천	백	십	일	천	백	십	일

만	일

20 사천삼백칠십이만

천	백	십	일	천	백	십	일

만	일

26 삼천삼백사십팔만

천	백	십	일	천	백	십	일

만	일

21 천십만

천	백	십	일	천	백	십	일

만	일

27 구천칠만

천	백	십	일	천	백	십	일

만	일

22 오천이백사십이만

천	백	십	일	천	백	십	일

만	일

28 천이백팔십칠만

천	백	십	일	천	백	십	일

만	일

23 사천육십만

천	백	십	일	천	백	십	일

만	일

29 삼천칠백이십구만

천	백	십	일	천	백	십	일

만	일

서술형 풀어보기

구조화 해서 풀어보아요

30 2018년 경기도 인구를 조사해보니 12941604명이었습니다. 몇 명인지 읽어보세요.

풀이과정

(1) 4자리씩 단위를 끊습니다.

1294 : 1604
만

1	2	9	4	1	6	0	4
					만		일

(2) [   ] 만 [   ] (명) → [   ]

※ 수를 읽을때는 일의 자리부터 거꾸로 네 자리씩 끊은 다음 높은 자리부터 숫자와 자리가 나타내는 값을 함께 읽어야 합니다.
(단, 0의 자리는 읽지 않고, 일의 자리는 숫자만 읽습니다.)

(31~34) 풀이과정을 쓰고 답을 구하세요.

31 어느 지역의 불우 이웃 돕기 금액을 보니 팔천구백이만 삼천칠백원이었습니다. 이 금액을 숫자로 나타내 보세요.

답 ________ 원

33 재연이네 학교에서 수재민 돕기 모금을 하였는데 총, 18105490원이 모였습니다. 이 금액을 읽어보세요.

답 ________ 원

32 은미네 가족이 3년 동안 저축한 금액을 확인해 보니 삼천사백십이만 천팔백오십원이었습니다. 이 금액을 숫자로 나타내 보세요.

답 ________ 원

34 어느 나라 이동전화 가입자 수를 조사해보니 38347800명이라고 합니다. 이 인원수를 읽어보세요.

답 ________ 명

연마 Check 칭찬이나 노력할 점을 써 주세요.

맞힌 개수	지도 의견		확인란
개	나의 생각		

 **억과 조**

월 일

- 1000만이 10개인 수를 100000000 또는 1억이라 쓰고, 억 또는 일억이라고 읽습니다.

- 1000억이 10개인 수를 1000000000000 또는 1조라 쓰고, 조 또는 일조라고 읽습니다.

(01~10) 빈칸에 알맞은 수를 써넣으세요.

01 1억은 9999만보다 [ ] 큰 수입니다.

02 1억은 9000만보다 [ ] 큰 수입니다.

03 9900만보다 [ ] 큰 수는 1억입니다.

04 1조는 9900억보다 [ ] 큰 수입니다.

05 9999만보다 [ ] 큰 수는 1억입니다.

06 1억은 9990만보다 [ ] 큰 수입니다.

07 9990만보다 [ ] 큰 수는 1억입니다.

08 1조는 9990억보다 [ ] 큰 수입니다.

09 1조는 9000억보다 [ ] 큰 수입니다.

10 9000만보다 [ ] 큰 수는 1억입니다.

계산력 강화하기

[11~16] 수를 읽어보세요.

11 1482 0000 0000
(   )

12 12 0000 0000 0000
(   )

13 7080 0000 0000 0000
(   )

14 6295 0000 0000
(   )

15 407 0000 0000 0000
(   )

16 2735 0000 0000 0000
(   )

[17~22] 수로 써보세요.

17 삼천칠백팔억
(   )

18 구천이백삼십사억
(   )

19 이십칠조
(   )

20 사백팔십일조
(   )

21 팔천백오십삼조
(   )

22 육천구십조
(   )

[23~27] 빈칸에 알맞은 수를 써넣으세요.

23 13563892178 → [   ] 억 [   ] 만 [   ]

24 581232761248 → [   ] 억 [   ] 만 [   ]

25 852501811871294 → [   ] 조 [   ] 억 [   ] 만 [   ]

26 4013717450689913 → [   ] 조 [   ] 억 [   ] 만 [   ]

27 9016384212907876 → [   ] 조 [   ] 억 [   ] 만 [   ]

구조화 하기

구조화 하기를 연습하면 서술형도 쉽게 풀어요

 **(28~30) 빈칸에 알맞은 수를 써넣으세요.**

28

1만	→100배→		→100배→		→100배→		→100배→	1조

29

1만	→10배→		→10배→		→10배→		→10배→	1억

30

1억	→10배→		→10배→		→10배→		→10배→	1조

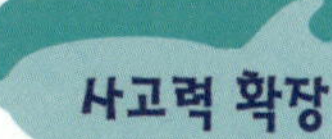 **(31~33) 빈칸에 알맞은 수를 써넣고 읽어보세요.**

31

								2	5	8	7	6	1	4	3
				0	0	0	0	0	0	0	0				
천	백	십	일	천	백	십	일	천	백	십	일	천	백	십	일
		조				억				만					일

___________________ 이라고 읽습니다.

32

								7	4	5	2	1	8	9	3
				0	0	0	0	0	0	0	0				
천	백	십	일	천	백	십	일	천	백	십	일	천	백	십	일
		조				억				만					일

___________________ 이라고 읽습니다.

33

								8	5	2	0	2	6	4	1
				0	0	0	0	0	0	0	0				
천	백	십	일	천	백	십	일	천	백	십	일	천	백	십	일
		조				억				만					일

___________________ 이라고 읽습니다.

서술형 풀어보기

구조화 해서 풀어보아요

34 지구에서 달까지의 거리는 평균 150000000000 m입니다. 이 수를 읽어보세요.

풀이과정

(1) 4자리씩 단위를 끊습니다.

1500 : 0000 : 0000
　　억　　만

천	백	십	일	천	백	십	일	천	백	십	일
		억				만				일	

(2) [　　　] 억 또는 [　　　] 억　→　[　　　]

수를 읽을 때에는 일의 자리부터 거꾸로 네 자리씩 끊은 다음 높은 자리부터 숫자와 자리가 나타내는 값을 함께 읽어야 합니다. (단, 0의 자리는 읽지 않고, 일의 자리는 숫자만 읽습니다.)

[35~38] 풀이과정을 쓰고 답을 구하세요.

35 우리 인체의 몸에는 평균 팔십조(개)의 세포가 있습니다. 이 수를 숫자로 나타내어 보세요.

답 ________________ 개

37 지구는 456700000년 전에 형성된 것으로 알려져 있습니다. 이 수를 읽어보세요.

답 ________________ 년

36 2018년 대한민국의 GDP는 약 일조 육천구백삼십이억(달러)입니다. 이 금액을 숫자로 나타내어 보세요.

답 ________________ 달러

38 빛은 1초에 300000000 m를 이동합니다. 이 수를 읽어보세요.

답 ________________ 미터

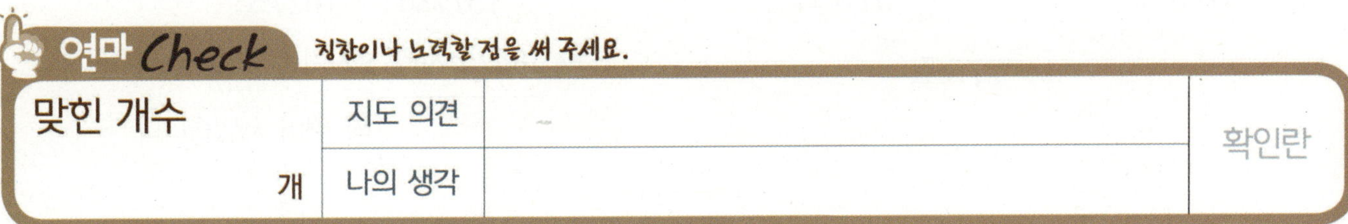

연마 Check　칭찬이나 노력할 점을 써 주세요.

맞힌 개수		지도 의견		확인란
	개	나의 생각		

04 일차 뛰어 세기

- 1000씩 뛰어 세기

8**1**547	8**2**547	8**3**547	8**4**547	8**5**547

→ 1000씩 뛰어 세면 천의 자리 숫자가 1씩 커집니다.

- 10억씩 뛰어 세기

29**3**4억	29**4**4억	29**5**4억	29**6**4억	29**7**4억

→ 10억의 자리 숫자가 1씩 커지므로 10억씩 뛰어 세었습니다.

핵심 포인트

- 천의 자리 수가 1씩 커진 것은 1천씩 뛰어 센 것입니다.

- 얼마씩 뛰어 세었는지 알아보려면 변하는 숫자를 찾아보면 됩니다.

(01~08) 빈칸을 채우세요..

01 → 10000씩 뛰어 세기

524만	525만	

02 → 5억씩 뛰어 세기

67억	72억	77억

03 → 10억씩 뛰어 세기

6811억	6821억	

04 → 100조씩 뛰어 세기

375조		575조

	775조

05

1187만	1287만	1387만
1487만	1587만	

→ 백만의 자리 숫자가 ☐ 씩 커지므로

☐ 씩 뛰어 세었습니다.

06

301억	321억	341억
361억	381억	

→ 십억의 자리 숫자가 ☐ 씩 커지므로

☐ 씩 뛰어 세었습니다.

07

1967만	3967만	5967만
7967만	9967만	

→ 천만의 자리 숫자가 ☐ 씩 커지므로

☐ 씩 뛰어 세었습니다.

08

1427조	1477조	1527조
1577조	1627조	

→ 10조의 자리 숫자가 ☐ 씩 커지므로

☐ 씩 뛰어 세었습니다.

계산력 강화하기

정확하게 풀어보아요

[09~22] 뛰어 세기를 한 것입니다. 빈칸을 채우세요.

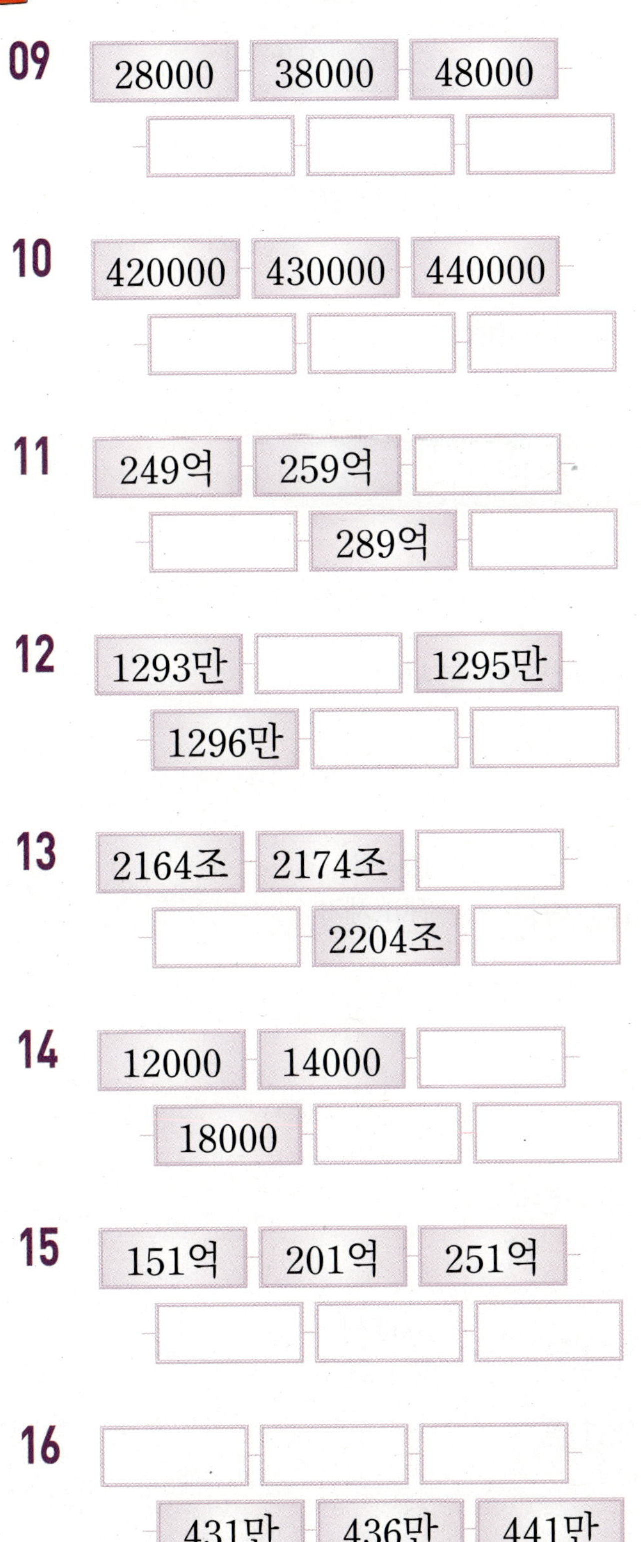

09

28000	38000	48000

10

420000	430000	440000

11

249억	259억	
	289억	

12

1293만		1295만
1296만		

13

2164조	2174조	
	2204조	

14

12000	14000	
18000		

15

151억	201억	251억

16

431만	436만	441만

17

42조	44조	46조
48조	50조	

→ ☐ 씩 뛰어 세었습니다.

18

375억	395억	415억
435억	455억	

→ ☐ 씩 뛰어 세었습니다.

19

3019만	3319만	3619만
3919만	4219만	

→ ☐ 씩 뛰어 세었습니다.

20

2762조	2782조	2802조
2822조	2842조	

→ ☐ 씩 뛰어 세었습니다.

21

2835억	2837억	2839억
2841억	2843억	

→ ☐ 씩 뛰어 세었습니다.

22

1193조	1233조	1273조
1313조	1353조	

→ ☐ 씩 뛰어 세었습니다.

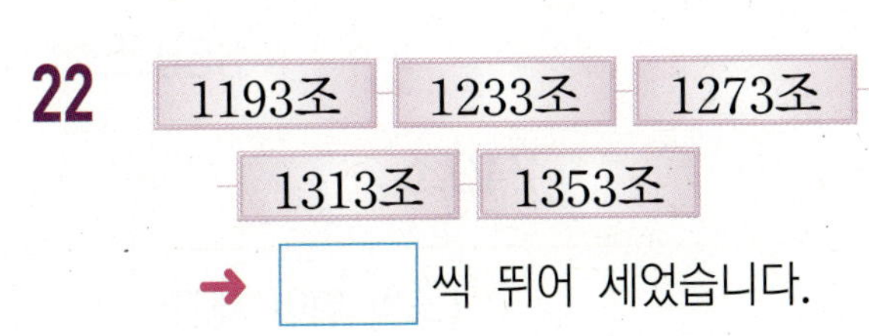

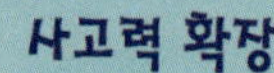 

구조화 하기

〔23~26〕 뛰어 세기를 하여 빈칸에 알맞은 수를 써넣어 보세요.

23

1920만	2920만			5920만

24

1346조		1386조		1426조

25

	4168300		4188300	

26

		5681억	5781억	5881억

〔27~28〕 규칙에 따라 빈칸에 알맞은 수를 써넣어 봅시다.

27

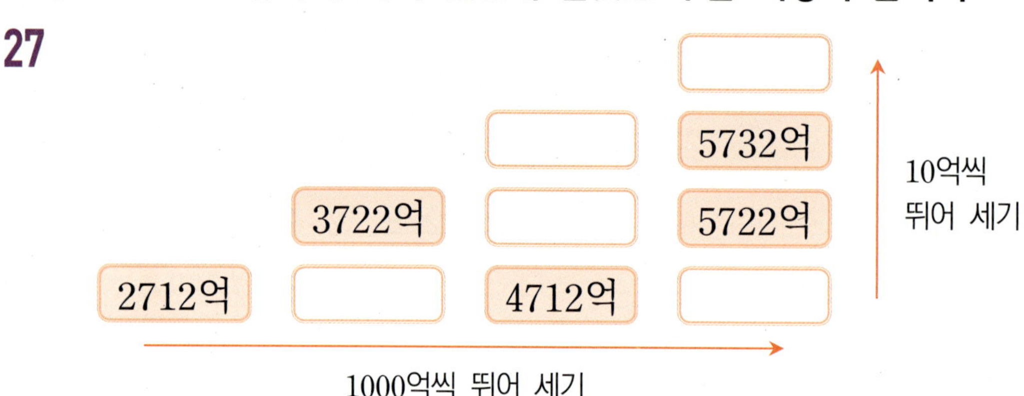

28

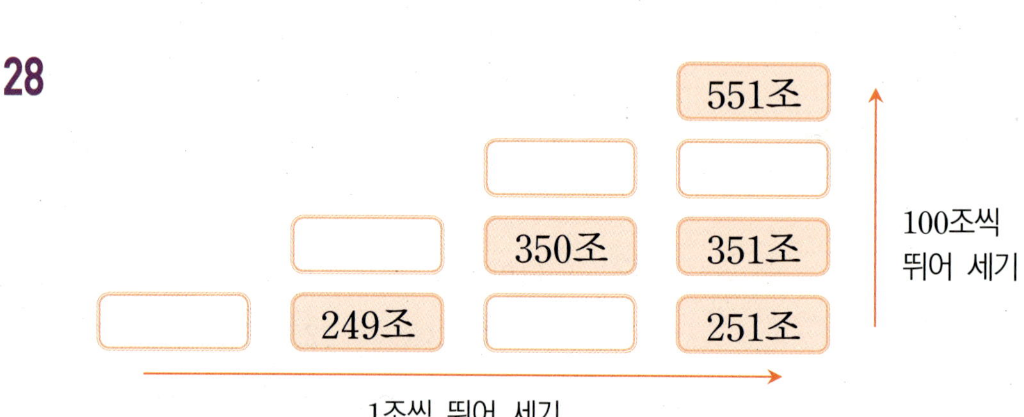

서술형 풀어보기

구조화 해서 풀어보아요

ㅣ단계

29 유섭이는 여행을 위해 매달 20000원씩 모으기 시작했습니다. 10만 원을 모으려면 몇 달 동안 모아야 할까요?

풀이과정

(1) 1개월 후 [ ] (원)을 모았습니다.
(2) 2개월 후 [ ] (원)을 모았습니다.
(3) 3개월 후 [ ] (원)을 모았습니다.
(4) 4개월 후 [ ] (원)을 모았습니다.
(5) 5개월 후 [ ] (원)을 모았습니다. → [ ]을 모아야 합니다.

| 2만 | 4만 | [ ] |
| [ ] | [ ] | |

💡 **(30~33) 풀이과정을 쓰고 답을 구하세요.**

30 미선이는 매일 500 mL의 우유를 마십니다. 4일 동안 마신 우유는 모두 몇 mL일까요?

풀이 ______________

답 ______ mL

31 어항에 물이 3159 mL 있습니다. 진우가 매일 한 컵씩 물을 더 부었더니 3359 mL, 3559 mL, 3759 mL, 3959 mL로 변했습니다. 진우가 부은 한 컵은 몇 mL일까요?

풀이 ______________

답 ______ mL

32 현아는 매달 10000원씩 모아 40000원짜리 가방을 사려고 합니다. 몇 달을 모아야 할까요?

풀이 ______________

답 ______ 달

33 석원이네 가족이 여행을 위해 153000원에서 시작하여 첫째 달에 353000원, 둘째 달에 553000원, 셋째 달에 753000원의 돈을 모았습니다. 매달 얼마씩 모았을까요?

풀이 ______________

답 ______ 원

연마 Check

칭찬이나 노력할 점을 써 주세요.

맞힌 개수	지도 의견		확인란
개	나의 생각		

수의 크기 비교

월 일

- 자릿수가 같은 경우 수의 크기 비교
① 가장 높은 자리 수를 비교해 봅니다.
② 가장 높은 자리 수가 같으면 그다음 높은 자리를
  차례로 비교하여 수가 큰 쪽이 더 큰 수입니다.

$$136780 < 170290$$
3 < 7

$$3961000 > 3919000$$
6 > 1

핵심포인트
- 41000 < 120000
  (5자리) (6자리)
- 31조 > 7389만
  (14자리) (8자리)

- 81500 < 81700
- 21조 > 9871억
- 3억 > 12900000

[01~06] 더 작은 수에 △표 하세요.

01 [38276] [224191]
( ) ( )

02 [2674890] [617405]
( ) ( )

03 [1109238] [1092389]
( ) ( )

04 [38276] [224191]
( ) ( )

05 [548321715] [59857005]
( ) ( )

06 [34725602] [34718312]
( ) ( )

[07~12] 더 큰 수에 ○표 하세요.

07 [52416] [52289]
( ) ( )

08 [1024786] [2034117]
( ) ( )

09 [49621137] [49620481]
( ) ( )

10 [1245000] [1246000]
( ) ( )

11 [714571] [714575]
( ) ( )

12 [5467313] [5467213]
( ) ( )

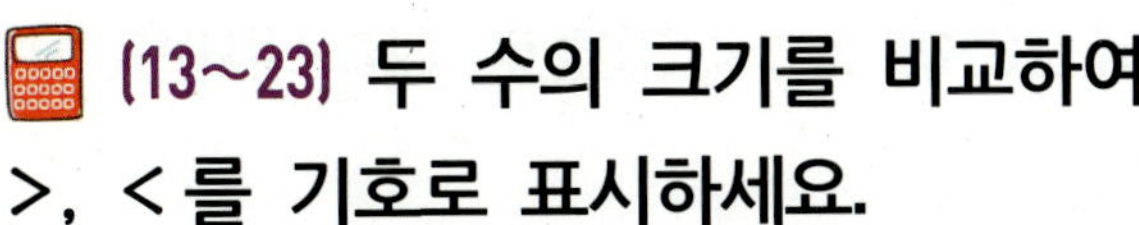
계산력 **강화**하기

정확하게 풀어보아요

[13~23] 두 수의 크기를 비교하여 >, < 를 기호로 표시하세요.

13 170710 ◯ 12090

14 398576 ◯ 3905764

15 4210913 ◯ 4210791

16 112358706 ◯ 113058104

17 19238840 ◯ 14731933

18 226000114 ◯ 226000910

19 6281000 ◯ 12090000

20 1111112 ◯ 111199

21 70645721 ◯ 70646841

22 397290731 ◯ 397198844

23 548001211 ◯ 548060118

[24~29] 크기를 >, < 기호로 표시하고 빈칸에 알맞은 수를 써넣으세요.

24 5조 ◯ 7억
  ▢ 자리 수   ▢ 자리 수

25 1543억 ◯ 11조
  ▢ 자리 수   ▢ 자리 수

26 31만 3727 ◯ 31만 3984
  ▢ 자리 수   ▢ 자리 수

27 6억 8천만 ◯ 31억
  ▢ 자리 수   ▢ 자리 수

28 2341조 ◯ 2354조
  ▢ 자리 수   ▢ 자리 수

29 1조 341억 ◯ 1조 381억
  ▢ 자리 수   ▢ 자리 수

[30~39] 빈칸에 알맞은 수를 쓰고 크기를 비교하여 >, < 기호로 나타내세요.

30

7	0	0	0	0
	9	0	0	0
		5	0	0
			1	0

3	0	0	0	0	0
	1	0	0	0	0
			6	0	0
			7	0	0

[　　] ◯ [　　]

31

3	0	0	0	0	0
	2	0	0	0	0
		4	0	0	0
			1	0	0

3	0	0	0	0
	3	0	0	0
		3	0	0
		9	0	0

[　　] ◯ [　　]

32

4	0	0	0	0	0
	1	0	0	0	0
		5	0	0	0
			7	0	0

4	0	0	0	0
	8	0	0	0
		7	0	0
			3	0

[　　] ◯ [　　]

33

1	0	0	0	0	0
	7	0	0	0	0
		3	0	0	0
			8	0	0

1	0	0	0	0	0
	7	0	0	0	0
		6	0	0	0
			6	0	0

[　　] ◯ [　　]

34

억	천만	백만	십만	만	천	백	십	일
1	5	0	2	9	0	0	0	0
	6	8	8	6	0	0	0	0

[　　] ◯ [　　]

35

백조	십조	조	천억	백억	십억	억	천만	백만
1	1	8	0	3	7	5	7	2
	9	1	4	8	1	2	3	

[　　] 백만 ◯ [　　] 백만

36

백조	십조	조	천억	백억	십억	억	천만	백만
	3	6	1	9	9	0	0	0
1	4	5	2	7	3	0	0	0

[　　] 십억 ◯ [　　] 십억

37

조	천억	백억	십억	억	천만	백만	십만	만
	3	8	9	7	2	8	0	0
4	7	2	6	9	6	1	0	0

[　　] 백만 ◯ [　　] 백만

38

천조	백조	십조	조	천억	백억	십억	억	천만
2	0	5	8	1	9	0	0	0
2	1	6	0	4	5	0	0	0

[　　] 백억 ◯ [　　] 백억

39

천조	백조	십조	조	천억	백억	십억	억	천만
5	4	8	3	0	0	0	0	0
5	1	7	5	0	0	0	0	0

[　　] 조 ◯ [　　] 조

서술형 풀어보기

구조화 해서 풀어보아요

I 단계

40 인천시의 인구를 조사했더니 2950000명이었고, 대구의 인구를 조사했더니 2480000명이었습니다. 어느 도시의 인구가 더 많을까요?

풀이과정

(1) 인천시의 인구와 대구시의 인구의 자리 수는
인천: ☐ 자리 수, 대구: ☐ 자리 수입니다.

(2) 가장 높은 자리 수부터 인천과 대구의 인구를
비교하면 2<u>9</u>50000 ◯ 2<u>4</u>80000이므로
☐ 시의 인구가 더 많습니다.

	백만	십만	만	천	백	십	일
인천	2	9	5	0	0	0	0
대구	2	4	8	0	0	0	0

인천 ◯ 대구

[41~44] 풀이과정을 쓰고 답을 구하세요.

41 영국의 인구는 6657만 명이고, 일본의 인구는 1억 2718만 명입니다. 인구가 더 많은 나라는 어느 나라일까요?

풀이 ______________

답 ______________

42 희망회사는 1042000000000000원, 소망회사는 103600000000원의 매출을 했습니다. 어느 회사의 매출금액이 더 클까요?

풀이 ______________

답 ______________ 회사

43 아르헨티나와 스웨덴의 땅 면적은 각각 2,780,400 km², 450,295 km²입니다. 어느 나라의 땅 면적이 더 넓은지 나라 이름을 쓰세요.

풀이 ______________

답 ______________

44 1년 예산이 (가)나라와 (나)나라는 각각 5278000000000000원, 5273000000000000원입니다. 어느 나라의 1년 예산이 더 많을까요?

풀이 ______________

답 ______________ 나라

연마 Check 칭찬이나 노력할 점을 써 주세요.

맞힌 개수	지도 의견	
개	나의 생각	확인란

각도의 합과 차

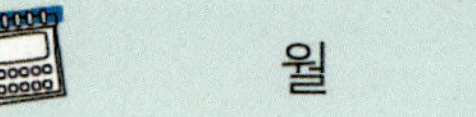

월 일

● 각도의 합과 차는 자연수의 덧셈, 뺄셈과 같이 계산하여 단위(°)를 붙여줍니다.

➔ $30° + 70° = 100°$ $50° + 120° = 170°$

$150° + 210° = 360°$ $150° - 60° = 90°$

$170° - 120° = 50°$ $320° - 130° = 190°$

핵심 포인트

· 각도: 각의 크기

· 각도의 단위(°)는 '도'라고 읽고, 직각을 똑같이 90으로 나눈 것 중 하나를 1도라고 합니다.

(01~14) 각도의 합과 차를 구하세요.

01 $50° + 70° = \boxed{}°$

02 $80° + 30° = \boxed{}°$

03 $70° + 70° = \boxed{}°$

04 $80° + 80° = \boxed{}°$

05 $20° + 40° = \boxed{}°$

06 $60° + 20° = \boxed{}°$

07 $10° + 90° = \boxed{}°$

08 $70° - 10° = \boxed{}°$

09 $50° - 30° = \boxed{}°$

10 $90° - 70° = \boxed{}°$

11 $80° - 30° = \boxed{}°$

12 $60° - 40° = \boxed{}°$

13 $20° - 10° = \boxed{}°$

14 $80° - 20° = \boxed{}°$

(15~32) 각도를 계산하세요.

15 $20° + 110°$

16 $25° + 105°$

17 $145° + 50°$

18 $125° + 105°$

19 $90° - 65°$

20 $100° - 45°$

21 $40° + 150°$

22 $35° + 145°$

23 $135° + 25°$

24 $170° - 35°$

25 $75° - 25°$

26 $105° - 5°$

27 $15° + 100°$

28 $10° + 95°$

29 $75° + 115°$

30 $80° - 15°$

31 $75° - 45°$

32 $120° - 65°$

구조화 하기

구조화 하기를 연습하면 서술형도 쉽게 풀어요

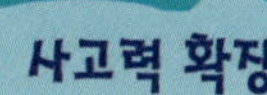 **(33~44)** 빈칸에 알맞은 수를 써넣으세요.

33 +45°
90° □

37 +15°
35° □

41 +75°
65° □

34 +50°
110° □

38 +35°
105° □

42 +35°
175° □

35 −60°
80° □

39 −75°
160° □

43 −85°
115° □

36 −30°
120° □

40 −95°
125° □

44 −55°
75° □

 **(45~48)** 빈칸에 알맞은 수를 써넣으세요.

45

47

46

48

서술형 풀어보기

구조화 해서 풀어보아요

49 현아는 145°의 피자 조각을 먹고, 진우는 170°의 피자 조각을 먹었습니다. 둘이 먹은 피자의 합은 몇 도인지 구하세요.

풀이과정

(1) 현아가 먹은 피자는 [　]°입니다.

(2) 진우가 먹은 피자는 [　]°입니다.

(3) 현아와 진우가 먹은 피자는
[　]° + [　]° = [　]°입니다.

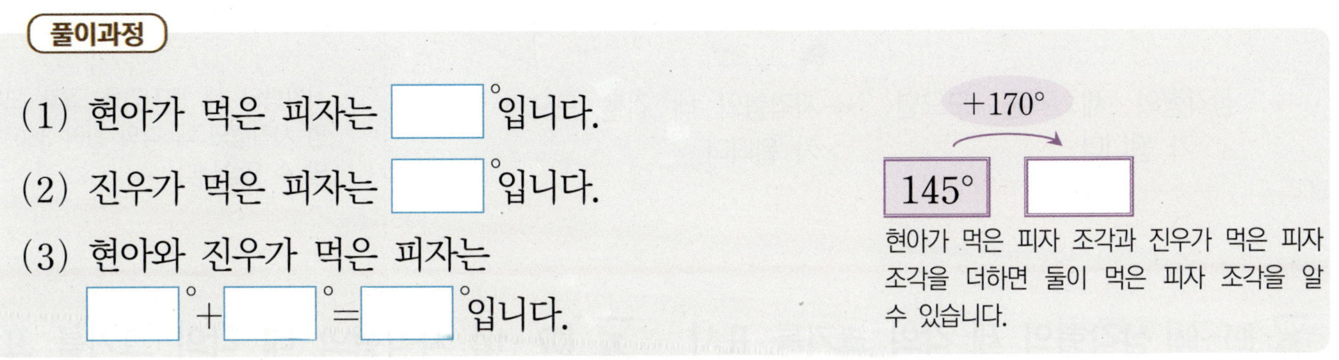

(50~53) 풀이과정을 쓰고 답을 구하세요.

50 자동차 운전대를 15° 돌리고, 잠시 후 같은 방향으로 25° 더 돌렸습니다. 자동차 운전대는 모두 몇 도를 돌렸을까요?

풀이 ____________________

답 ____________________

51 똑같은 원통형 바퀴를 햄스터가 260° 돌렸고, 토끼가 320° 돌렸습니다. 누가 몇도 더 많이 돌렸을까요?

풀이 ____________________

답 ____________________

52 나사를 175°를 돌리고 같은 방향으로 120°를 더 돌렸습니다. 모두 몇 도를 돌렸을까요?

풀이 ____________________

답 ____________________

53 1번 등산로는 경사가 35°이고, 2번 등산로는 경사가 15°입니다. 어느 쪽의 경사가 얼마만큼 더 가파를까요?

풀이 ____________________

답 ____________________

연마 Check 칭찬이나 노력할 점을 써 주세요.

맞힌 개수		지도 의견		확인란
	개	나의 생각		

삼각형과 사각형 각의 크기의 합

월 일

● 삼각형의 세 각의 크기 ● 사각형의 네 각의 크기의 합

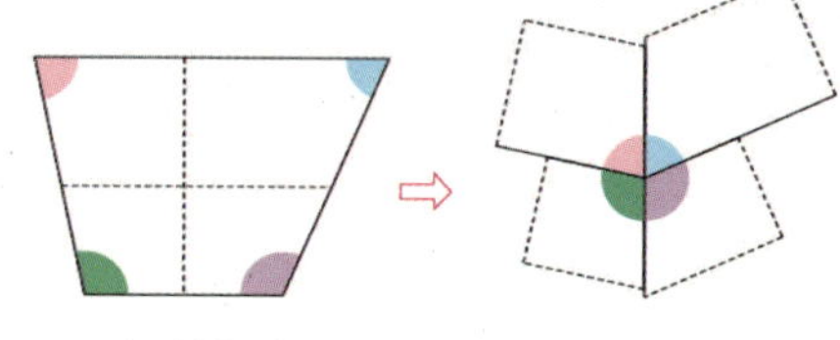

→ 삼각형의 세 각을 모으면 180°가 됩니다.

→ 사각형의 네 각을 모으면 360°가 됩니다.

핵심포인트

- 삼각형의 세 꼭지각을 잘라 모아보면 삼각형의 세 각의 합이 180°임을 알 수 있습니다.

- 사각형의 네 꼭지각을 잘라 모아보면 사각형의 네 각의 합이 360°임을 알 수 있습니다.

[01~06] 삼각형의 세 각의 크기를 표시한 것입니다. ㉠, ㉡ 두 각의 합을 구하세요.

01 ㉠ , ㉡ , 90°

(　　　　　　　　)

02 ㉠ , 130°, ㉡

(　　　　　　　　)

03 45°, ㉠ , ㉡

(　　　　　　　　)

04 ㉠ , ㉡ , 60°

(　　　　　　　　)

05 ㉠ , 95°, ㉡

(　　　　　　　　)

06 65°, ㉠ , ㉡

(　　　　　　　　)

[07~12] 사각형의 네 각의 크기를 표시한 것입니다. ㉠, ㉡ 두 각의 합을 구하세요.

07 ㉠ , ㉡ , 90°, 60°

(　　　　　　　　)

08 ㉠ , 150°, ㉡ , 110°

(　　　　　　　　)

09 35°, 145°, ㉠ , ㉡

(　　　　　　　　)

10 ㉠ , ㉡ , 30°, 110°

(　　　　　　　　)

11 ㉠ , 150°, ㉡ , 50°

(　　　　　　　　)

12 160°, 160°, ㉠ , ㉡

(　　　　　　　　)

정확하게 풀어보아요

(13~22) 삼각형의 세 각의 크기를 표시한 것입니다. 빈칸을 채우세요.

13 30°, ⬜°, 90°

14 90°, 35°, ⬜°

15 ⬜°, 40°, 80°

16 25°, 110°, ⬜°

17 10°, ⬜°, 65°,

18 90°, ⬜°, 25°

19 20°, 90°, ⬜°

20 ⬜°, 35°, 75°

21 95°, ⬜°, 45°

22 55°, 55°, ⬜°

(23~32) 사각형의 네 각의 크기를 표시한 것입니다. 빈칸을 채우세요.

23 ⬜°, 30°, 170°, 40°

24 75°, ⬜°, 110°, 160°

25 35°, 35°, ⬜°, 110°

26 30°, 150°, 150°, ⬜°

27 40°, 170°, 50°, ⬜°

28 ⬜°, 100°, 100°, 100°

29 90°, 90°, ⬜°, 70°

30 30°, 120°, ⬜°, 50°

31 45°, 125°, 170°, ⬜°

32 45°, ⬜°, 25°, 150°

 구조화 하기

구조화 하기를 연습하면 서술형도 쉽게 풀어요

 **[33~38]** 빈칸에 알맞은 수를 써넣으세요.

33
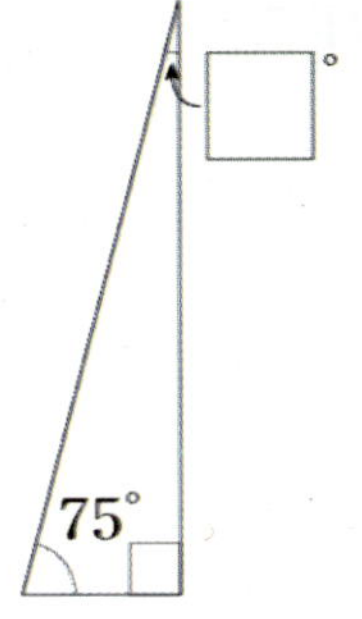

35
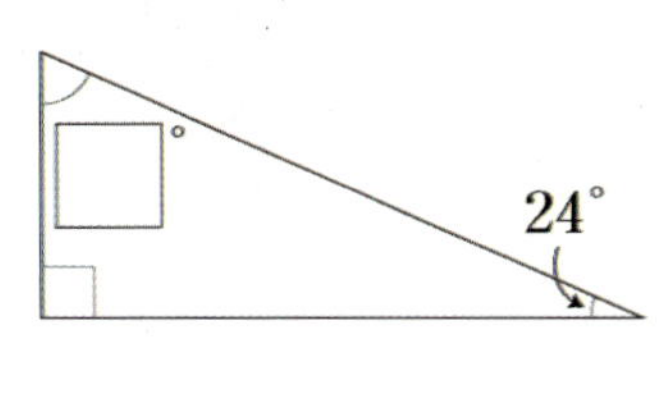

37
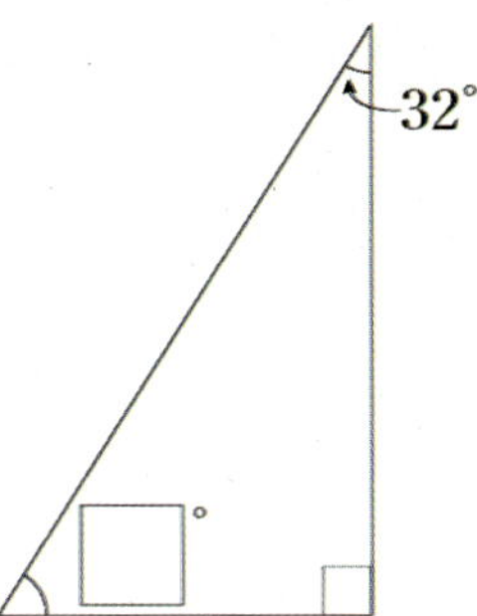

34
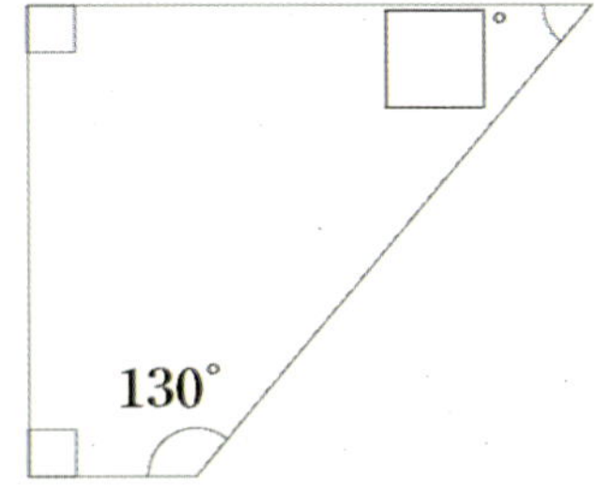

36
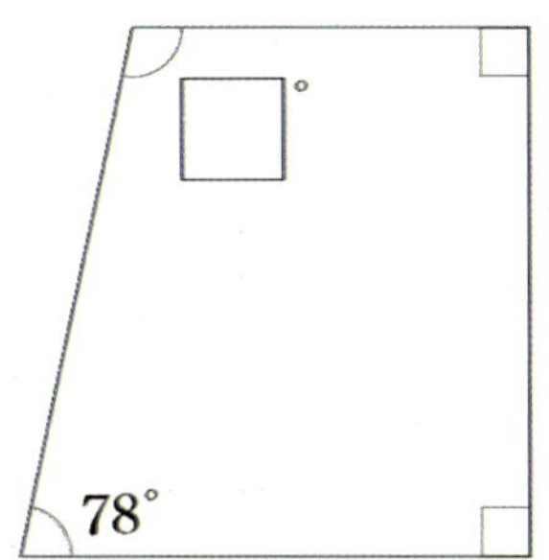

38
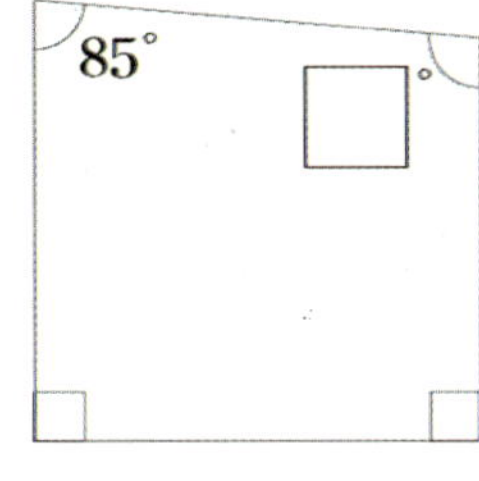

[39~44] ㉠의 각도를 구하세요.

39
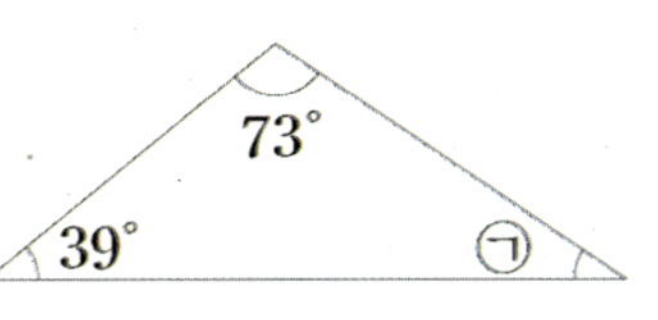

41
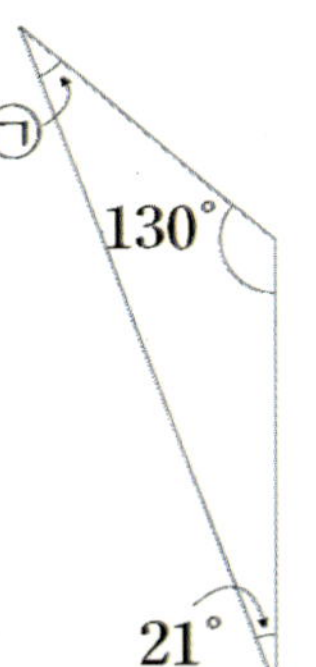

43
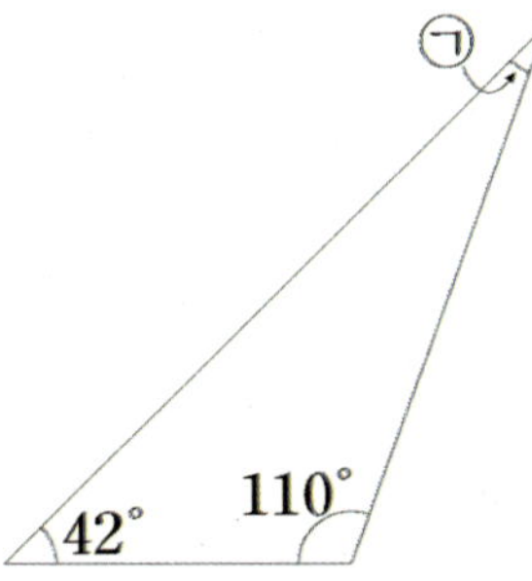

40
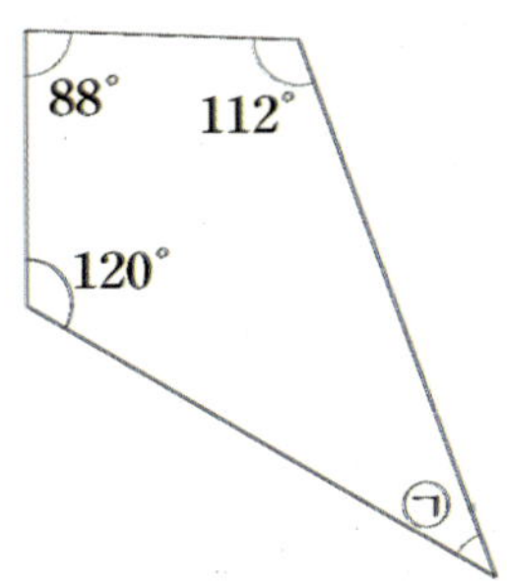

42
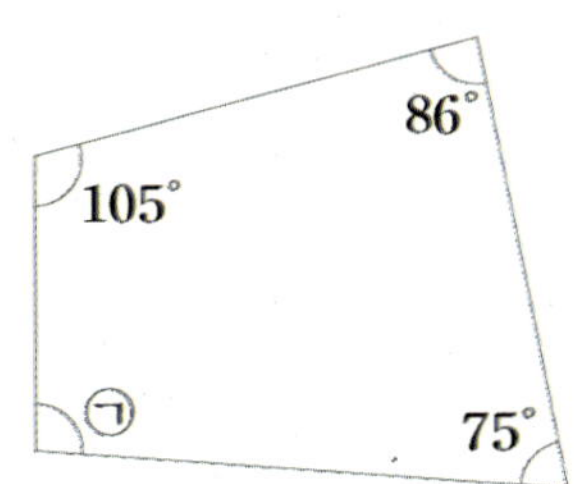

44
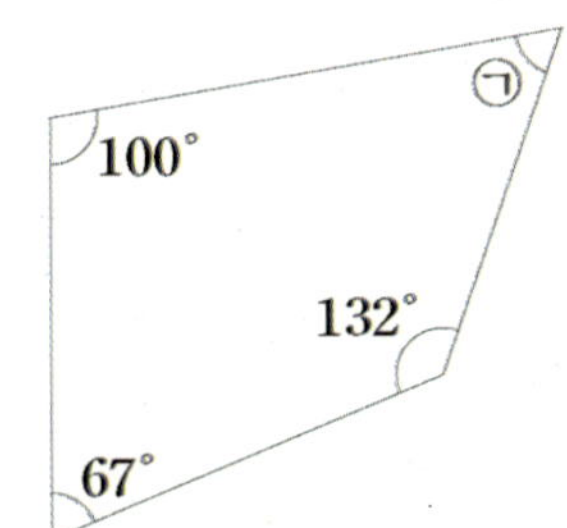

서술형 풀어보기

구조화 해서 풀어보아요

45 삼각형의 각 꼭짓점의 각도를 재보니 첫 번째 각이 21° 두 번째 각이 58°였습니다. 나머지 한 각의 크기는 몇 도일까요?

〔풀이과정〕

(1) 첫 번째 각은 ☐°입니다.

(2) 두 번째 각은 ☐°입니다.

(3) 나머지 한 각의 크기는 ☐°－☐°－☐°＝☐°입니다.

💡 〔46~49〕 **위와 같은 방법으로 문제를 풀어보세요.**

46 한별이가 삼각형의 양쪽 각도를 재보니 각각 65°였습니다. 나머지 한 각은 몇 도일까요?

풀이 ________________

답 ________________

48 삼각형 모양 쿠키의 두 각의 크기가 50°, 50°입니다. 나머지 한 각의 크기는 몇 도일까요?

풀이 ________________

답 ________________

47 사각형 모양의 아크릴판을 세 각이 115°, 115°, 100°가 되도록 잘랐습니다. 나머지 한 각의 크기는 몇 도일까요?

풀이 ________________

답 ________________

49 꼭지각이 80°, 100°, 90°인 사각형을 만들었습니다. 나머지 한 각의 크기는 몇 도일까요?

풀이 ________________

답 ________________

👆 **연마 Check** 칭찬이나 노력할 점을 써 주세요.

맞힌 개수		지도 의견		확인란
	개	나의 생각		

 **일차**

(몇백)×(몇십)

(몇백)×(몇십)의 계산은 (몇)×(몇)을 계산한 다음 곱하는 두수의 0의 개수만큼 붙입니다.

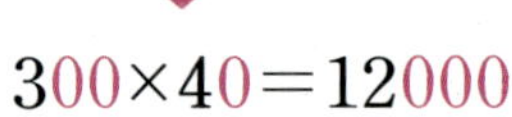 **핵심포인트**

· (몇백)×(몇십)은 (몇백)×(몇)의 10배입니다.

· 700×3=2100이면 700×30=21000입니다.

● 300×40의 계산

$$\begin{array}{r} 3 \\ \times\ 4 \\ \hline 1\ 2 \end{array}$$
→ 계산 뒤에 0을 붙여 씁니다.
$$\begin{array}{r} 3\ 0\ 0 \\ \times\quad 4\ 0 \\ \hline 1\ 2\ 0\ 0\ 0 \end{array}$$

$3×4=12$

↓

$300×40=12000$

⏳ **(01~10) 계산을 하세요.**

01
$$\begin{array}{r} 7 \\ \times\ 9 \\ \hline \end{array}$$
→
$$\begin{array}{r} 7\ 0\ 0 \\ \times\quad 9\ 0 \\ \hline \square\ 0\ 0\ 0 \end{array}$$

02
$$\begin{array}{r} 6 \\ \times\ 3 \\ \hline \end{array}$$
→
$$\begin{array}{r} 6\ 0\ 0 \\ \times\quad 3\ 0 \\ \hline \end{array}$$

03
$$\begin{array}{r} 3 \\ \times\ 8 \\ \hline \end{array}$$
→
$$\begin{array}{r} 3\ 0\ 0 \\ \times\quad 8\ 0 \\ \hline \end{array}$$

04
$$\begin{array}{r} 1 \\ \times\ 7 \\ \hline \end{array}$$
→
$$\begin{array}{r} 1\ 0\ 0 \\ \times\quad 7\ 0 \\ \hline \end{array}$$

05
$$\begin{array}{r} 9 \\ \times\ 9 \\ \hline \end{array}$$
→
$$\begin{array}{r} 9\ 0\ 0 \\ \times\quad 9\ 0 \\ \hline \end{array}$$

06
$3×4=\square$
↓
$300×40=\square$

07
$5×2=\square$
↓
$500×20=\square$

08
$9×4=\square$
↓
$900×40=\square$

09
$5×5=\square$
↓
$500×50=\square$

10
$2×4=\square$
↓
$200×40=\square$

(11~28) 계산을 하세요.

11
```
  7 0 0
×    2 0
```

12
```
  2 0 0
×    8 0
```

13
```
    6 0
×  4 0 0
```

14
```
  5 0 0
×    9 0
```

15
```
  2 0 0
×    2 0
```

16
```
    7 0
×  3 0 0
```

17
```
  4 0 0
×    3 0
```

18
```
  3 0 0
×    1 0
```

19
```
    8 0
×  7 0 0
```

20
```
    6 0
×  9 0 0
```

21
```
    4 0
×  9 0 0
```

22
```
    5 0
×  6 0 0
```

23 600×20

24 900×10

25 10×800

26 700×80

27 400×70

28 20×500

구조화 하기를 연습하면 서술형도 쉽게 풀어요

[29~40] 두 수의 곱을 빈칸에 쓰세요.

29

100	50

33

500	80

37

400	60

30

800	20

34

900	50

38

100	20

31

40	200

35

20	900

39

70	800

32

900	20

36

200	70

40

300	50

[41~49] 빈칸에 알맞은 수를 쓰세요.

41 $500 \xrightarrow{\times 20} \square$

44 $20 \xrightarrow{\times 300} \square$

47 $10 \xrightarrow{\times 100} \square$

42 $400 \xrightarrow{\times 50} \square$

45 $90 \xrightarrow{\times 900} \square$

48 $70 \xrightarrow{\times 500} \square$

43 $400 \xrightarrow{\times 60} \square$

46 $90 \xrightarrow{\times 400} \square$

49 $60 \xrightarrow{\times 200} \square$

서술형 풀어보기

구조화 해서 풀어보아요

50 한 개에 300 g인 상자 60개의 무게는 모두 몇 g일까요?

풀이과정

(1) 상자 1개의 무게는 ☐ g입니다.

(2) 상자는 ☐ 개 있습니다.

(3) 상자 60개의 무게는 ☐ × ☐ = ☐ g입니다.

×60
300 → ☐

(51~54) 풀이과정을 쓰고 답을 구하세요.

51 상자 1개에 사과가 100개 들어있습니다. 상자가 40개라면 사과는 모두 몇 개일까요?

풀이 ______________________

답 ____________ 개

53 수아는 매일 200번의 줄넘기를 90일 동안 했습니다. 모두 몇 번의 줄넘기를 넘었을까요?

풀이 ______________________

답 ____________ 번

52 한 판에 30개씩 들어있는 달걀이 500판 있습니다. 모두 몇 개의 달걀이 있을까요?

풀이 ______________________

답 ____________ 개

54 아빠가 팔굽혀펴기를 60번씩 500일을 했습니다. 아빠는 모두 몇 번의 팔굽혀펴기를 했을까요?

풀이 ______________________

답 ____________ 번

연마 Check 칭찬이나 노력할 점을 써 주세요.

맞힌 개수	지도 의견		확인란
개	나의 생각		

(몇백 몇십)×(몇십)

월 일

(몇백 몇십) × (몇십) 의 계산은 (몇십 몇) × (몇) 을 계산한 다음 100을 곱해줍니다.

핵심 포인트

· 곱셈에서 0은 계산은 하지 않고, 계산 결과에 그 개수만큼 0을 붙여줍니다.

· $320×70$의 계산은 $32×7$을 계산하고 0의 개수만큼 0을 붙여줍니다.
$320×70=22400$

● $320×70$의 계산

$$\begin{array}{r} 3\,2 \\ \times\quad 7 \\ \hline 2\,2\,4 \end{array}$$

100배 →

$$\begin{array}{r} 3\,2\,0 \\ \times\quad 7\,0 \\ \hline 2\,2\,4\,0\,0 \end{array}$$

$32×7=224$

$320×70=22400$ 100배

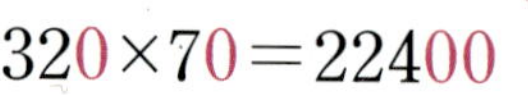

(01~10) 계산을 하세요.

01
$$\begin{array}{r} 7\,5 \\ \times\quad 2 \\ \hline \end{array}$$
100배 →
$$\begin{array}{r} 7\,5\,0 \\ \times\quad 2\,0 \\ \hline 0\,0 \end{array}$$

02
$$\begin{array}{r} 9\,6 \\ \times\quad 8 \\ \hline \end{array}$$
100배 →
$$\begin{array}{r} 9\,6\,0 \\ \times\quad 8\,0 \\ \hline \end{array}$$

03
$$\begin{array}{r} 4\,2 \\ \times\quad 6 \\ \hline \end{array}$$
100배 →
$$\begin{array}{r} 4\,2\,0 \\ \times\quad 6\,0 \\ \hline \end{array}$$

04
$$\begin{array}{r} 3\,5 \\ \times\quad 4 \\ \hline \end{array}$$
100배 →
$$\begin{array}{r} 3\,5\,0 \\ \times\quad 4\,0 \\ \hline \end{array}$$

05
$$\begin{array}{r} 2\,9 \\ \times\quad 5 \\ \hline \end{array}$$
100배 →
$$\begin{array}{r} 2\,9\,0 \\ \times\quad 5\,0 \\ \hline \end{array}$$

06 $13×9=\boxed{}$

$130×90=\boxed{}$ 100배

07 $38×8=\boxed{}$

$380×80=\boxed{}$ 100배

08 $28×3=\boxed{}$

$280×30=\boxed{}$ 100배

09 $53×4=\boxed{}$

$530×40=\boxed{}$ 100배

10 $71×8=\boxed{}$

$710×80=\boxed{}$ 100배

계산력 강화하기

(11~28) 계산을 하세요.

11
$$\begin{array}{r} 380 \\ \times\quad 10 \\ \hline \end{array}$$

17
$$\begin{array}{r} 640 \\ \times\quad 70 \\ \hline \end{array}$$

23 130×70

12
$$\begin{array}{r} 230 \\ \times\quad 40 \\ \hline \end{array}$$

18
$$\begin{array}{r} 160 \\ \times\quad 40 \\ \hline \end{array}$$

24 840×50

13
$$\begin{array}{r} 50 \\ \times\quad 910 \\ \hline \end{array}$$

19
$$\begin{array}{r} 30 \\ \times\quad 190 \\ \hline \end{array}$$

25 20×150

14
$$\begin{array}{r} 960 \\ \times\quad 20 \\ \hline \end{array}$$

20
$$\begin{array}{r} 30 \\ \times\quad 160 \\ \hline \end{array}$$

26 90×190

15
$$\begin{array}{r} 630 \\ \times\quad 20 \\ \hline \end{array}$$

21
$$\begin{array}{r} 40 \\ \times\quad 140 \\ \hline \end{array}$$

27 370×70

16
$$\begin{array}{r} 90 \\ \times\quad 270 \\ \hline \end{array}$$

22
$$\begin{array}{r} 30 \\ \times\quad 120 \\ \hline \end{array}$$

28 160×50

(29~46) 빈 칸에 알맞은 수를 쓰세요.

29 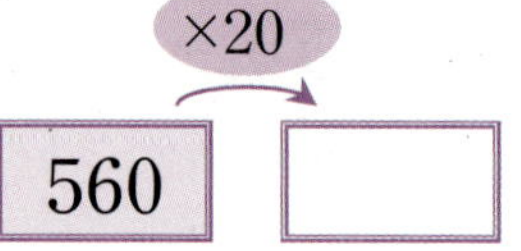
×20
560 [ ]

35 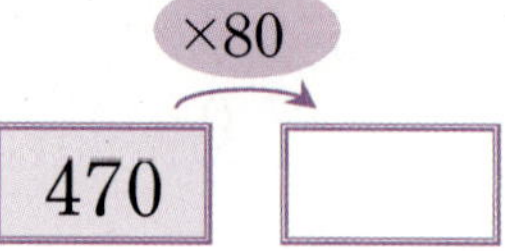
×80
470 [ ]

41 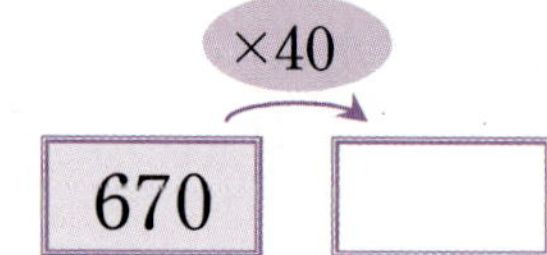
×40
670 [ ]

30
×20
850 [ ]

36
×40
260 [ ]

42
×60
570 [ ]

31 
×30
850 [ ]

37 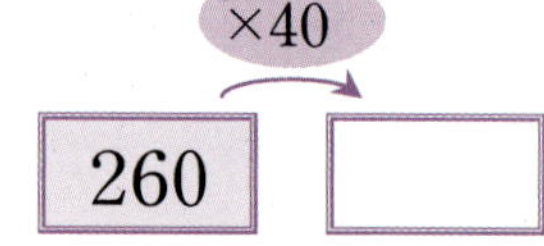
×50
560 [ ]

43 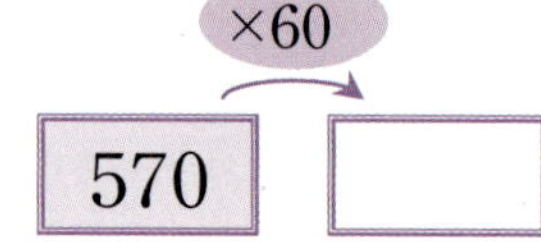
×60
830 [ ]

32
×80
190 [ ]

38
×50
570 [ ]

44
×30
670 [ ]

33 
×30
810 [ ]

39 
×90
450 [ ]

45 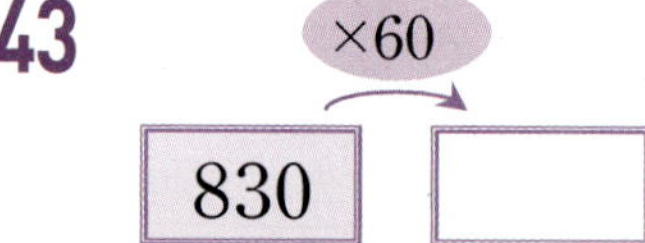
×10
230 [ ]

34
×240
70 [ ]

40 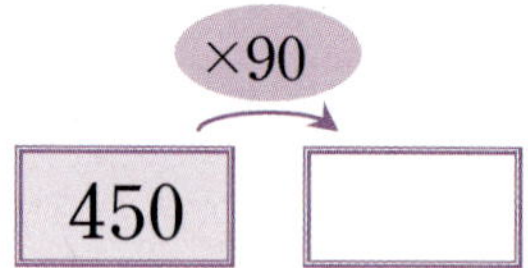
×790
10 [ ]

46 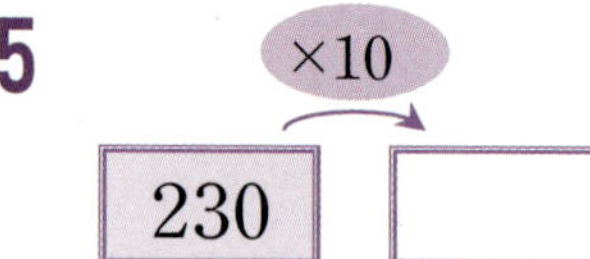
×480
50 [ ]

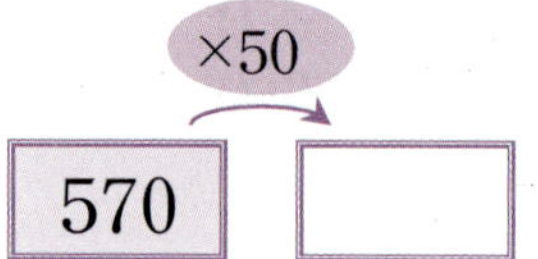
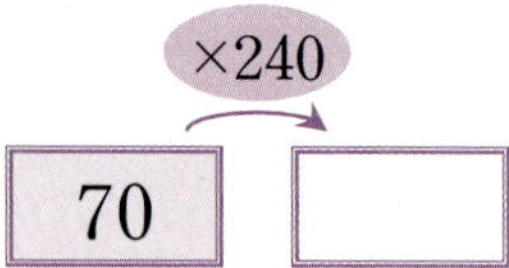

서술형 풀어보기

47 소연이는 매일 450 mL의 우유를 마셨습니다. 70일 동안 우유를 마셨다면 모두 몇 mL의 우유를 마셨을까요?

풀이과정

(1) 소연이가 하루에 마신 우유는 ☐ mL입니다.

(2) 소연이는 ☐ 일 동안 우유를 마셨습니다.

(3) 소연이가 마신 우유는 모두
☐ × ☐ = ☐ mL입니다.

$$\begin{array}{r} 4\,5 \\ \times\quad 7 \\ \hline 3\,1\,5 \end{array} \quad \xrightarrow{100배} \quad \begin{array}{r} 4\,5\,0 \\ \times\quad 7\,0 \\ \hline 3\,1\,5\,0\,0 \end{array}$$

💡 **(48~51) 풀이과정을 쓰고 답을 구하세요.**

48 사과농장에서 사과를 한 상자에 250개씩 담아 50상자를 팔았습니다. 모두 몇 개의 사과를 팔았을까요?

풀이 ______________________

답 ______________ 개

50 흰둥이는 둘레가 340 m인 공원을 50일 동안 매일 산책했습니다. 흰둥이가 산책한 거리는 모두 몇 m일까요?

풀이 ______________________

답 ______________ m

49 문구점에서 570원 하는 연필을 30개 샀다면 연필값으로 모두 몇 원을 냈을까요?

풀이 ______________________

답 ______________ 원

51 한 상자에 과자가 140개 들어있습니다. 상자가 90개라면 과자는 모두 몇 개 있을까요?

풀이 ______________________

답 ______________ 개

연마 Check 칭찬이나 노력할 점을 써 주세요.

맞힌 개수	지도 의견		확인란
개	나의 생각		

(세 자리 수)×(몇십)①

(세 자리 수) × (몇십) 의 계산은 (세 자리 수) × (몇) 을 계산한 다음 10을 곱해줍니다.

● 256×40의 계산

$$\begin{array}{r} 2\ 5\ 6 \\ \times\qquad 4 \\ \hline 1\ 0\ 2\ 4 \end{array}$$
10배 →
$$\begin{array}{r} 2\ 5\ 6 \\ \times\qquad 4\ 0 \\ \hline 1\ 0\ 2\ 4\ 0 \end{array}$$

● 50×319의 계산

$$\begin{array}{r} 5 \\ \times\ 3\ 1\ 9 \\ \hline 1\ 5\ 9\ 5 \end{array}$$
10배 →
$$\begin{array}{r} 5\ 0 \\ \times\ 3\ 1\ 9 \\ \hline 1\ 5\ 9\ 5\ 0 \end{array}$$

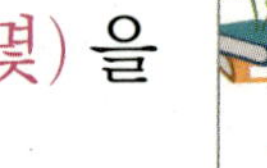 **핵심포인트**

· 256×40의 계산은 256×4를 계산하고 0을 붙여줍니다.
256×40=10240

· 50×319의 계산은 5×319를 계산하고 0을 붙여줍니다.
50×319=15950

⏳ **[01~10] 계산을 하세요.**

01
$$\begin{array}{r} 3\ 4\ 7 \\ \times\qquad 4 \\ \hline 1\ 3\ 8\ 8 \end{array}$$
10배 →
$$\begin{array}{r} 3\ 4\ 7 \\ \times\qquad 4\ 0 \\ \hline \end{array}$$

06
$$\begin{array}{r} 1\ 9\ 9 \\ \times\qquad 9 \\ \hline \end{array}$$
10배 →
$$\begin{array}{r} 1\ 9\ 9 \\ \times\qquad 9\ 0 \\ \hline \end{array}$$

02
$$\begin{array}{r} 4\ 7\ 1 \\ \times\qquad 5 \\ \hline \end{array}$$
10배 →
$$\begin{array}{r} 4\ 7\ 1 \\ \times\qquad 5\ 0 \\ \hline \end{array}$$

07
$$\begin{array}{r} 5\ 9\ 7 \\ \times\qquad 7 \\ \hline \end{array}$$
10배 →
$$\begin{array}{r} 5\ 9\ 7 \\ \times\qquad 7\ 0 \\ \hline \end{array}$$

03
$$\begin{array}{r} 4\ 6\ 3 \\ \times\qquad 6 \\ \hline \end{array}$$
10배 →
$$\begin{array}{r} 4\ 6\ 3 \\ \times\qquad 6\ 0 \\ \hline \end{array}$$

08
$$\begin{array}{r} 7\ 1\ 6 \\ \times\qquad 3 \\ \hline \end{array}$$
10배 →
$$\begin{array}{r} 7\ 1\ 6 \\ \times\qquad 3\ 0 \\ \hline \end{array}$$

04
$$\begin{array}{r} 5\ 4\ 8 \\ \times\qquad 7 \\ \hline \end{array}$$
10배 →
$$\begin{array}{r} 5\ 4\ 8 \\ \times\qquad 7\ 0 \\ \hline \end{array}$$

09
$$\begin{array}{r} 3\ 5\ 8 \\ \times\qquad 6 \\ \hline \end{array}$$
10배 →
$$\begin{array}{r} 3\ 5\ 8 \\ \times\qquad 6\ 0 \\ \hline \end{array}$$

05
$$\begin{array}{r} 6\ 4\ 3 \\ \times\qquad 3 \\ \hline \end{array}$$
10배 →
$$\begin{array}{r} 6\ 4\ 3 \\ \times\qquad 3\ 0 \\ \hline \end{array}$$

10
$$\begin{array}{r} 2\ 1\ 5 \\ \times\qquad 9 \\ \hline \end{array}$$
10배 →
$$\begin{array}{r} 2\ 1\ 5 \\ \times\qquad 9\ 0 \\ \hline \end{array}$$

(11~31) 계산을 하세요.

11	218 × 60	**18**	325 × 70

11
$$\begin{array}{r} 218 \\ \times\ 60 \\ \hline \end{array}$$

18
$$\begin{array}{r} 325 \\ \times\ 70 \\ \hline \end{array}$$

25
$$\begin{array}{r} 20 \\ \times\ 227 \\ \hline \end{array}$$

12
$$\begin{array}{r} 517 \\ \times\ 50 \\ \hline \end{array}$$

19
$$\begin{array}{r} 20 \\ \times\ 591 \\ \hline \end{array}$$

26
$$\begin{array}{r} 30 \\ \times\ 694 \\ \hline \end{array}$$

13
$$\begin{array}{r} 30 \\ \times\ 109 \\ \hline \end{array}$$

20
$$\begin{array}{r} 585 \\ \times\ 60 \\ \hline \end{array}$$

27
$$\begin{array}{r} 40 \\ \times\ 924 \\ \hline \end{array}$$

14
$$\begin{array}{r} 329 \\ \times\ 30 \\ \hline \end{array}$$

21
$$\begin{array}{r} 274 \\ \times\ 80 \\ \hline \end{array}$$

28
$$\begin{array}{r} 814 \\ \times\ 30 \\ \hline \end{array}$$

15
$$\begin{array}{r} 681 \\ \times\ 70 \\ \hline \end{array}$$

22
$$\begin{array}{r} 194 \\ \times\ 70 \\ \hline \end{array}$$

29
$$\begin{array}{r} 40 \\ \times\ 594 \\ \hline \end{array}$$

16
$$\begin{array}{r} 80 \\ \times\ 488 \\ \hline \end{array}$$

23
$$\begin{array}{r} 562 \\ \times\ 30 \\ \hline \end{array}$$

30
$$\begin{array}{r} 70 \\ \times\ 707 \\ \hline \end{array}$$

17
$$\begin{array}{r} 942 \\ \times\ 30 \\ \hline \end{array}$$

24
$$\begin{array}{r} 395 \\ \times\ 30 \\ \hline \end{array}$$

31
$$\begin{array}{r} 627 \\ \times\ 30 \\ \hline \end{array}$$

구조화 하기

구조화 하기를 연습하면 서술형도 쉽게 풀어요

 [32~41] 빈칸에 알맞은 수를 쓰세요.

32

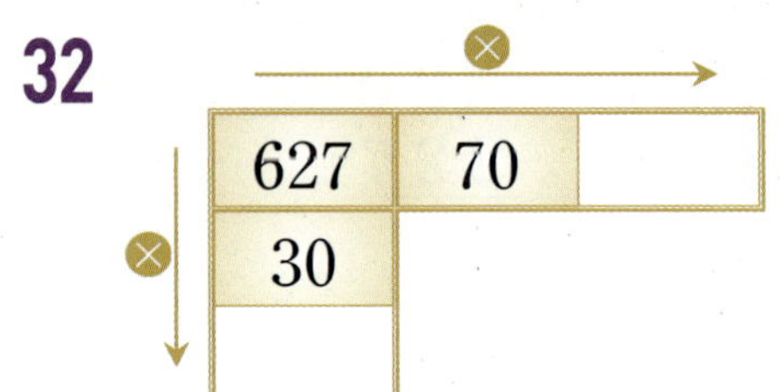

33

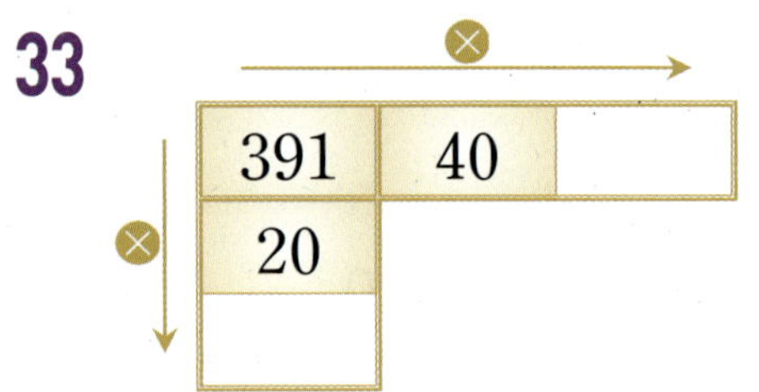

34

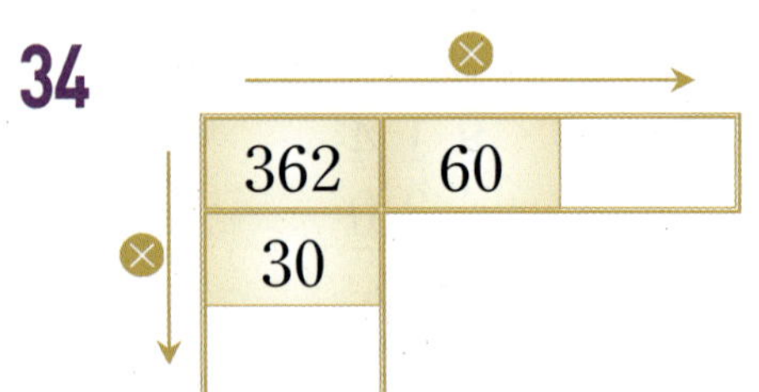

35

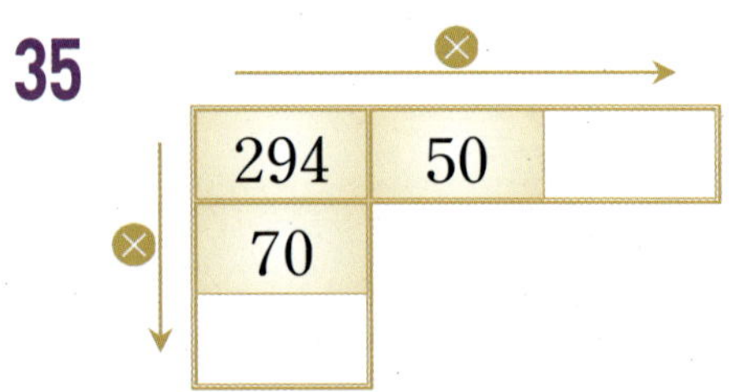

36

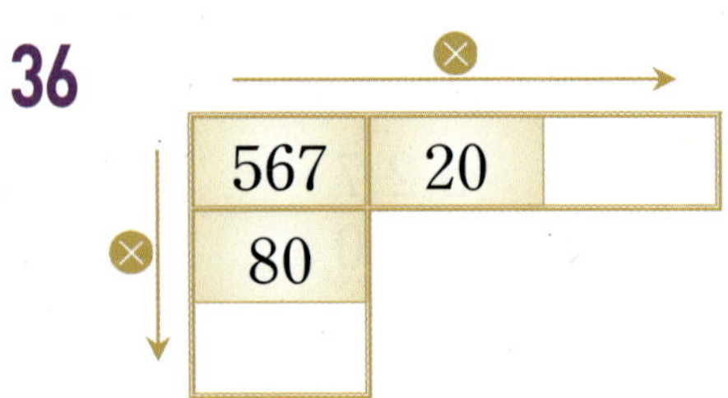

37

38

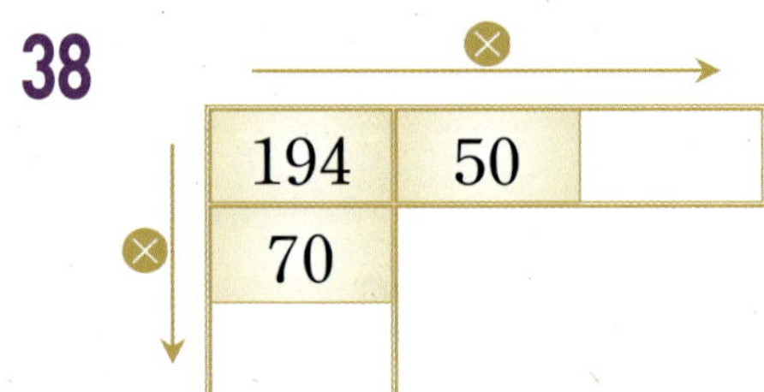

39

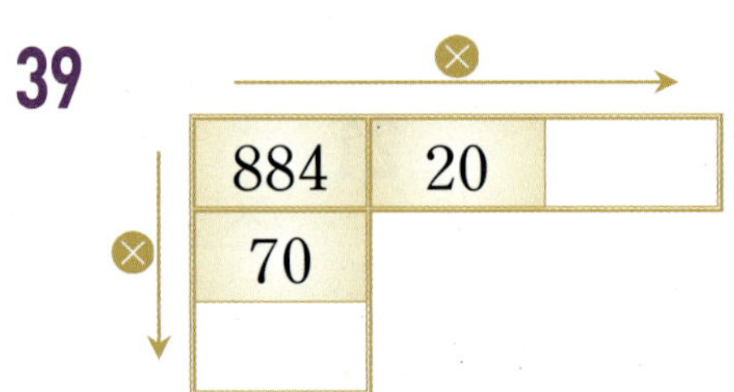

40

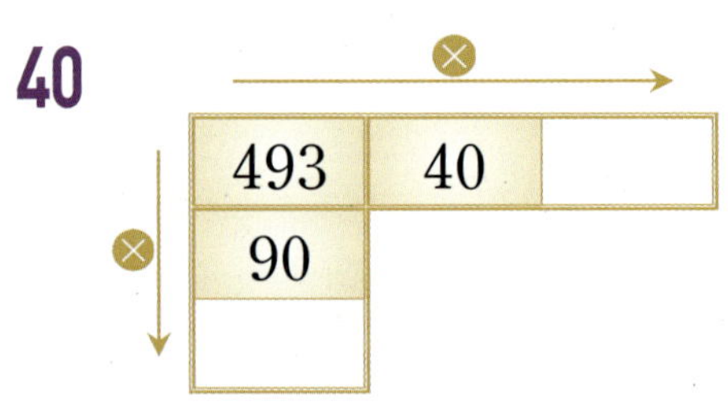

41

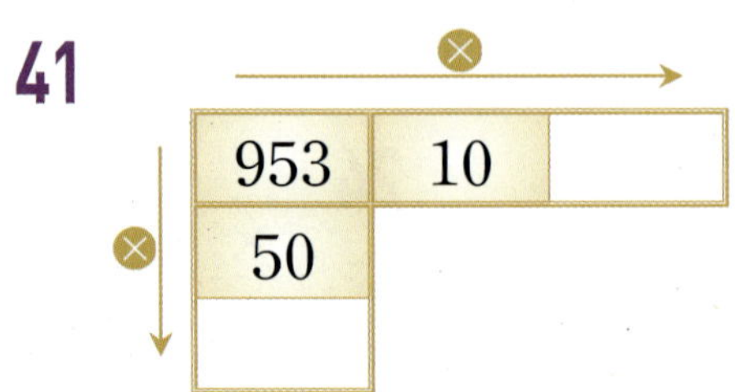

서술형 풀어보기

구조화 해서 풀어보아요

42 김치공장 기계는 1분에 김치를 391 kg 만듭니다. 40분 동안 몇 kg의 김치를 만들 수 있을까요?

풀이과정

(1) 1분에 만드는 김치는 ☐ kg입니다.

(2) ☐ 분 동안 만들었습니다.

(3) 기계가 40분 동안 만든 김치는
☐ × ☐ = ☐ kg입니다.

$$\begin{array}{r} 391 \\ \times\ \ \ 4 \end{array} \quad \xrightarrow{10배} \quad \begin{array}{r} 391 \\ \times\ \ 40 \end{array}$$

💡 **[43~46] 풀이과정을 쓰고 답을 구하세요.**

43 나는 매일 60분씩 365일 동안 TV를 보았습니다. 나는 모두 몇 분 동안 TV를 봤을까요?

풀이 ___________________

답 _________ 분

45 도희는 매일 발레학원에 가서 30분씩 발레를 합니다. 발레학원을 258일 다닌다면 도희는 발레를 모두 몇 분 하게 될까요?

풀이 ___________________

답 _________ 분

44 40분을 충전해야 한 번 사용할 수 있는 배터리를 125번 사용하려면 모두 몇 분을 충전해야 할까요?

풀이 ___________________

답 _________ 분

46 한 개에 무게가 415 g인 버터를 30개 샀습니다. 버터는 모두 몇 g일까요?

풀이 ___________________

답 _________ g

연마 Check 칭찬이나 노력할 점을 써 주세요.

맞힌 개수	지도 의견		확인란
개	나의 생각		

11 일차 (세 자리 수)×(몇십)②

(세 자리 수) × (몇십) 의 계산은 (세 자리 수) × (몇) 을 계산한 다음 10을 곱해줍니다.

 **핵심 포인트**

- 937×30의 계산은 937×3를 계산하고 0을 붙여 줍니다.
  937×30=28110

- 20×592의 계산은 2×592를 계산하고 0을 붙여 줍니다.
  20×592=11840

● 937×30의 계산
937×3=2811
937×30=28110 **10배**

● 20×592의 계산
2×592=1184
20×592=11840 **10배**

(01~10) 계산을 하세요.

01 514×2=1028
514×20=☐ **10배**

06 327×9=☐
327×90=☐ **10배**

02 237×7=☐
237×70=☐ **10배**

07 975×5=☐
975×50=☐ **10배**

03 941×5=☐
941×50=☐ **10배**

08 714×2=☐
714×20=☐ **10배**

04 651×4=☐
651×40=☐ **10배**

09 411×7=☐
411×70=☐ **10배**

05 485×7=☐
485×70=☐ **10배**

10 835×5=☐
835×50=☐ **10배**

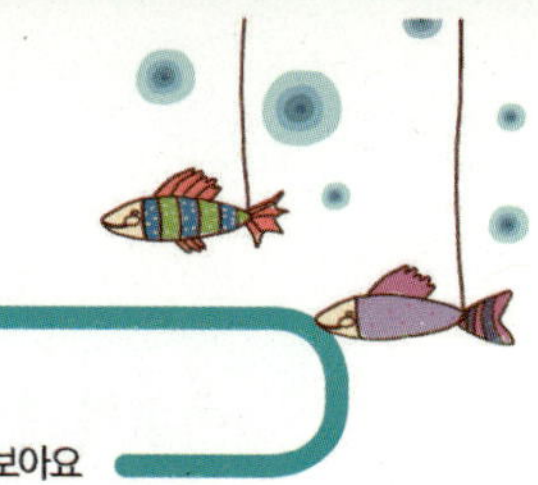

(11~31) 계산을 하세요.

11 155×80	**18** 715×40	**25** 341×90
12 901×40	**19** 80×473	**26** 622×50
13 40×313	**20** 391×80	**27** 80×552
14 882×70	**21** 891×60	**28** 30×912
15 291×90	**22** 829×30	**29** 254×50
16 20×977	**23** 732×20	**30** 149×20
17 127×50	**24** 639×60	**31** 50×215

구조화 하기

구조화 하기를 연습하면 서술형도 쉽게 풀어요

[32~49] 두 수를 곱하여 빈칸에 알맞은 수를 써넣으세요.

32

692	80

38

342	70

44

172	20

33

831	60

39

728	20

45

273	80

34

267	70

40

533	40

46

184	30

35

529	50

41

573	90

47

758	60

36

306	40

42

50	375

48

20	667

37

80	506

43

60	924

49

50	707

서술형 풀어보기

구조화 해서 풀어보아요

50 김밥집에서 김밥을 1시간에 50개씩 팝니다. 431시간을 판다면 팔린 김밥은 몇 개일까요?

풀이과정

(1) 1시간에 김밥집에서 파는 김밥 개수는 ☐ 개입니다.

(2) ☐ 시간 동안 김밥을 팔았습니다.

(3) 431시간 동안 판 김밥의 개수는
☐ × ☐ = ☐ 개입니다.

431	50

💡 **(51~54) 풀이과정을 쓰고 답을 구하세요.**

51 1시간에 40개씩 인형을 만드는 공장이 있습니다. 879시간 동안 몇 개의 인형을 만들 수 있을까요?

풀이 ________________

답 ________ 개

53 건전지 하나로 20 m를 움직일 수 있는 장난감이 있습니다. 744개의 건전지로 몇 m를 갈 수 있을까요?

풀이 ________________

답 ________ m

52 수도꼭지에서 물이 1분에 70방울씩 떨어지고 있습니다. 물이 136분 동안 떨어진다면 몇 방울이 떨어질까요?

풀이 ________________

답 ________ 방울

54 한 권에 468쪽인 책이 30권 있습니다. 모두 합하면 몇 쪽일까요?

풀이 ________________

답 ________ 쪽

연마 Check 칭찬이나 노력할 점을 써 주세요.

맞힌 개수		지도 의견		확인란
	개	나의 생각		

(세 자리 수)×(두 자리 수)①

 월   일

(세 자리 수) × (두 자리 수)의 계산은 (세 자리 수) × (몇)을 계산한 다음 (세 자리 수) × (몇십)을 계산하여 더해줍니다.

● 517×25의 계산

```
    5 1 7            5 1 7            5 1 7
  ×     5    +     ×    2 0    →    ×    2 5
  2 5 8 5          1 0 3 4 0        2 5 8 5   ← 517×5
                                  1 0 3 4 0   ← 517×20
                                  1 2 9 2 5
```

핵심 포인트

· 517에 25를 곱할 때에는 25를 20과 5의 합으로 생각하고 517×5와 517×20을 각각 계산한 후에 더합니다.

(01~06) 빈칸에 알맞은 수를 써넣으세요.

01
```
    2 4 5
  ×   6 2
  [     ]    ← 245×[ ]
  1 4 7 0 0  ← 245×[ ]
  [     ]
```

02
```
    8 8 1
  ×   3 7
  [     ]    ← 881×[ ]
  [     ]    ← 881×[ ]
  [     ]
```

03
```
    1 3 2
  ×   4 9
  [     ]    ← 132×[ ]
  [     ]    ← 132×[ ]
  [     ]
```

04
```
    5 4 8
  ×   8 3
  [     ]    ← 548×[ ]
  [     ]    ← 548×[ ]
  [     ]
```

05
```
    4 1 1
  ×   3 5
  [     ]    ← 411×[ ]
  [     ]    ← 411×[ ]
  [     ]
```

06
```
    8 5 7
  ×   7 3
  [     ]    ← 857×[ ]
  [     ]    ← 857×[ ]
  [     ]
```

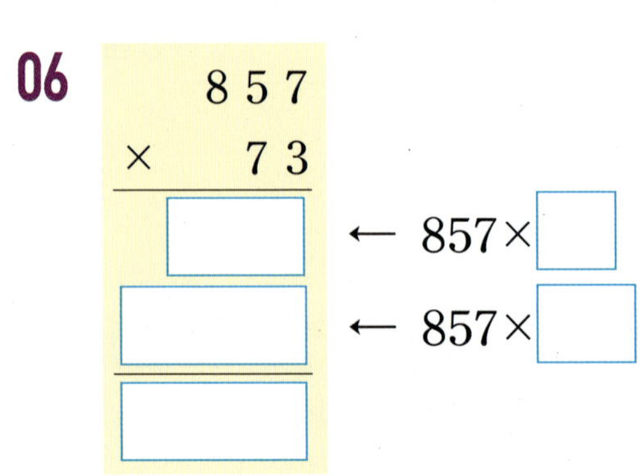

정확하게 풀어보아요

📱 **(07~21) 계산을 하세요.**

07
```
    258
×    38
```

08
```
    268
×    21
```

09
```
    189
×    55
```

10
```
    573
×    88
```

11
```
    185
×    94
```

12
```
    706
×    21
```

13
```
    329
×    52
```

14
```
    384
×    68
```

15
```
    374
×    61
```

16
```
    246
×    53
```

17
```
    472
×    51
```

18
```
    438
×    27
```

19
```
    971
×    45
```

20
```
    516
×    84
```

21
```
    886
×    17
```

구조화 하기

구조화 하기를 연습하면 서술형도 쉽게 풀어요

(22~39) 빈 칸에 알맞은 수를 쓰세요.

22 315 ×42

28 632 ×41

34 228 ×43

23 873 ×13

29 437 ×85

35 317 ×69

24 564 ×23

30 462 ×42

36 589 ×11

25 183 ×64

31 845 ×56

37 749 ×24

26 706 ×33

32 334 ×63

38 268 ×87

27 557 ×25

33 185 ×16

39 359 ×41

서술형 풀어보기

구조화 해서 풀어보아요

40 한 개를 만드는데 454 g의 설탕이 필요한 케이크를 58개 만들 때 필요한 설탕은 몇 g 일까요?

풀이과정

(1) 케이크 하나에 [　　　] g의 설탕이 필요합니다.

(2) 케이크를 [　　　] 개 만듭니다.

(3) 58개의 케이크를 만드는데 필요한 설탕은
[　　　] × [　　　] = [　　　] g입니다.

$$\boxed{454} \xrightarrow{\times 58} \boxed{}$$

💡 **(41~44) 풀이과정을 쓰고 답을 구하세요.**

41 558원에 파는 연필을 23개 사려고 합니다. 얼마의 돈이 필요할까요?

풀이 _______________

답 _______ 원

43 한 병에 394 mL가 들어갈 수 있는 물병 25개에 물을 가득 채우려면 몇 mL의 물이 필요할까요?

풀이 _______________

답 _______ mL

42 상자 267개를 실은 트럭이 34대 있습니다. 트럭에 실린 상자는 모두 몇 개일까요?

풀이 _______________

답 _______ 개

44 836 m의 터널을 42번 지나간 자동차가 있습니다. 이 자동차가 지나간 터널의 거리는 모두 몇 m일까요?

풀이 _______________

답 _______ m

연마 Check 칭찬이나 노력할 점을 써 주세요.

맞힌 개수		지도 의견		확인란
	개	나의 생각		

13 일차 (세 자리 수)×(두 자리 수)②

(세 자리 수)×(두 자리 수)의 계산은 (세 자리 수)×(몇십)을 계산한 다음 (세 자리 수)×(몇)을 계산하여 더해줍니다.

● 208×79의 계산

$$208×79 = \boxed{208×70} + \boxed{208×9}$$

$$= 14560 + 1872 = 16432$$

→ 208×79의 계산은 (208×70)+(208×9)의 계산과 같습니다.

핵심포인트
- 208에 79를 곱할 때에는 208×9와 208×70을 각각 계산한 후 더합니다.
- 가로셈일 때는 (208×70)+(208×9)로 하면 더 편리합니다.

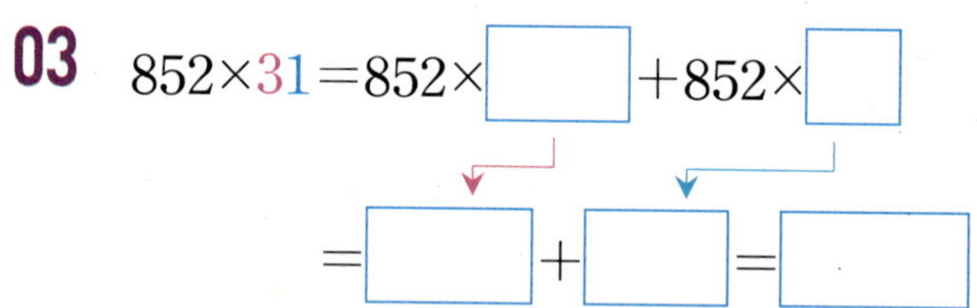 (01~10) 빈칸에 알맞은 수를 써넣으세요.

01 $447×25 = \boxed{447×20} + \boxed{447×5}$

$$= \boxed{} + \boxed{} = \boxed{}$$

06 $548×83 = 548×\boxed{} + 548×\boxed{}$

$$= \boxed{} + \boxed{} = \boxed{}$$

02 $864×77 = 864×\boxed{} + 864×\boxed{}$

$$= \boxed{} + \boxed{} = \boxed{}$$

07 $478×22 = 478×\boxed{} + 478×\boxed{}$

$$= \boxed{} + \boxed{} = \boxed{}$$

03 $852×31 = 852×\boxed{} + 852×\boxed{}$

$$= \boxed{} + \boxed{} = \boxed{}$$

08 $393×36 = 393×\boxed{} + 393×\boxed{}$

$$= \boxed{} + \boxed{} = \boxed{}$$

04 $428×64 = 428×\boxed{} + 428×\boxed{}$

$$= \boxed{} + \boxed{} = \boxed{}$$

09 $885×33 = 885×\boxed{} + 885×\boxed{}$

$$= \boxed{} + \boxed{} = \boxed{}$$

05 $193×27 = 193×\boxed{} + 193×\boxed{}$

$$= \boxed{} + \boxed{} = \boxed{}$$

10 $356×86 = 356×\boxed{} + 356×\boxed{}$

$$= \boxed{} + \boxed{} = \boxed{}$$

 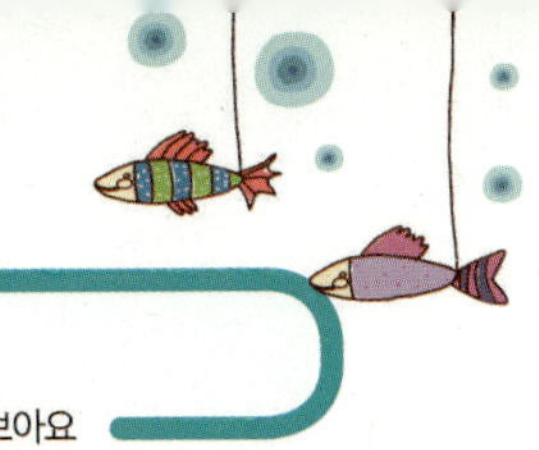

계산력 강화하기

(11~31) 계산을 하세요.

11 749×51

18 981×34

25 117×46

12 351×54

19 546×21

26 837×91

13 536×14

20 449×51

27 231×22

14 647×23

21 531×26

28 893×35

15 157×86

22 361×72

29 485×51

16 392×37

23 594×27

30 812×64

17 945×21

24 794×57

31 348×11

(32~41) 빈칸에 알맞은 수를 쓰세요.

32

37

33

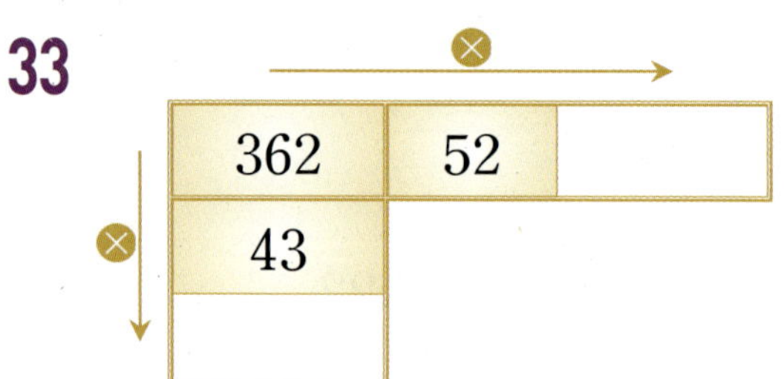

38

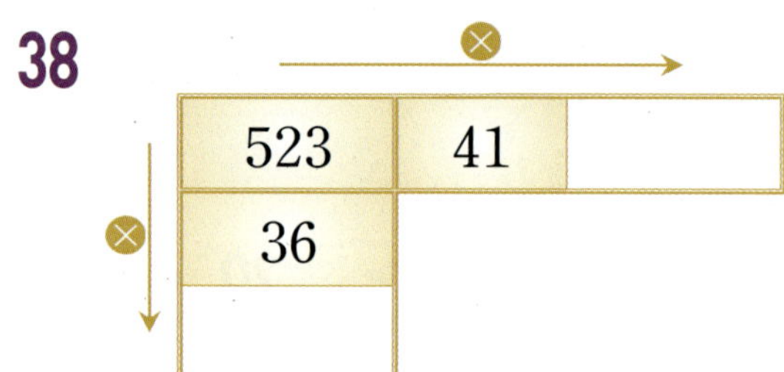

34

39

35

40

36

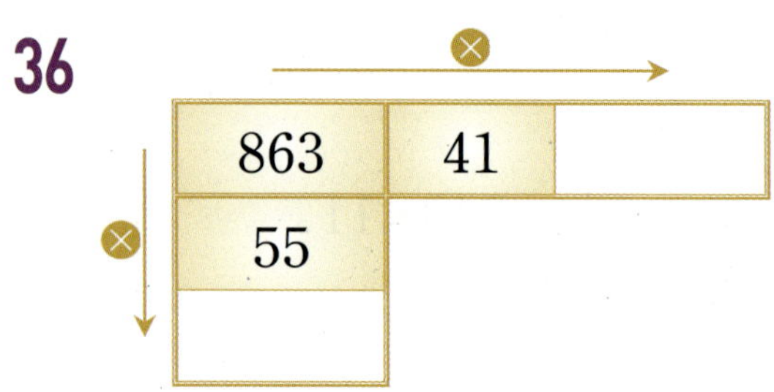

41

서술형 풀어보기

구조화 해서 풀어보아요

42 한 상자에 224개의 성냥개비가 들어있는 상자가 91개 있습니다. 성냥개비는 모두 몇 개일까요?

풀이과정

(1) 한 상자에 들어있는 성냥개비는 ☐개 입니다.

(2) 성냥개비 상자가 모두 ☐상자가 있습니다.

(3) 성냥개비는 모두 ☐ × ☐ = ☐ 개입니다.

$$224 \times 91 = 224 \times \boxed{} + 224 \times \boxed{}$$

$$= \boxed{} + \boxed{}$$

$$= \boxed{}$$

(43~46) 풀이과정을 쓰고 답을 구하세요.

43 어떤 가구를 조립하는데 34개의 못이 필요합니다. 625개의 가구를 조립하려면 모두 몇 개의 못이 필요할까요?

풀이 ______________________

답 ______________ 개

44 나는 751 m의 산을 31번 올라갔습니다. 내가 올라간 산의 길이는 모두 몇 m일까요?

풀이 ______________________

답 ______________ m

45 현석이는 문구점에서 한 상자에 12개의 연필이 들어있는 연필 상자를 338상자 샀습니다. 모두 몇 개의 연필을 샀을까요?

풀이 ______________________

답 ______________ 개

46 백화점에 오는 손님이 하루에 418명일 때 84일 동안에 몇 명의 손님이 백화점에 올까요?

풀이 ______________________

답 ______________ 명

연마 Check 칭찬이나 노력할 점을 써 주세요.

맞힌 개수	지도 의견		확인란
개	나의 생각		

(세 자리 수)×(두 자리 수)③

● 188×57의 계산

$$\begin{array}{r} 188 \\ \times\ \ 57 \\ \hline 1316 \\ 9400 \\ \hline 10716 \end{array}$$

← 188×7
← 188×50

$$188×57=188×50+188×7$$
$$=9400+1316=10716$$

핵심 포인트

· 188에 57을 곱할 때에는 57을 50과 7의 합으로 생각하고 각각 계산한 후 더합니다.

⏳ (01~07) 빈칸에 알맞은 수를 써넣으세요.

01
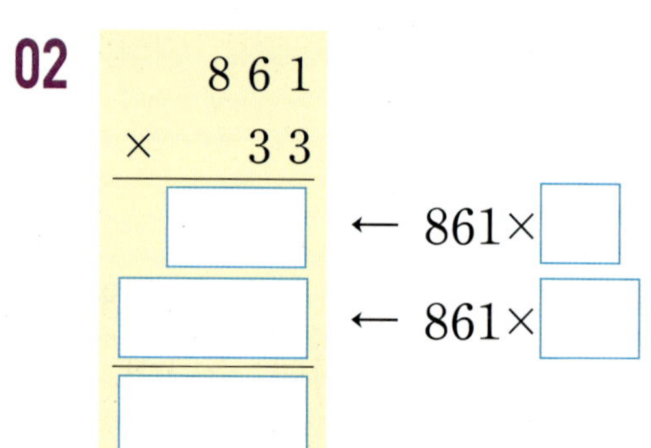

$$\begin{array}{r} 432 \\ \times\ \ 27 \\ \hline \end{array}$$

← 432×☐
← 432×☐

02

$$\begin{array}{r} 861 \\ \times\ \ 33 \\ \hline \end{array}$$

← 861×☐
← 861×☐

03
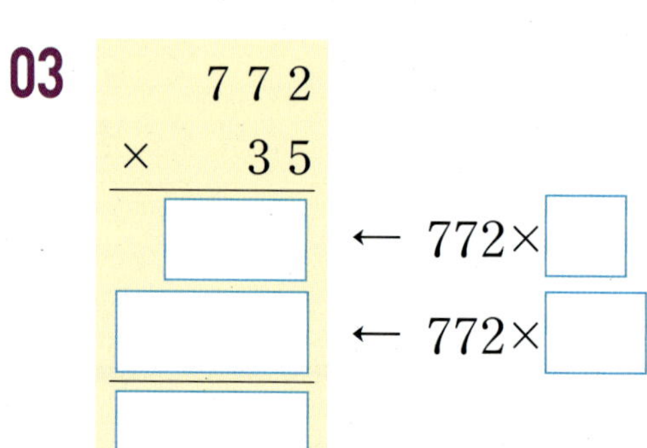

$$\begin{array}{r} 772 \\ \times\ \ 35 \\ \hline \end{array}$$

← 772×☐
← 772×☐

04 $167×46=167×\boxed{\ \ }+167×\boxed{\ \ }$

$=\boxed{\ \ }+\boxed{\ \ }=\boxed{\ \ }$

05 $646×92=646×\boxed{\ \ }+646×\boxed{\ \ }$

$=\boxed{\ \ }+\boxed{\ \ }=\boxed{\ \ }$

06 $342×21=342×\boxed{\ \ }+342×\boxed{\ \ }$

$=\boxed{\ \ }+\boxed{\ \ }=\boxed{\ \ }$

07 $615×61=615×\boxed{\ \ }+615×\boxed{\ \ }$

$=\boxed{\ \ }+\boxed{\ \ }=\boxed{\ \ }$

계산력 강화하기

[08~22] 계산을 하세요.

08
$$\begin{array}{r} 965 \\ \times\ \ 73 \\ \hline \end{array}$$

09
$$\begin{array}{r} 793 \\ \times\ \ 26 \\ \hline \end{array}$$

10
$$\begin{array}{r} 261 \\ \times\ \ 35 \\ \hline \end{array}$$

11
$$\begin{array}{r} 492 \\ \times\ \ 51 \\ \hline \end{array}$$

12
$$\begin{array}{r} 169 \\ \times\ \ 28 \\ \hline \end{array}$$

13
$$\begin{array}{r} 568 \\ \times\ \ 25 \\ \hline \end{array}$$

14
$$\begin{array}{r} 663 \\ \times\ \ 24 \\ \hline \end{array}$$

15
$$\begin{array}{r} 551 \\ \times\ \ 42 \\ \hline \end{array}$$

16
$$\begin{array}{r} 327 \\ \times\ \ 19 \\ \hline \end{array}$$

17
$$\begin{array}{r} 257 \\ \times\ \ 31 \\ \hline \end{array}$$

18 253×48

19 114×28

20 882×33

21 534×88

22 993×56

(23~40) 두 수의 곱을 빈칸에 쓰세요.

23	172	31

29	428	41

35	937	41

24	951	15

30	825	16

36	331	84

25	138	72

31	447	52

37	947	38

26	578	19

32	169	36

38	374	92

27	758	14

33	897	54

39	574	52

28	962	19

34	151	95

40	461	34

서술형 풀어보기

41 한 상자에 33개의 고구마가 들어있는 상자 346개가 있습니다. 고구마는 모두 몇 개일까요?

풀이과정

(1) 한 상자에 ☐ 개의 고구마가 들어 있습니다.

(2) ☐ 상자가 있습니다.

(3) 고구마는 모두 ☐ × ☐ = ☐ 개입니다.

346	33

(42~45) 풀이과정을 쓰고 답을 구하세요.

42 하루에 새 모이를 45 g씩 주는데 484일을 주려면 새 모이는 몇 g 필요할까요?

풀이 ________________

답 ________________ g

44 714 L로 한번 비행할 수 있는 비행기가 53번 비행을 하려면 몇 L의 연료가 필요할까요?

풀이 ________________

답 ________________ L

43 28개의 장식이 달린 리본을 808개 만들기 위해서 모두 몇 개의 장식이 필요할까요?

풀이 ________________

답 ________________ 개

45 한 통을 사용하여 912 m의 줄을 그릴 수 있는 페인트가 13통 있습니다. 13통을 모두 사용하면 몇 m의 줄을 그릴 수 있을까요?

풀이 ________________

답 ________________ m

연마 Check 칭찬이나 노력할 점을 써 주세요.

맞힌 개수	지도 의견	
개	나의 생각	확인란

 **15**일차

(세 자리 수)×(두 자리 수)④

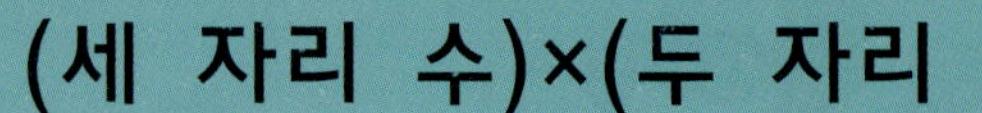 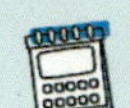  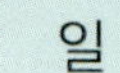

월   일

● 296×48의 계산(세로셈)

$$
\begin{array}{r}
296 \\
\times\ \ \ 48 \\
\hline
2368 \\
11840\ \ \\
\hline
14208
\end{array}
$$

● 296×48의 계산(가로셈)

$296×48$

$=296×40+296×8$

$=11840+2368$

$=14208$

핵심포인트

· 세로셈에서 (세 자리 수)×(두 자리 수)의 계산은 일의 자리를 먼저 계산하고, 그리고 십의 자리의 수를 계산합니다.

· 가로셈에서의 계산은 십의 자리의 수를 먼저 계산하고, 그리고 일의 자리의 수를 계산하여 더하는 것이 편리합니다.

⏳ [01~12] 계산을 하세요.

01
$$
\begin{array}{r}
924 \\
\times\ \ \ 35 \\
\hline
\end{array}
$$

05
$$
\begin{array}{r}
748 \\
\times\ \ \ 25 \\
\hline
\end{array}
$$

09
$$
\begin{array}{r}
736 \\
\times\ \ \ 42 \\
\hline
\end{array}
$$

02
$$
\begin{array}{r}
537 \\
\times\ \ \ 19 \\
\hline
\end{array}
$$

06
$$
\begin{array}{r}
201 \\
\times\ \ \ 77 \\
\hline
\end{array}
$$

10
$$
\begin{array}{r}
483 \\
\times\ \ \ 34 \\
\hline
\end{array}
$$

03
$$
\begin{array}{r}
158 \\
\times\ \ \ 27 \\
\hline
\end{array}
$$

07
$$
\begin{array}{r}
648 \\
\times\ \ \ 71 \\
\hline
\end{array}
$$

11
$$
\begin{array}{r}
122 \\
\times\ \ \ 87 \\
\hline
\end{array}
$$

04
$$
\begin{array}{r}
982 \\
\times\ \ \ 58 \\
\hline
\end{array}
$$

08
$$
\begin{array}{r}
137 \\
\times\ \ \ 29 \\
\hline
\end{array}
$$

12
$$
\begin{array}{r}
528 \\
\times\ \ \ 39 \\
\hline
\end{array}
$$

계산력 강화하기

[13~33] 계산을 하세요.

13 142×83

14 667×34

15 531×49

16 609×18

17 118×24

18 207×64

19 926×22

20 691×37

21 252×16

22 319×86

23 732×69

24 554×28

25 689×17

26 369×96

27 324×51

28 884×52

29 214×15

30 231×61

31 791×27

32 193×33

33 847×21

(34~54) 두 수의 곱을 빈칸에 쓰세요.

34 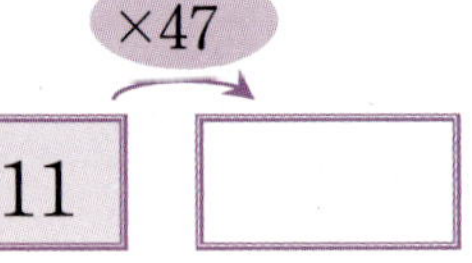 ×47   111 → ☐

41 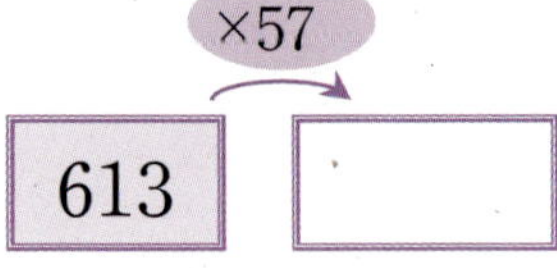 ×57   613 → ☐

48 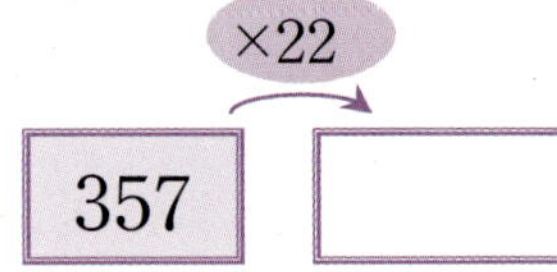 ×22   357 → ☐

35 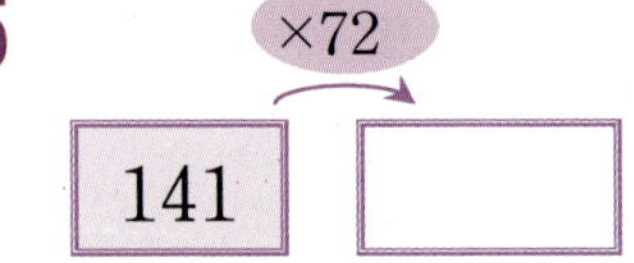 ×72   141 → ☐

42 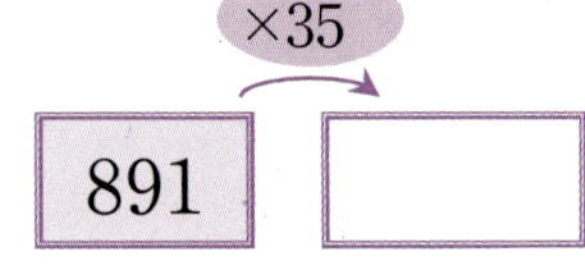 ×35   891 → ☐

49 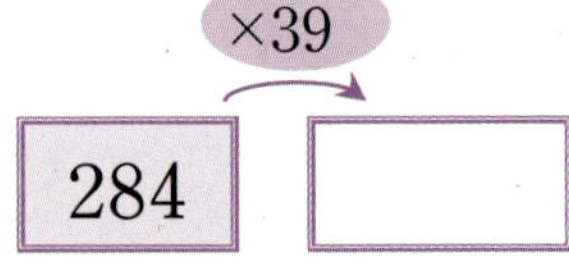 ×39   284 → ☐

36 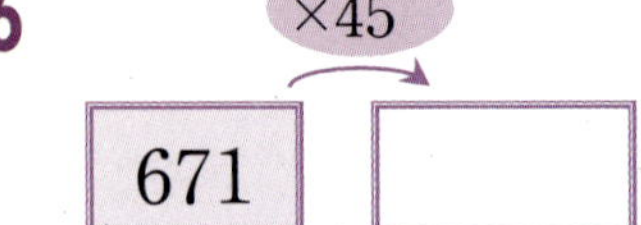 ×45   671 → ☐

43 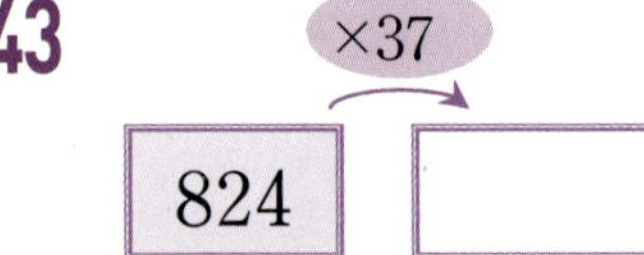 ×37   824 → ☐

50 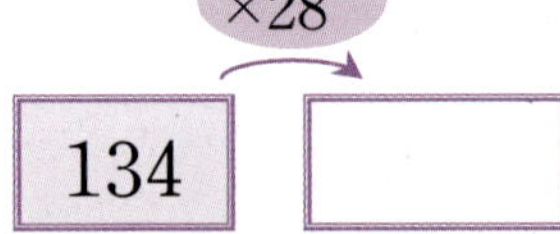 ×28   134 → ☐

37 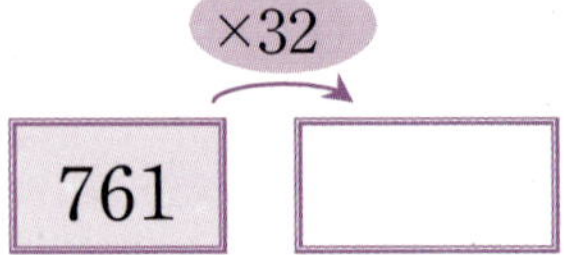 ×32   761 → ☐

44 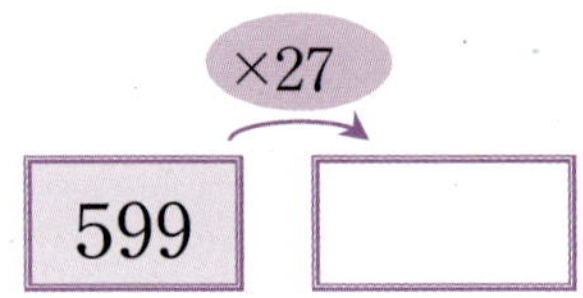 ×27   599 → ☐

51 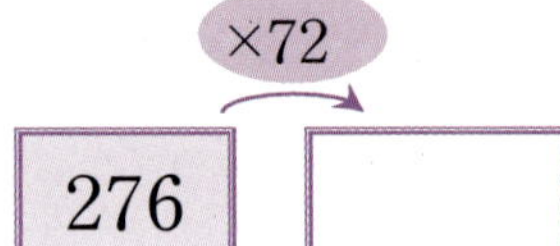 ×72   276 → ☐

38 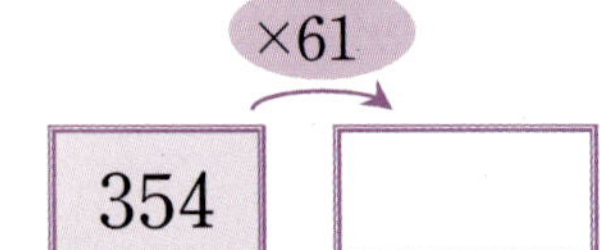 ×61   354 → ☐

45 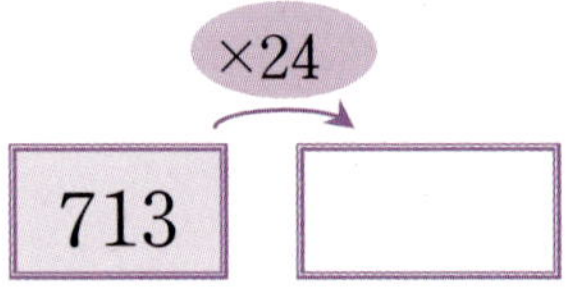 ×24   713 → ☐

52 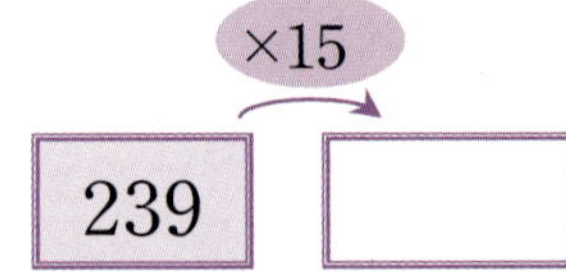 ×15   239 → ☐

39 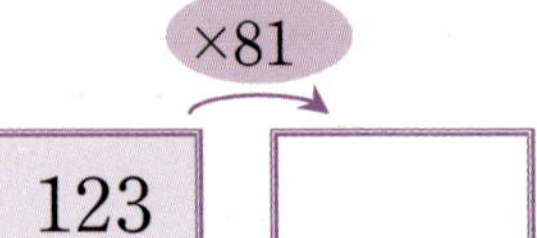 ×81   123 → ☐

46 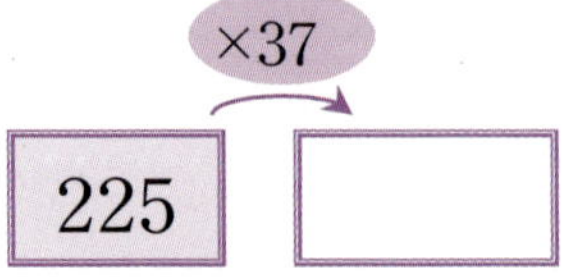 ×37   225 → ☐

53 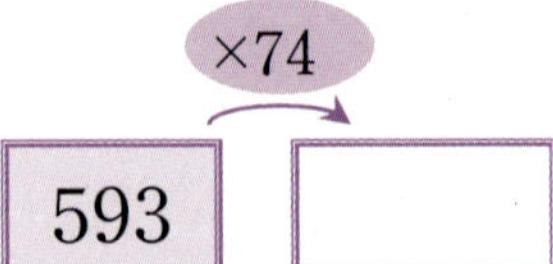 ×74   593 → ☐

40 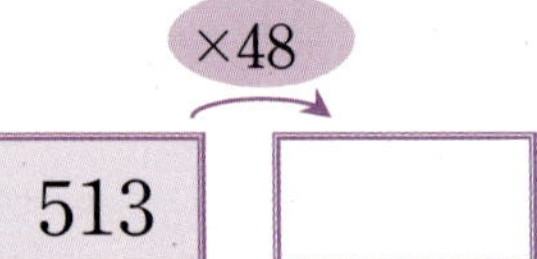 ×48   513 → ☐

47 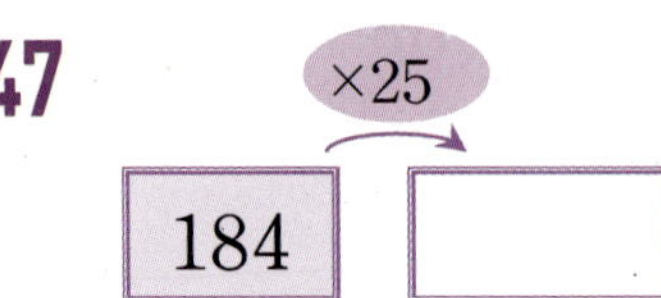 ×25   184 → ☐

54 ×38   693 → ☐

서술형 풀어보기

구조화 해서 풀어보아요

55 한 상자에 35마리의 연어가 들어있는 상자 592개를 판매했습니다. 모두 몇 마리의 연어를 판매했을까요?

풀이과정

(1) 한 상자에 들어있는 연어는 [ ] 마리입니다.

(2) [ ] 상자를 판매했습니다.

(3) 판매한 연어는 모두 [ ] × [ ] = [ ] 마리입니다.

×35

592 → [ ]

(56~59) 풀이과정을 쓰고 답을 구하세요.

56 바나나 한 개의 가격이 336원이라면 54개의 가격을 얼마일까요?

풀이 _______________________

답 _____________ 원

57 장난감공장에서 38개의 바퀴가 들어가는 기차를 만들었습니다. 모두 174대의 기차를 만들려면 몇 개의 바퀴가 필요할까요?

풀이 _______________________

답 _____________ 개

58 한 상자에 39개의 구슬이 들어있는 상자 471개가 창고에 있습니다. 창고에는 모두 몇 개의 구슬이 있을까요?

풀이 _______________________

답 _____________ 개

59 한 명이 13마리의 새우를 먹는다면 956명이 먹을 새우는 몇 마리일까요?

풀이 _______________________

답 _____________ 마리

연마 Check 칭찬이나 노력할 점을 써 주세요.

맞힌 개수		지도 의견		확인란
	개	나의 생각		

(몇백 몇십)÷(몇십) ①

월 일

나머지가 없는 (몇백 몇십)÷(몇십)의 계산

● 480÷80의 계산

×80	4	5	6	7	8
	320	400	480	560	640

그러므로 480÷80=6입니다.

→ 계산 결과 확인 : 6×80=480

$$80\overline{)480}$$

6 ← 6×80=480
480
0 ← 나머지

핵심 포인트

· 480÷80의 몫은 48÷8의 몫과 같습니다.

· 나머지가 0일 때 '나누어떨어진다.'라고 합니다.

[01~06] 빈칸을 채워 나눗셈의 몫을 구하세요.

01

×20	4	5	6	7	8
	80	100	120	140	160

→ 140÷20 = ☐

계산 결과 확인 : ☐ ×20=140

04

×30	5	6	7	8	9
	150				

→ 270÷30 = ☐

계산 결과 확인 : ☐ ×30=270

02

×90	1	2	3	4	5

→ 180÷90 = ☐

계산 결과 확인 : ☐ ×90=180

05

×50	5	6	7	8	9

→ 400÷50 = ☐

계산 결과 확인 : ☐ ×50=400

03

×70	2	3	4	5	6

→ 350÷70 = ☐

계산 결과 확인 : ☐ ×70=350

06

×30	1	2	3	4	5

→ 150÷30 = ☐

계산 결과 확인 : ☐ ×30=150

(07~24) 계산을 하세요.

07 30)240

08 80)400

09 60)180

10 30)210

11 40)320

12 90)810

13 20)180

14 40)360

15 90)720

16 80)160

17 50)350

18 90)450

19 40)280

20 60)480

21 20)120

22 50)200

23 70)420

24 80)320

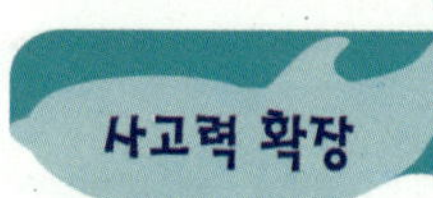

구조화 하기

구조화 하기를 연습하면 서술형도 쉽게 풀어요

 **(25~34)** 빈칸에 알맞은 수를 쓰세요.

25

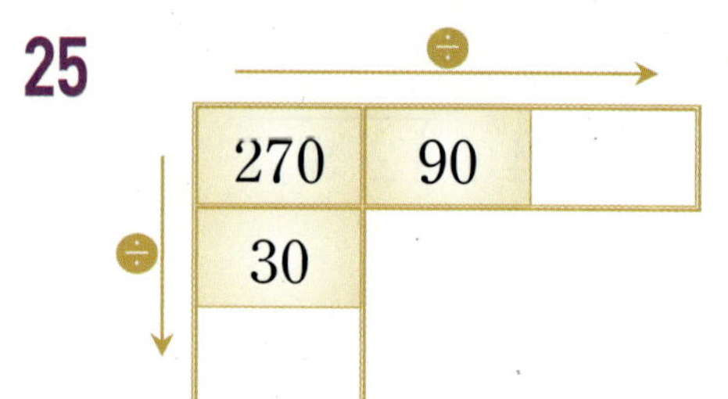

30

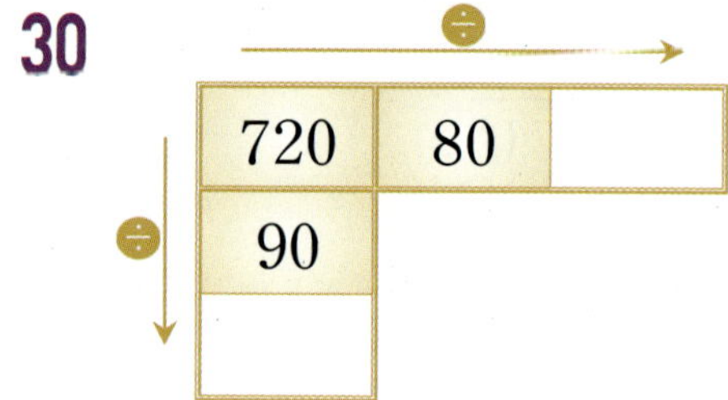

26

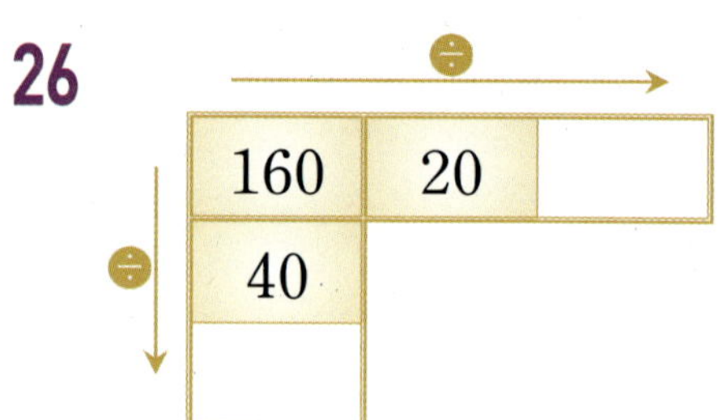

31

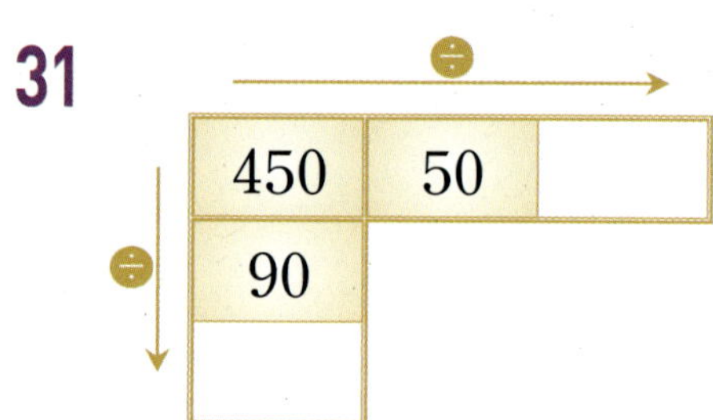

27

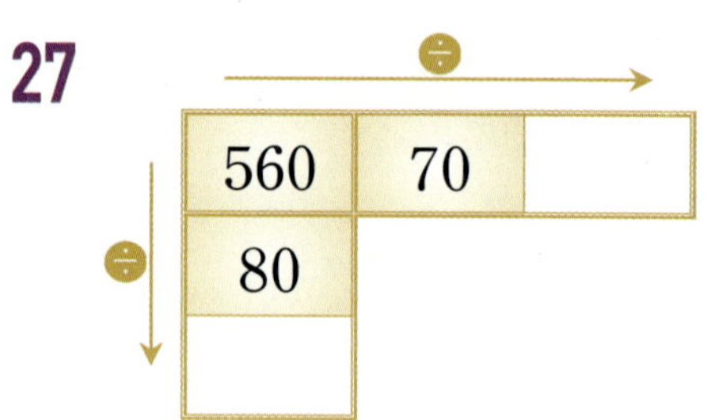

32

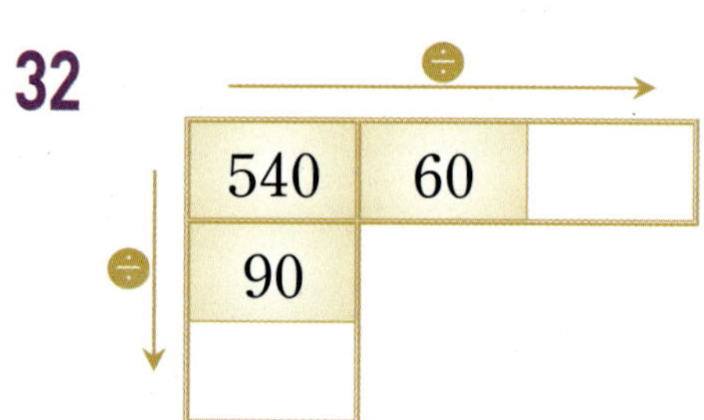

28

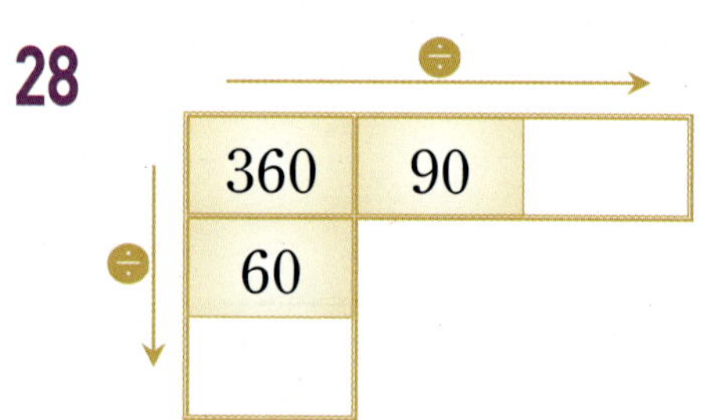

33

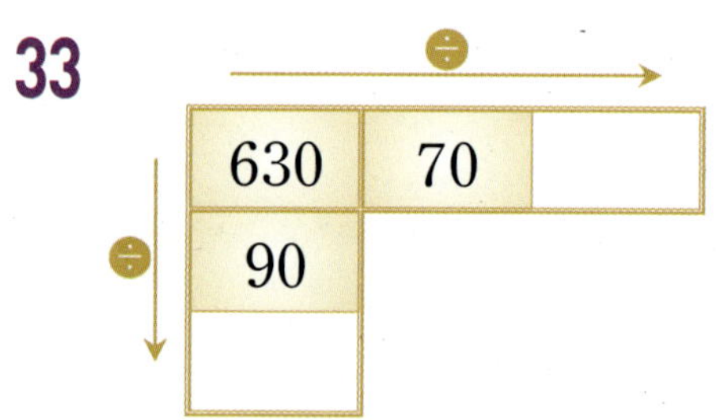

29

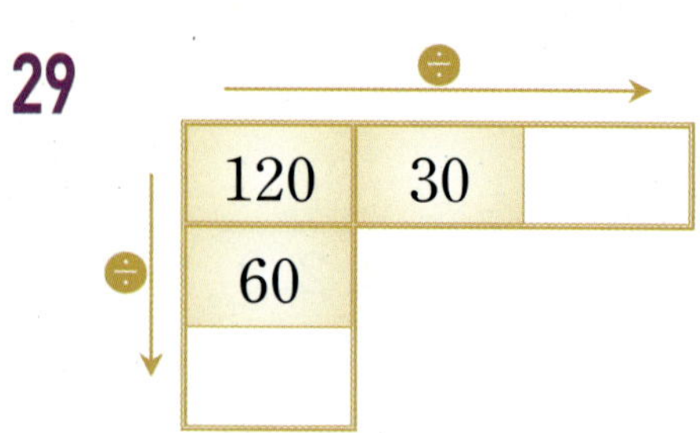

34

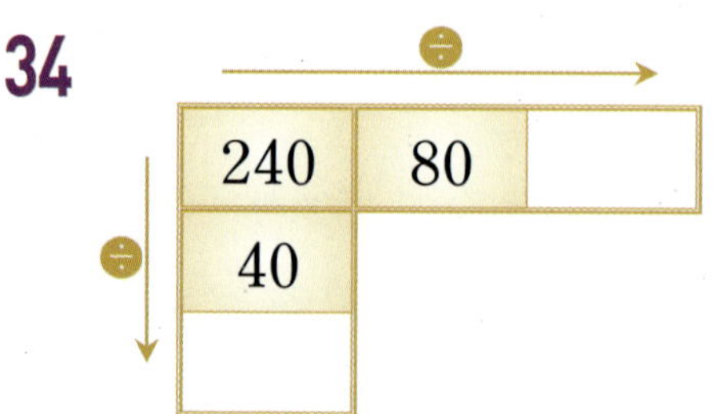

서술형 풀어보기

구조화 해서 풀어보아요

35 120개의 빵을 40명에게 똑같이 나누어 주려고 합니다. 한 명에게 몇 개를 줄 수 있을까요?

풀이과정

(1) [ ]개의 빵이 있습니다.

(2) [ ]명에게 똑같이 나누어 주려고 합니다.

(3) 한 명당 [ ] ÷ [ ] = [ ]개씩 나누어 줄 수 있습니다.

×40	1	2	3	4	5

→ 120 ÷ 40 = [ ]

계산 결과 확인 : [ ] × 40 = 120

💡 **[36~39]** 풀이과정을 쓰고 답을 구하세요.

36 180명의 학생을 30명씩 줄을 세우려고 한다면, 몇 줄로 세울 수 있을까요?

풀이 ________________________

답 ________________ 줄

38 140개의 사탕을 14개씩 나눠서 상자에 넣으려고 합니다. 모두 몇 개의 상자가 필요할까요?

풀이 ________________________

답 ________________ 개

37 300개의 달걀을 한 상자에 60개씩 묶어 포장하려고 합니다. 몇 개의 상자로 포장할 수 있을까요?

풀이 ________________________

답 ________________ 개

39 240명의 학생이 40명씩 버스를 타고 소풍을 가려고 합니다. 모두 몇 대의 버스가 필요할까요?

풀이 ________________________

답 ________________ 대

🐰 **연마 Check** 칭찬이나 노력할 점을 써 주세요.

맞힌 개수	지도 의견		확인란
개	나의 생각		

(몇백 몇십)÷(몇십) ②

나머지가 있는 (몇백 몇십)×(몇십)의 계산

● 360÷50의 계산

$360÷50=7 \cdots 10$ →

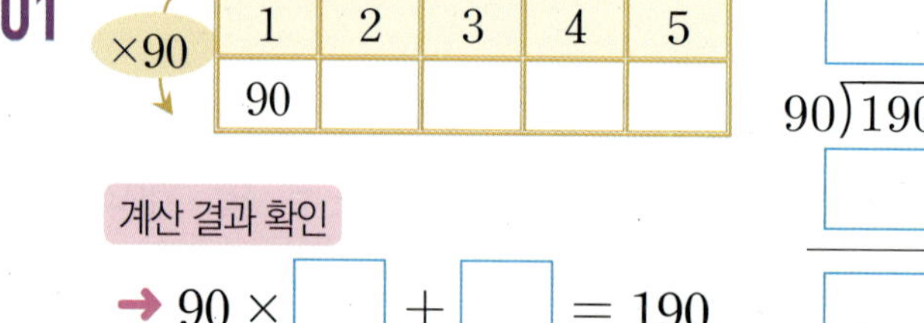

$$50\overline{)360}$$
$$\underline{350}$$
$$10$$

7 ← 몫
10 ← 나머지

어림하기

$50×6=300$ (×)
$50×7=350$ (○)
$50×8=400$ (×)

계산 결과 확인 $50 × 7 + 10 = 360$
(나누는 수) (몫) (나머지)

핵심 포인트

· 나머지는 항상 나누는 수보다 작아야 합니다.

· 360÷50에서 몫이 6이면 나머지가 60으로, 나누는 수 50보다 크기 때문에 몫이 될 수 없습니다.

· 360÷50에서 몫이 8이면 360보다 큰 400이 되므로 몫이 될 수 없습니다.

(01~06) 빈칸에 알맞은 수를 써넣으세요.

01 ×90

1	2	3	4	5
90				

$$90\overline{)190}$$

계산 결과 확인

→ $90 × \square + \square = 190$

04 ×80

5	6	7	8	9

$$80\overline{)760}$$

계산 결과 확인

→ $80 × \square + \square = 760$

02 ×60

4	5	6	7	8

$$60\overline{)470}$$

계산 결과 확인

→ $60 × \square + \square = 470$

05 ×50

1	2	3	4	5

$$50\overline{)110}$$

계산 결과 확인

→ $50 × \square + \square = 110$

03 ×70

5	6	7	8	9

$$70\overline{)510}$$

계산 결과 확인

→ $70 × \square + \square = 510$

06 ×20

4	5	6	7	8

$$20\overline{)150}$$

계산 결과 확인

→ $20 × \square + \square = 150$

정확하게 풀어보아요

(07~15) 몫과 나머지를 구하고, 계산 결과를 확인해 보세요.

07

$40 \overline{)170}$

몫 _______ 나머지 _______

계산 결과 확인 _______

08

$20 \overline{)170}$

몫 _______ 나머지 _______

계산 결과 확인 _______

09

$50 \overline{)310}$

몫 _______ 나머지 _______

계산 결과 확인 _______

10

$60 \overline{)350}$

몫 _______ 나머지 _______

계산 결과 확인 _______

11

$70 \overline{)150}$

몫 _______ 나머지 _______

계산 결과 확인 _______

12

$80 \overline{)520}$

몫 _______ 나머지 _______

계산 결과 확인 _______

13

$80 \overline{)380}$

몫 _______ 나머지 _______

계산 결과 확인 _______

14

$90 \overline{)400}$

몫 _______ 나머지 _______

계산 결과 확인 _______

15

$90 \overline{)820}$

몫 _______ 나머지 _______

계산 결과 확인 _______

구조화 하기

구조화 하기를 연습하면 서술형도 쉽게 풀어요

(16~23) 어림하여 몫으로 가장 적절한 것에 ○표 하세요.

16 110÷40   1   2   3   4

17 470÷50   6   7   8   9

18 220÷30   6   7   8   9

19 610÷70   6   7   8   9

20 500÷60   6   7   8   9

21 130÷20   4   5   6   7

22 110÷40   1   2   3   4

23 560÷60   6   7   8   9

(24~29) 빈칸에 알맞은 수를 써넣으세요.

24 몫   260÷40   □   □   나머지

25 몫   710÷90   □   □   나머지

26 몫   380÷40   □   □   나머지

27 몫   390÷80   □   □   나머지

28 몫   470÷50   □   □   나머지

29 몫   330÷40   □   □   나머지

서술형 풀어보기

구조화 해서 풀어보아요

30 550개의 인형을 70개씩 상자에 담으려고 합니다. 필요한 상자의 개수는 몇 개일까요?

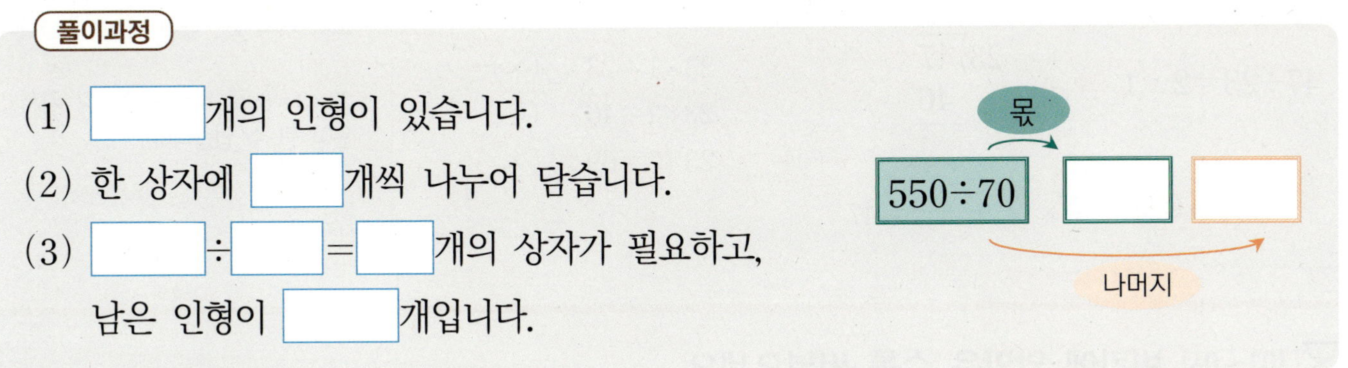

[31~34] 풀이과정을 쓰고 답을 구하세요.

31 사과를 한 상자에 60개씩 담으려고 합니다. 사과가 310개라면 필요한 상자는 몇 개일까요?

풀이

답 ___________ 개

32 어느 야구대회에서 40번의 안타를 치면 주는 안타 상이 있습니다. 300번의 안타를 치면 몇 개의 안타 상을 받을까요?

풀이

답 ___________ 개

33 330개의 사탕을 80명이 똑같이 나누려고 합니다. 나누지 못하고 남은 사탕은 몇 개일까요?

풀이

답 ___________ 개

34 170개의 달걀은 30개씩 나눠서 포장하려고 합니다. 포장하지 못한 달걀은 몇 개일까요?

풀이

답 ___________ 개

연마 *Check* 칭찬이나 노력할 점을 써 주세요.

맞힌 개수	지도 의견		확인란
개	나의 생각		

(두 자리 수)÷(두 자리 수)

● 47÷23의 계산

$47÷23=2\cdots1$ →

$23\overline{)47}$
$\quad46$
$\quad\ 1$

2 ← 몫
1 ← 나머지

어림하기

$23×1=23$　(×)
$23×2=46$　(○)
$23×3=69$　(×)

계산 결과 확인　$23 × 2 + 1 = 47$
(나누는 수)　(몫)　(나머지)

핵심포인트

· 23×1은 나머지가 24로 나누는 수 23 보디 거서 1은 몫이 될 수 없습니다.

· 23×3=69로 나누는 수보다 커서 3은 몫이 될 수 없습니다.

 **(01~06) 빈칸에 알맞은 수를 써넣으세요.**

01　×25

1	2	3	4	5
25				

$25\overline{)56}$

계산 결과 확인

→ $25 × \square + \square = 56$

04　×23

1	2	3	4	5

$23\overline{)42}$

계산 결과 확인

→ $23 × \square + \square = 42$

02　×19

2	3	4	5	6

$19\overline{)83}$

계산 결과 확인

→ $19 × \square + \square = 83$

05　×18

1	2	3	4	5

$18\overline{)33}$

계산 결과 확인

→ $18 × \square + \square = 33$

03　×12

3	4	5	6	7

$12\overline{)74}$

계산 결과 확인

→ $12 × \square + \square = 74$

06　×15

4	5	6	7	8

$15\overline{)95}$

계산 결과 확인

→ $15 × \square + \square = 95$

(07~15) 몫과 나머지를 구하고, 계산 결과를 확인해 보세요.

07

$17\overline{)91}$

몫 _______ 나머지 _______

계산 결과 확인 _______

10

$44\overline{)89}$

몫 _______ 나머지 _______

계산 결과 확인 _______

13

$22\overline{)76}$

몫 _______ 나머지 _______

계산 결과 확인 _______

08

$17\overline{)55}$

몫 _______ 나머지 _______

계산 결과 확인 _______

11

$42\overline{)72}$

몫 _______ 나머지 _______

계산 결과 확인 _______

14

$48\overline{)82}$

몫 _______ 나머지 _______

계산 결과 확인 _______

09

$23\overline{)63}$

몫 _______ 나머지 _______

계산 결과 확인 _______

12

$90\overline{)99}$

몫 _______ 나머지 _______

계산 결과 확인 _______

15

$12\overline{)19}$

몫 _______ 나머지 _______

계산 결과 확인 _______

구조화 하기

구조화 하기를 연습하면 서술형도 쉽게 풀어요 

[16~23] 어림하여 몫으로 가장 적절한 것에 ○표 하세요.

16 | 92÷12 | 6　7　8　9

17 | 73÷13 | 4　5　6　7

18 | 24÷21 | 1　2　3　4

19 | 61÷21 | 1　2　3　4

20 | 79÷54 | 1　2　3　4

21 | 37÷15 | 1　2　3　4

22 | 85÷12 | 6　7　8　9

23 | 98÷32 | 1　2　3　4

[24~29] 빈칸에 알맞은 수를 써넣으세요.

24 57÷14　몫　　나머지

25 23÷13　몫　　나머지

26 94÷16　몫　　나머지

27 35÷11　몫　　나머지

28 78÷12　몫　　나머지

29 65÷22　몫　　나머지

서술형 풀어보기

구조화 해서 풀어보아요

30 93개의 풍선으로 장식물을 만들려고 합니다. 하나의 장식물을 만들기 위해 13개의 풍선이 필요하다면 몇 개의 장식물을 만들 수 있을까요? 그리고 몇 개의 풍선이 남을까요?

풀이과정

(1) ☐개의 풍선이 있습니다.

(2) 하나의 장식물을 만들기 위해 ☐개의 풍선이 필요합니다.

(3) ☐ ÷ ☐ = ☐ … ☐ 이므로 ☐개의 장식을 만들고 풍선은 ☐개가 남습니다.

몫

$93 \div 13$ ☐ ☐

나머지

(31~34) 풀이과정을 쓰고 답을 구하세요.

31 성냥개비 11개로 자동차 모형 한 개를 만들었습니다. 52개의 성냥개비로 몇 개의 자동차 모형을 만들 수 있을까요?

풀이

답 _______ 개

33 81장의 색종이가 있습니다. 23장씩 친구들에게 똑같이 나누어 주려고 합니다. 나눠주고 몇 장의 색종이가 남을까요?

풀이

답 _______ 장

32 66개의 고구마를 1봉지에 15개씩 포장했습니다. 포장하지 못한 고구마는 몇 개일까요?

풀이

답 _______ 개

34 팥알을 17개씩 사용해서 팥떡을 만들려고 합니다. 94개의 팥알이 있다면 몇 개의 팥떡을 만들 수 있을까요?

풀이

답 _______ 개

연마 Check 칭찬이나 노력할 점을 써 주세요.

맞힌 개수		지도 의견		확인란
	개	나의 생각		

● 239÷30의 계산

$$239÷30=7\cdots29 \rightarrow$$

$$30\overline{)239}$$ ← 몫
$$21$$
$$29$$ ← 나머지

어림하기

$30×6=180$　(×)
$30×7=210$　(○)
$30×8=240$　(×)

→ 떨어지지 않는 나눗셈에서는 가장 가까운 몫을 찾습니다.

계산 결과 확인　　$30 × 7 + 29 = 239$
　　　　　　　　↑　　↑　　↑
　　　　　　(나누는 수) (몫) (나머지)

핵심포인트

· $30×6=180$은 나머지가 59로 나누는 수 30보다 커서 6은 몫이 될 수 없습니다.

· $30×8=240$은 나누는 수보다 커서 8은 몫이 될 수 없습니다.

· 어림한 수가 몫이 아닐 때는 몫의 숫자를 바꿔서 다시 몫을 구하면 됩니다.

 **(01~06)** 빈칸에 알맞은 수를 써넣으세요.

01 ×70

1	2	3	4	5

$$70\overline{)119}$$

계산 결과 확인

→ $70 × \square + \square = 119$

04 ×60

5	6	7	8	9

$$60\overline{)485}$$

계산 결과 확인

→ $60 × \square + \square = 485$

02 ×50

5	6	7	8	9

$$50\overline{)463}$$

계산 결과 확인

→ $50 × \square + \square = 463$

05 ×90

5	6	7	8	9

$$90\overline{)765}$$

계산 결과 확인

→ $90 × \square + \square = 765$

03 ×80

1	2	3	4	5

$$80\overline{)226}$$

계산 결과 확인

→ $80 × \square + \square = 226$

06 ×50

1	2	3	4	5

$$50\overline{)155}$$

계산 결과 확인

→ $50 × \square + \square = 155$

정확하게 풀어보아요

 **(07~15)** 몫과 나머지를 구하고, 계산 결과를 확인해 보세요.

07

$90 \overline{)244}$

몫 _____ 나머지 _____

계산 결과 확인 _____

08

$80 \overline{)653}$

몫 _____ 나머지 _____

계산 결과 확인 _____

09

$90 \overline{)609}$

몫 _____ 나머지 _____

계산 결과 확인 _____

10

$80 \overline{)441}$

몫 _____ 나머지 _____

계산 결과 확인 _____

11

$70 \overline{)253}$

몫 _____ 나머지 _____

계산 결과 확인 _____

12

$80 \overline{)732}$

몫 _____ 나머지 _____

계산 결과 확인 _____

13

$70 \overline{)338}$

몫 _____ 나머지 _____

계산 결과 확인 _____

14

$30 \overline{)172}$

몫 _____ 나머지 _____

계산 결과 확인 _____

15

$40 \overline{)104}$

몫 _____ 나머지 _____

계산 결과 확인 _____

4단계

[16~23] 어림하여 몫으로 가장 적절한 것에 ○표 하세요.

16 | $512 \div 60$ | 6 7 8 9

17 | $507 \div 80$ | 4 5 6 7

18 | $145 \div 40$ | 1 2 3 4

19 | $384 \div 60$ | 5 6 7 8

20 | $641 \div 70$ | 6 7 8 9

21 | $271 \div 60$ | 3 4 5 6

22 | $776 \div 90$ | 6 7 8 9

23 | $454 \div 90$ | 3 4 5 6

[24~29] 빈칸에 알맞은 수를 써넣으세요.

24 몫

$298 \div 60$ | ☐ | ☐

나머지

25 몫

$415 \div 70$ | ☐ | ☐

나머지

26 몫

$189 \div 20$ | ☐ | ☐

나머지

27 몫

$454 \div 90$ | ☐ | ☐

나머지

28 몫

$165 \div 50$ | ☐ | ☐

나머지

29 몫

$526 \div 70$ | ☐ | ☐

나머지

서술형 풀어보기

구조화 해서 풀어보아요

30 353 cm의 끈을 잘라서 선물을 포장하려고 합니다. 한 개의 선물을 포장하는데 90 cm의 끈이 필요하다면 몇 개의 선물을 포장할 수 있을까요? 그리고 남은 끈은 몇 cm일까요?

풀이과정

(1) ☐ cm의 끈이 있습니다.

(2) 하나의 선물을 포장하는데 ☐ cm의 끈이 필요합니다.

(3) ☐ ÷ ☐ = ☐ … ☐ 이므로 ☐ 개의 선물을 포장하고, 끈 ☐ cm가 남습니다.

몫

353÷90 ☐ ☐

나머지

💡 **(31~34) 풀이과정을 쓰고 답을 구하세요.**

31 209쪽인 책을 하루에 20쪽씩 읽을 때, 마지막 날 읽게 되는 양은 몇 쪽일까요?

풀이 ______________________

답 ________ 쪽

32 어느 행사장에서 559개의 기념품을 80명에게 똑같이 나누어 주려고 합니다. 한 명당 몇 개씩 주면 될까요?

풀이 ______________________

답 ________ 개

33 406개의 나무막대기로 모형비행기를 만들려고 합니다. 한 대를 만드는데 50개의 나무막대기가 필요하다면 몇 대의 모형비행기를 만들 수 있을까요?

풀이 ______________________

답 ________ 대

34 20명까지 탈 수 있는 보트가 있습니다. 194명이 섬에서 보트를 타고 육지에 가는데 20명씩 채워서 출발합니다. 마지막 보트는 20명을 다 채우지 못하고 출발하게 됩니다. 마지막 보트에는 몇 명이 타게 될까요?

풀이 ______________________

답 ________ 명

연마 Check 칭찬이나 노력할 점을 써 주세요.

맞힌 개수		지도 의견		확인란
	개	나의 생각		

몫이 한 자리인 (세 자리 수)÷(두 자리 수)①

  월 일

● 548÷63의 계산

어림하기: 548을 63으로 나눌 때 몫이 8이면 504이므로 몫을 8로 어림할 수 있습니다.

$$\begin{array}{r} 8 \quad \leftarrow \text{어림한 몫} \\ 63{\overline{\smash{)}\,548}} \\ 504 \\ \hline 44 \end{array}$$

계산 결과 확인 63×8+ 44 =548

 **핵심포인트**

· 계산순서: 몫을 어림하기 → 어림한 몫으로 나누기 → 계산 결과 확인하기

⏳ **[01~06] 빈칸에 알맞은 수를 써넣으세요.**

01 785를 83으로 나눌 때 몫이 ☐ 이면 ☐ 이므로 몫을 ☐ 로 어림할 수 있습니다.

$83{\overline{\smash{)}\,785}}$

계산 결과 확인 83× ☐ + ☐ =785

04 442를 51로 나눌 때 몫이 ☐ 이면 ☐ 이므로 몫을 ☐ 로 어림할 수 있습니다.

$51{\overline{\smash{)}\,442}}$

계산 결과 확인 51× ☐ + ☐ =442

02 213을 92로 나눌 때 몫이 ☐ 이면 ☐ 이므로 몫을 ☐ 로 어림할 수 있습니다.

$92{\overline{\smash{)}\,213}}$

계산 결과 확인 92× ☐ + ☐ =213

05 196을 54로 나눌 때 몫이 ☐ 이면 ☐ 이므로 몫을 ☐ 으로 어림할 수 있습니다.

$54{\overline{\smash{)}\,196}}$

계산 결과 확인 54× ☐ + ☐ =196

03 921을 94로 나눌 때 몫이 ☐ 이면 ☐ 이므로 몫을 ☐ 로 어림할 수 있습니다.

$94{\overline{\smash{)}\,921}}$

계산 결과 확인 94× ☐ + ☐ =921

06 836을 85로 나눌 때 몫이 ☐ 이면 ☐ 이므로 몫을 ☐ 로 어림할 수 있습니다.

$85{\overline{\smash{)}\,836}}$

계산 결과 확인 85× ☐ + ☐ =836

[07~15] 몫과 나머지를 구하고, 계산 결과를 확인해 보세요.

07

$$95 \overline{)163}$$

몫 _____ 나머지 _____

계산 결과 확인 _____

08

$$88 \overline{)573}$$

몫 _____ 나머지 _____

계산 결과 확인 _____

09

$$81 \overline{)615}$$

몫 _____ 나머지 _____

계산 결과 확인 _____

10

$$37 \overline{)142}$$

몫 _____ 나머지 _____

계산 결과 확인 _____

11

$$69 \overline{)475}$$

몫 _____ 나머지 _____

계산 결과 확인 _____

12

$$73 \overline{)129}$$

몫 _____ 나머지 _____

계산 결과 확인 _____

13

$$64 \overline{)587}$$

몫 _____ 나머지 _____

계산 결과 확인 _____

14

$$87 \overline{)715}$$

몫 _____ 나머지 _____

계산 결과 확인 _____

15

$$83 \overline{)569}$$

몫 _____ 나머지 _____

계산 결과 확인 _____

 구조화 하기

구조화 하기를 연습하면 서술형도 쉽게 풀어요

[16~23] 어림하여 몫으로 가장 적절한 것에 ○표 하세요.

16 514÷84   5   6   7   8

17 432÷57   6   7   8   9

18 293÷51   4   5   6   7

19 662÷82   6   7   8   9

20 684÷72   6   7   8   9

21 238÷66   3   4   5   6

22 118÷19   6   7   8   9

23 535÷82   3   4   5   6

[24~29] 빈칸에 알맞은 수를 써넣으세요.

24 몫   395÷46   □   □   나머지

25 몫   114÷25   □   □   나머지

26 몫   378÷44   □   □   나머지

27 몫   369÷49   □   □   나머지

28 몫   181÷36   □   □   나머지

29 몫   251÷31   □   □   나머지

서술형 풀어보기

구조화 해서 풀어보아요

30 331 mL의 용액을 96 mL의 컵에 가득 담으려고 합니다. 몇 개의 컵이 필요할까요? 그리고 남은 용액은 몇 mL일까요?

풀이과정

(1) 용액이 [ ] mL가 있습니다.

(2) [ ] mL의 컵에 가득 담아 나누어 담으려고 합니다.

(3) [ ] ÷ [ ] = [ ] 개의 컵이 필요하고, [ ] mL의 용액이 남습니다.

몫
$331 \div 96$ [ ] [ ]
나머지

💡 **(31~34) 풀이과정을 쓰고 답을 구하세요.**

31 37시간을 사용할 때마다 충전해야 하는 충전용 전등이 있습니다. 225시간을 사용하려면 몇 번을 충전해야 할까요?

풀이 _______________

답 _______ 번

32 660개의 도토리를 73마리의 다람쥐에게 똑같이 나누어 주었을 때, 몇 개씩 나누어 줄 수 있을까요?

풀이 _______________

답 _______ 개

33 562개의 사탕을 한 봉지에 62개씩 나누어 담으려고 합니다. 몇 봉지를 만들 수 있을까요? 그리고 남은 사탕은 몇 개일까요?

풀이 _______________

답 _______ 봉지 _______ 개

34 현주는 매일 82쪽의 책을 읽으려고 합니다. 485쪽의 책을 읽으려면 마지막 날에는 몇 쪽을 읽어야 할까요?

풀이 _______________

답 _______ 쪽

🐰 **연마 Check** 칭찬이나 노력할 점을 써 주세요.

맞힌 개수	지도 의견		확인란
개	나의 생각		

- 나누는 수, 몫, 나머지를 이용하여 나눌 수를 구할 수 있습니다.

$\boxed{} \div 77 = 5 \cdots 41$일 때, 계산 결과를 확인하는 과정을 통해

$77 \times 5 + 41 = \boxed{}$ 임을 알 수 있습니다.

그러므로 $\boxed{} = 426$입니다.

 **핵심 포인트**

· 계산 결과 확인은
　　 '나누는 수×몫+나머지'
가 '나눌 수'와 같은지 확인하는 과정입니다.

⏳ **(01~12) 나눌 수를 구하세요.**

01 $\boxed{} \div 61 = 2 \cdots 54$

→ $61 \times 2 + 54 = \boxed{}$

05 $\boxed{} \div 82 = 8 \cdots 48$

→ $82 \times 8 + 48 = \boxed{}$

09 $\boxed{} \div 62 = 8 \cdots 58$

→ $62 \times 8 + 58 = \boxed{}$

02 $\boxed{} \div 74 = 7 \cdots 63$

→ $74 \times 7 + 63 = \boxed{}$

06 $\boxed{} \div 55 = 9 \cdots 48$

→ $55 \times 9 + 48 = \boxed{}$

10 $\boxed{} \div 55 = 8 \cdots 45$

→ $55 \times 8 + 45 = \boxed{}$

03 $\boxed{} \div 56 = 7 \cdots 49$

→ $56 \times 7 + 49 = \boxed{}$

07 $\boxed{} \div 65 = 9 \cdots 51$

→ $65 \times 9 + 51 = \boxed{}$

11 $\boxed{} \div 83 = 7 \cdots 60$

→ $83 \times 7 + 60 = \boxed{}$

04 $\boxed{} \div 37 = 7 \cdots 30$

→ $37 \times 7 + 30 = \boxed{}$

08 $\boxed{} \div 72 = 5 \cdots 12$

→ $72 \times 5 + 12 = \boxed{}$

12 $\boxed{} \div 47 = 2 \cdots 20$

→ $47 \times 2 + 20 = \boxed{}$

 **(13~21) 나눌 수를 구하세요.**

13

$43\overline{)}$

몫 __5__ 나머지 __11__

계산 결과 확인 __________

14

$26\overline{)}$

몫 __4__ 나머지 __2__

계산 결과 확인 __________

15

$96\overline{)}$

몫 __9__ 나머지 __90__

계산 결과 확인 __________

16

$72\overline{)}$

몫 __7__ 나머지 __68__

계산 결과 확인 __________

17

$96\overline{)}$

몫 __4__ 나머지 __35__

계산 결과 확인 __________

18

$52\overline{)}$

몫 __7__ 나머지 __43__

계산 결과 확인 __________

19

$87\overline{)}$

몫 __9__ 나머지 __82__

계산 결과 확인 __________

20

$17\overline{)}$

몫 __5__ 나머지 __16__

계산 결과 확인 __________

21

$53\overline{)}$

몫 __6__ 나머지 __27__

계산 결과 확인 __________

구조화 하기

구조화 하기를 연습하면 서술형도 쉽게 풀어요

 **(22~33) 나뉠 수를 구하세요.**

22 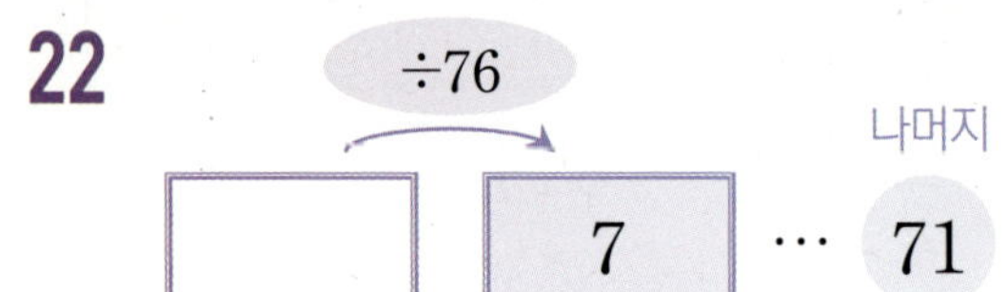
÷76 → 7 ··· 나머지 71

28 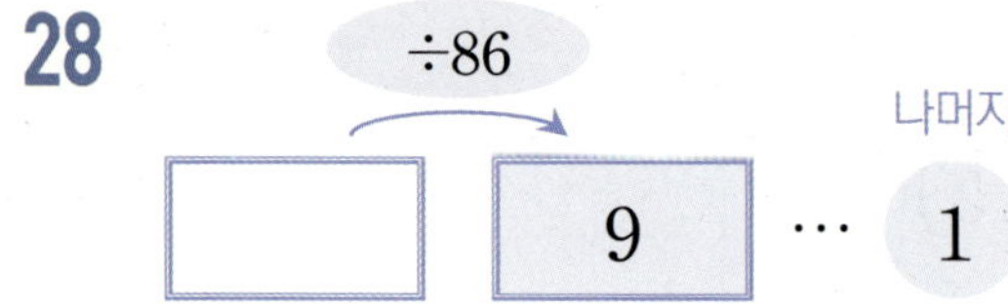
÷86 → 9 ··· 나머지 1

23
÷61 → 8 ··· 나머지 39

29
÷54 → 6 ··· 나머지 1

24 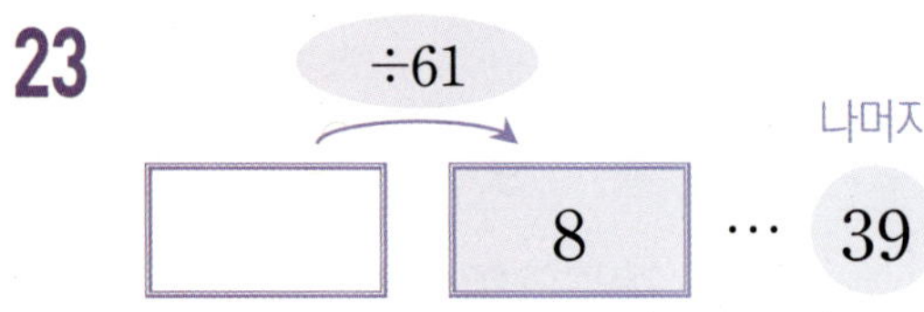
÷74 → 5 ··· 나머지 67

30 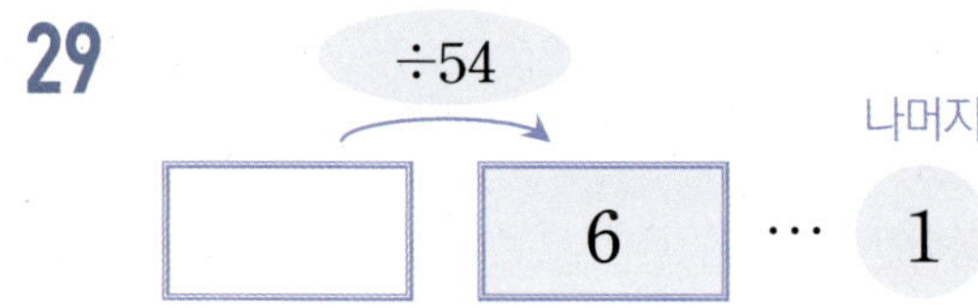
÷44 → 5 ··· 나머지 14

25 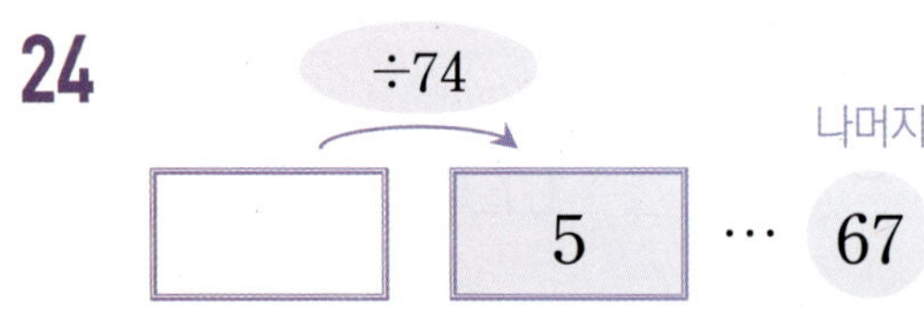
÷65 → 5 ··· 나머지 17

31 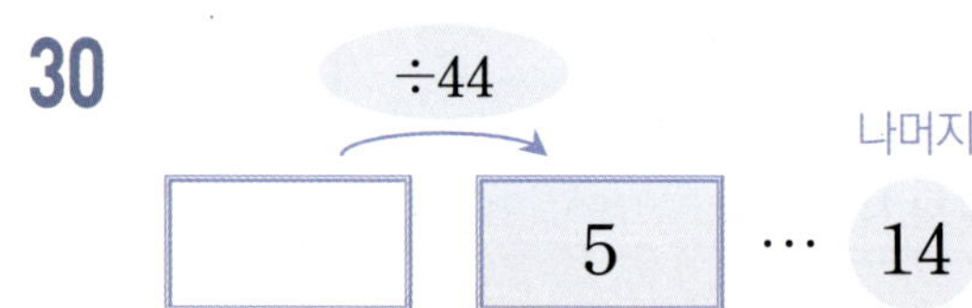
÷79 → 6 ··· 나머지 34

26 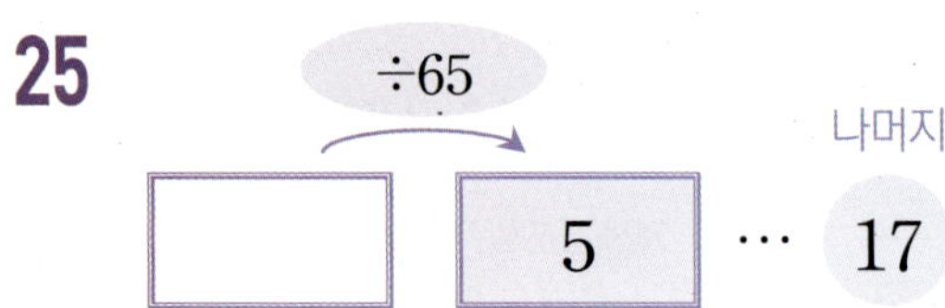
÷51 → 5 ··· 나머지 23

32 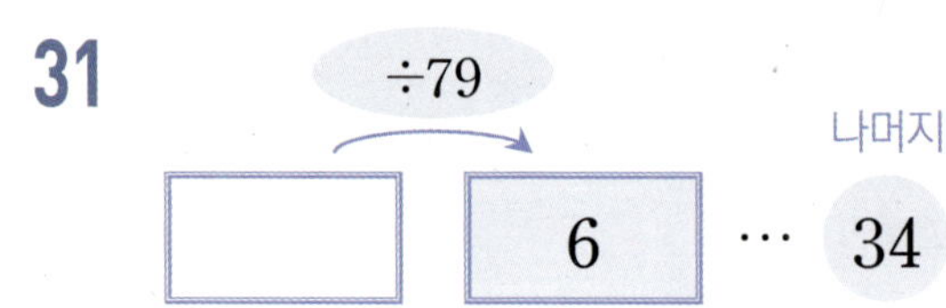
÷89 → 9 ··· 나머지 10

27
÷37 → 3 ··· 나머지 21

33 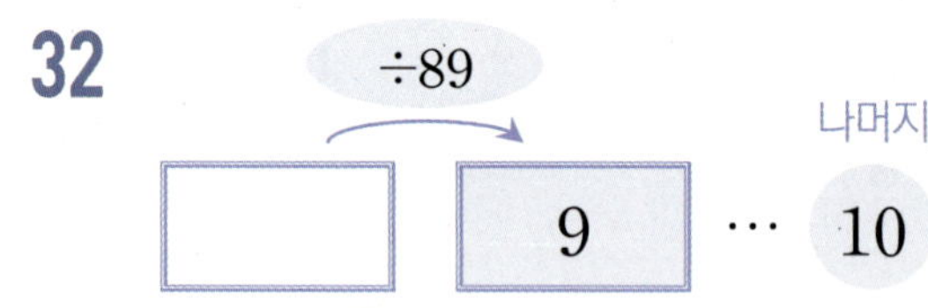
÷92 → 8 ··· 나머지 48

서술형 풀어보기

구조화 해서 풀어보아요

34 머리띠 한 개를 만드는데 리본이 66 cm가 필요합니다. ▢cm의 리본을 사용했더니 머리띠가 6개 나오고 남은 리본의 길이가 59 cm였습니다. 처음 리본은 몇 cm였을까요?

풀이과정

(1) 머리띠 한 개를 만드는데 필요한 리본의 길이는 ▢ cm입니다.

(2) 남은 리본의 길이는 ▢ cm입니다.

(3) 처음 리본의 길이는 ▢ × ▢ + ▢ = ▢ cm입니다.

$$▢ \div 66 = 6 \cdots 59$$
→ $66 \times 6 + 59 = ▢$

(35~38) 풀이과정을 쓰고 답을 구하세요.

35 동전 96개를 모을 때마다 통 한 개에 담았습니다. 통이 6개가 모였고, 넣지 못한 동전이 20개가 있다면 모은 동전은 모두 몇 개일까요?

풀이 ____________________

답 ____________ 개

37 김을 55장씩 한 묶음을 만들 때, 6묶음을 만들고 남은 김이 34장이라면 처음 김은 몇 장일까요?

풀이 ____________________

답 ____________ 장

36 꽃 한 송이를 만드는데 95 cm의 색테이프가 필요합니다. 꽃을 8송이를 만들고 남은 색테이프가 65 cm라면, 처음 색테이프는 몇 cm였을까요?

풀이 ____________________

답 ____________ cm

38 털실을 한 가닥에 76 cm씩 되도록 잘랐더니 9가닥이 나오고 70 cm가 남았습니다. 처음 털실은 몇 cm였을까요?

풀이 ____________________

답 ____________ cm

🖐 연마 *Check* 칭찬이나 노력할 점을 써 주세요.

맞힌 개수	지도 의견		확인란
개	나의 생각		

22 일차

● 291÷31의 계산

$$
\begin{array}{r}
9 \\
31\,)\overline{\,2\;9\;1\,} \\
\underline{2\;7\;9} \quad \leftarrow ①\ 31\times9 \\
1\;2 \quad \leftarrow ②\ 291-279
\end{array}
$$

$291÷31=9\cdots12$

→ $31\times9+12=291$

→ 나눗셈 과정에서 사용한 식을 알 수 있습니다.

핵심 포인트
· $291÷31=9\cdots12$
  → $31\times9+12=291$
① $31\times9=279$
② $291-①=291-279=12$

(01~04) 빈칸에 알맞은 수를 써넣으세요.

01
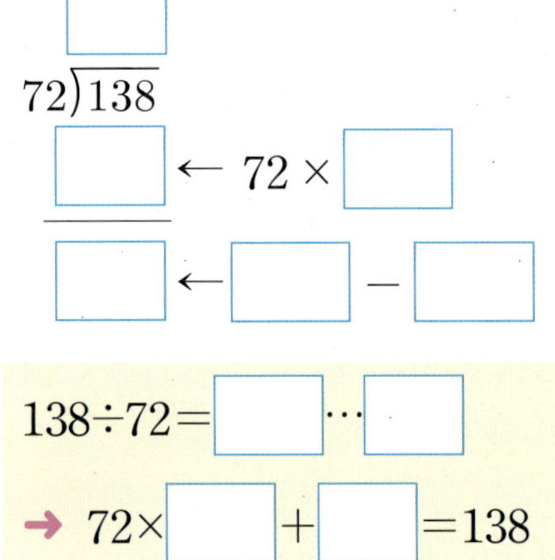

$72\,)\overline{138}$

□ ← 72 × □

□ ← □ − □

$138÷72=$ □ ⋯ □

→ $72\times$ □ $+$ □ $=138$

02
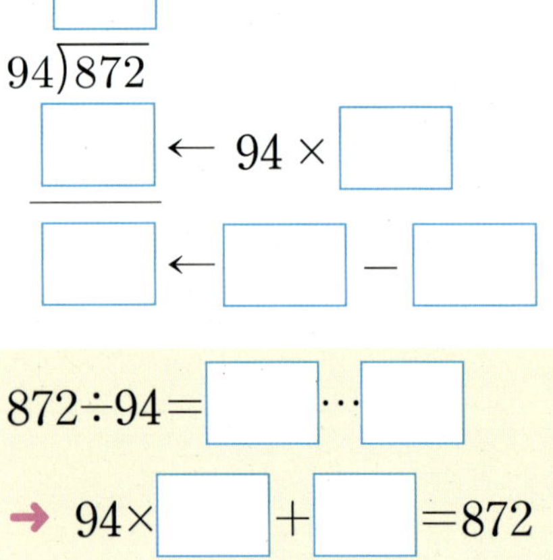

$94\,)\overline{872}$

□ ← 94 × □

□ ← □ − □

$872÷94=$ □ ⋯ □

→ $94\times$ □ $+$ □ $=872$

03
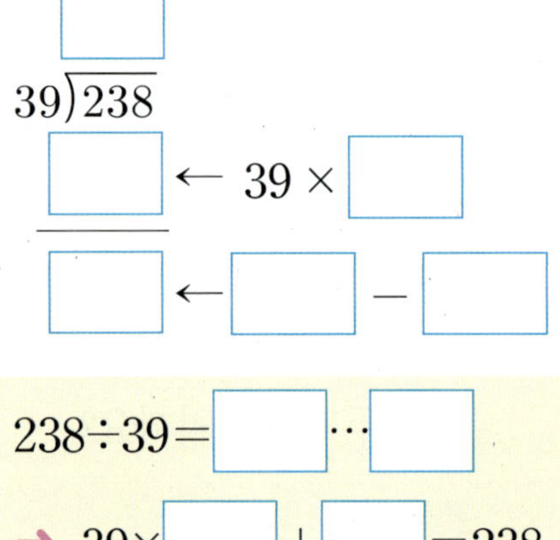

$39\,)\overline{238}$

□ ← 39 × □

□ ← □ − □

$238÷39=$ □ ⋯ □

→ $39\times$ □ $+$ □ $=238$

04
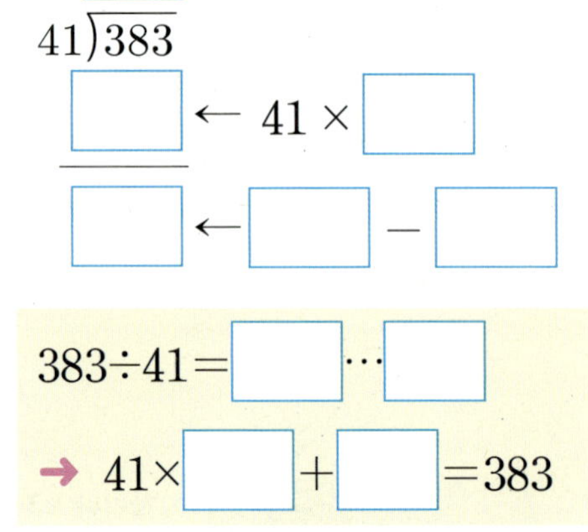

$41\,)\overline{383}$

□ ← 41 × □

□ ← □ − □

$383÷41=$ □ ⋯ □

→ $41\times$ □ $+$ □ $=383$

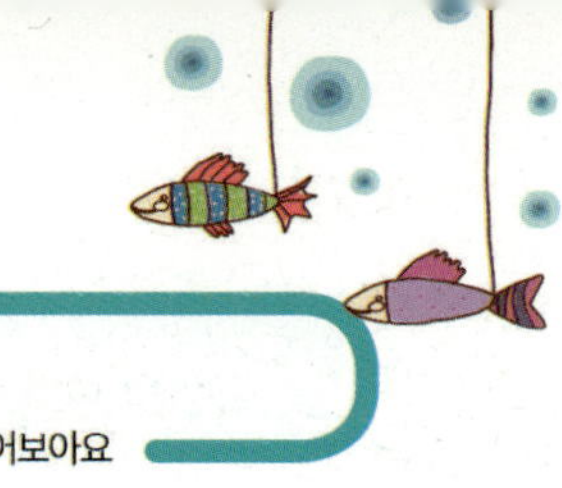

계산력 강화하기

(05~13) 몫과 나머지를 구하고, 계산 결과를 확인해 보세요.

05

$32 \overline{)218}$

몫 _______ 나머지 _______

계산 결과 확인 _______

06

$16 \overline{)152}$

몫 _______ 나머지 _______

계산 결과 확인 _______

07

$85 \overline{)779}$

몫 _______ 나머지 _______

계산 결과 확인 _______

08

$95 \overline{)638}$

몫 _______ 나머지 _______

계산 결과 확인 _______

09

$86 \overline{)859}$

몫 _______ 나머지 _______

계산 결과 확인 _______

10

$55 \overline{)289}$

몫 _______ 나머지 _______

계산 결과 확인 _______

11

$89 \overline{)518}$

몫 _______ 나머지 _______

계산 결과 확인 _______

12

$85 \overline{)436}$

몫 _______ 나머지 _______

계산 결과 확인 _______

13

$81 \overline{)707}$

몫 _______ 나머지 _______

계산 결과 확인 _______

구조화 하기

구조화 하기를 연습하면 서술형도 쉽게 풀어요

(14~25) 빈칸에 알맞은 수를 써넣으세요.

14

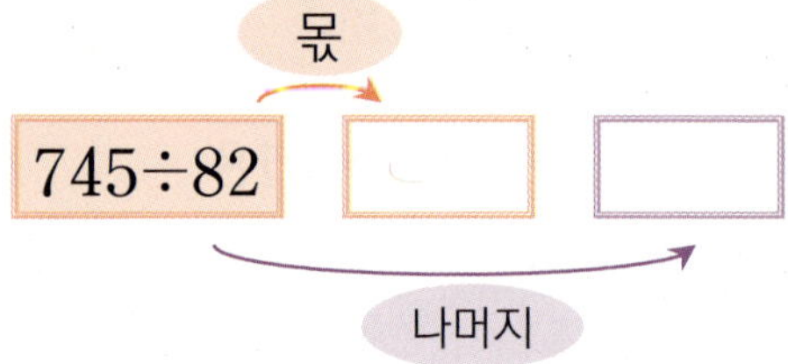

20

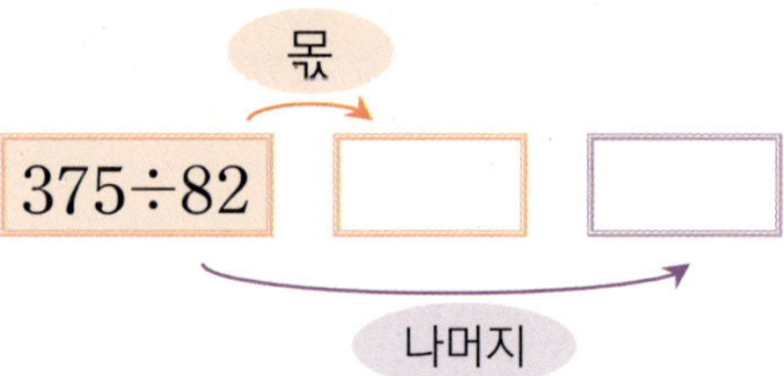

15

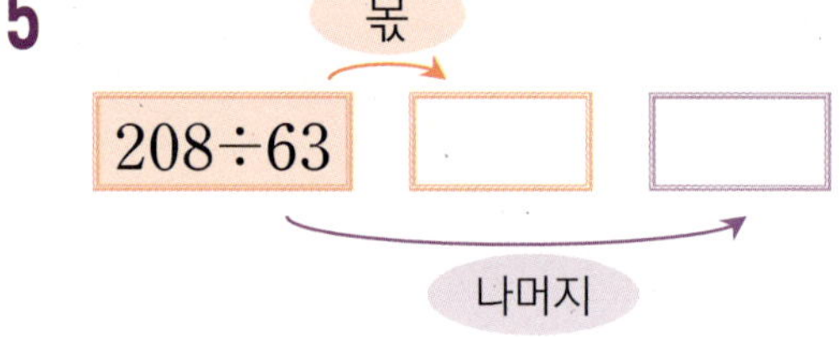

21

16

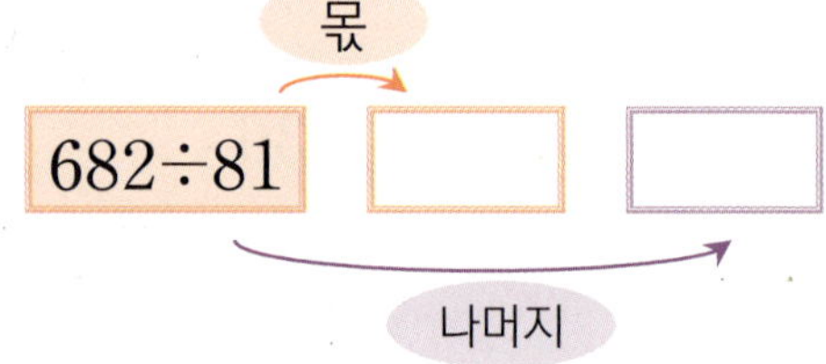

22

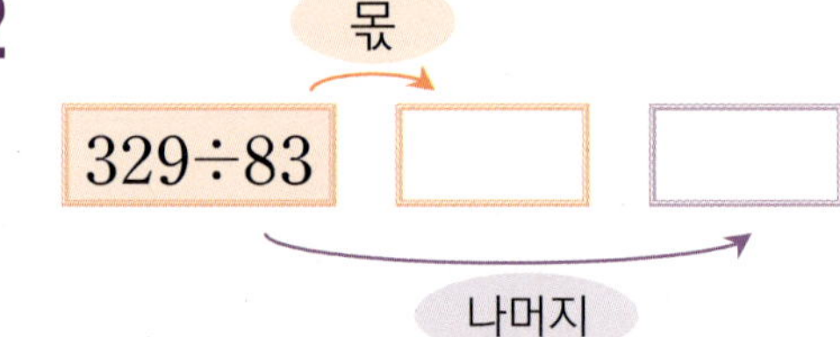

17

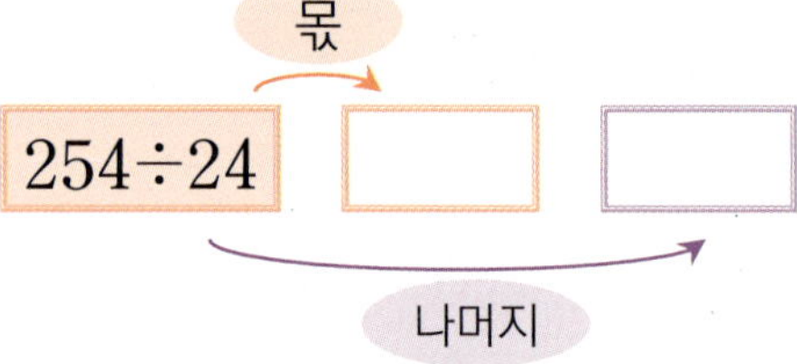

23

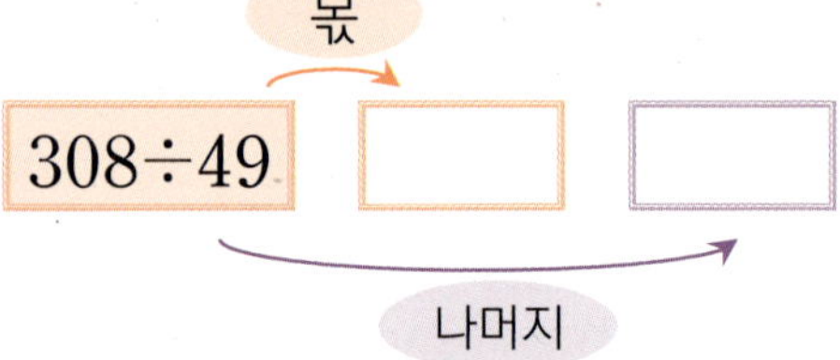

18

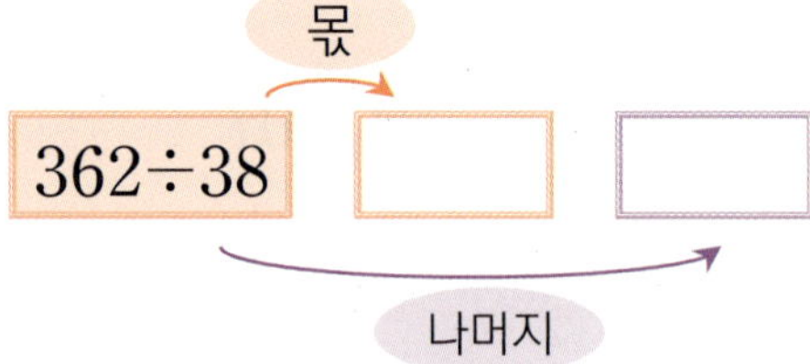

24

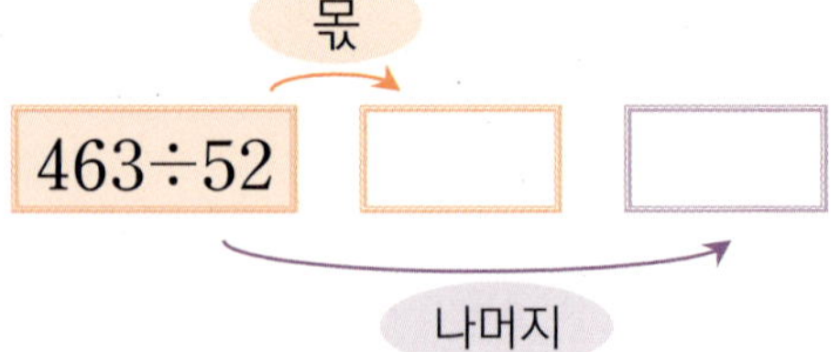

19

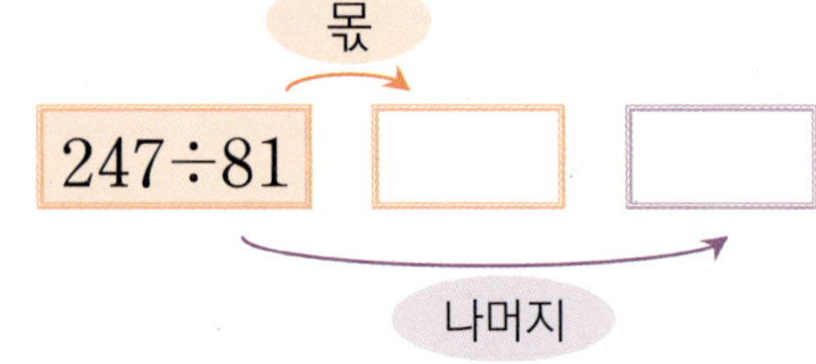

25

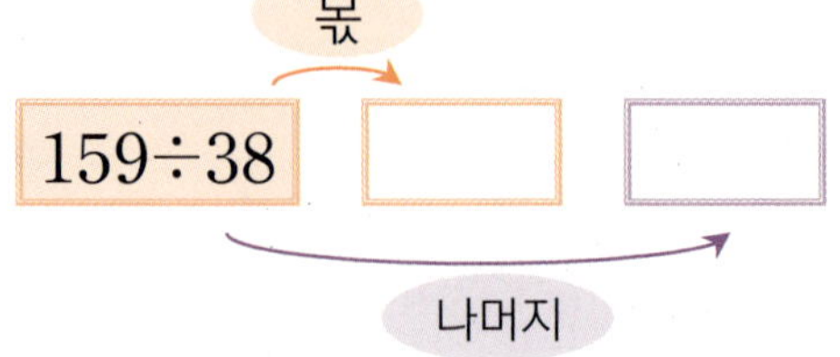

서술형 풀어보기

26 우리 동네 빵집은 62점을 적립하면 크림빵 1개를 무료로 줍니다. 334점이 적립되어 있다면 몇 개의 크림빵을 받을 수 있을까요? 그리고 남은 적립점수는 몇 점일까요?

풀이과정

(1) 총 ☐ 점의 적립점수가 있습니다.

(2) 크림빵 1개를 받으려면 ☐ 점의 적립점수가 필요합니다.

(3) ☐ ÷ ☐ = ☐ 개의 크림빵을 받을 수 있고, ☐ 점의 적립점수가 남습니다.

$334 ÷ 62 = $ ☐ $\cdots$ ☐

→ $62 × $ ☐ $+ $ ☐ $= 334$

(27~30) 풀이과정을 쓰고 답을 구하세요.

27 547개의 구슬을 55개씩 상자에 나누어 담으려고 합니다. 상자는 모두 몇 상자가 될까요? 그리고 몇 개의 구슬이 남을까요?

풀이 _______________

답 _______ 상자 _______ 개

28 184개의 유리병이 있습니다. 한 상자에 39개씩 담아 포장을 한다면 모두 몇 개의 상자를 포장할 수 있을까요? 그리고 남은 유리병은 몇 개일까요?

풀이 _______________

답 _______ 상자 _______ 개

29 263개의 사탕을 74명에게 똑같이 나누어줄 때 한 사람당 몇 개의 사탕을 나눠줘야 할까요? 그리고 남은 사탕은 몇 개일까요?

풀이 _______________

답 _______ 개씩 _______ 개

30 국수 공장에서 715개의 국수 가닥을 뽑았습니다. 85개씩 묶어 포장할 때 몇 묶음을 만들 수 있을까요? 그리고 몇 개의 국수 가닥이 남을까요?

풀이 _______________

답 _______ 묶음 _______ 가닥

연마 Check 칭찬이나 노력할 점을 써 주세요.

맞힌 개수		지도 의견		확인란
	개	나의 생각		

몫이 한 자리인 (세 자리 수)÷(두 자리 수)④

월   일

● 575÷78의 계산

$$
\begin{array}{r}
7 \\
78\overline{)575} \\
546 \quad \leftarrow 78\times7 \\
\hline
29 \quad \leftarrow 575-546
\end{array}
$$

● 232÷59의 계산

$$
\begin{array}{r}
3 \\
59\overline{)232} \\
177 \quad \leftarrow 59\times3 \\
\hline
55 \quad \leftarrow 232-177
\end{array}
$$

핵심 포인트
① $575=78\times7+29$
② $232=59\times3+55$

(01~06) 몫과 나머지를 구하고, 계산 결과를 확인해 보세요.

01

$$16\overline{)158}$$

몫 ______ 나머지 ______

계산 결과 확인 ______

03

$$96\overline{)742}$$

몫 ______ 나머지 ______

계산 결과 확인 ______

05

$$75\overline{)672}$$

몫 ______ 나머지 ______

계산 결과 확인 ______

02

$$92\overline{)837}$$

몫 ______ 나머지 ______

계산 결과 확인 ______

04

$$17\overline{)157}$$

몫 ______ 나머지 ______

계산 결과 확인 ______

06

$$73\overline{)617}$$

몫 ______ 나머지 ______

계산 결과 확인 ______

정확하게 풀어보아요

(07~15) 몫과 나머지를 구하고, 계산 결과를 확인해 보세요.

07 854÷95

몫 ＿＿＿ 나머지 ＿＿＿

계산 결과 확인 ＿＿＿

10 876÷91

몫 ＿＿＿ 나머지 ＿＿＿

계산 결과 확인 ＿＿＿

13 569÷93

몫 ＿＿＿ 나머지 ＿＿＿

계산 결과 확인 ＿＿＿

08 308÷38

몫 ＿＿＿ 나머지 ＿＿＿

계산 결과 확인 ＿＿＿

11 149÷23

몫 ＿＿＿ 나머지 ＿＿＿

계산 결과 확인 ＿＿＿

14 638÷71

몫 ＿＿＿ 나머지 ＿＿＿

계산 결과 확인 ＿＿＿

09 273÷34

몫 ＿＿＿ 나머지 ＿＿＿

계산 결과 확인 ＿＿＿

12 265÷57

몫 ＿＿＿ 나머지 ＿＿＿

계산 결과 확인 ＿＿＿

15 863÷91

몫 ＿＿＿ 나머지 ＿＿＿

계산 결과 확인 ＿＿＿

 구조화 하기

(16~27) 빈칸에 알맞은 수를 써넣으세요.

16

나누는 수	84
몫	8
나머지	53
나뉠 수	

20

나누는 수	36
몫	
나머지	
나뉠 수	184

24

나누는 수	
몫	8
나머지	81
나뉠 수	825

17

나누는 수	69
몫	6
나머지	62
나뉠 수	

21

나누는 수	77
몫	
나머지	
나뉠 수	658

25

나누는 수	
몫	9
나머지	59
나뉠 수	815

18

나누는 수	47
몫	4
나머지	37
나뉠 수	

22

나누는 수	84
몫	
나머지	
나뉠 수	716

26

나누는 수	
몫	7
나머지	42
나뉠 수	714

19

나누는 수	99
몫	8
나머지	54
나뉠 수	

23

나누는 수	53
몫	
나머지	
나뉠 수	354

27

나누는 수	
몫	5
나머지	22
나뉠 수	207

서술형 풀어보기

구조화 해서 풀어보아요

28 333개의 사과를 47개씩 상자에 담아 판매를 하려고 합니다. 몇 개의 상자에 나누어 담을 수 있을까요? 그리고 몇 개의 사과가 남을까요?

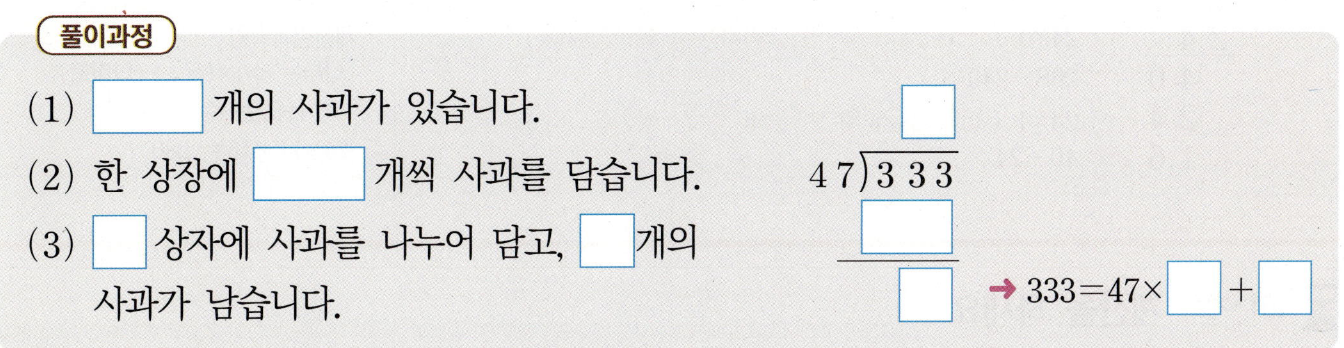

풀이과정

(1) ☐ 개의 사과가 있습니다.

(2) 한 상장에 ☐ 개씩 사과를 담습니다.

(3) ☐ 상자에 사과를 나누어 담고, ☐ 개의 사과가 남습니다.

$$47\overline{)333}$$

→ $333 = 47 \times$ ☐ $+$ ☐

(29~32) 풀이과정을 쓰고 답을 구하세요.

29 199 cm 의 끈을 38 cm 씩 잘라 리본을 만들려고 합니다. 몇 개의 리본을 만들 수 있을까요? 그리고 몇 cm의 끈이 남을까요?

풀이

답 ☐ 개 ☐ cm

31 매실을 96개씩 한 상자에 담았습니다. 처음 매실의 개수가 878개일 때, 몇 상자를 채울 수 있을까요? 그리고 상자에 넣지 못한 매실은 몇 개일까요?

풀이

답 ☐ 상자 ☐ 개

30 나무상자를 만들기 위해 73개의 나무판이 필요합니다. 412개의 나무판이 있다면 몇 개의 상자를 만들 수 있을까요? 그리고 남은 나무판은 몇 개일까요?

풀이

답 ☐ 상자 ☐ 개

32 김밥기계가 참치김밥을 1줄 만드는데 참치를 88 g을 사용합니다. 참치가 582 g이 있다면 몇 줄의 참치김밥을 만들 수 있을까요? 그리고 남은 참치는 몇 g일까요?

풀이

답 ☐ 줄 ☐ g

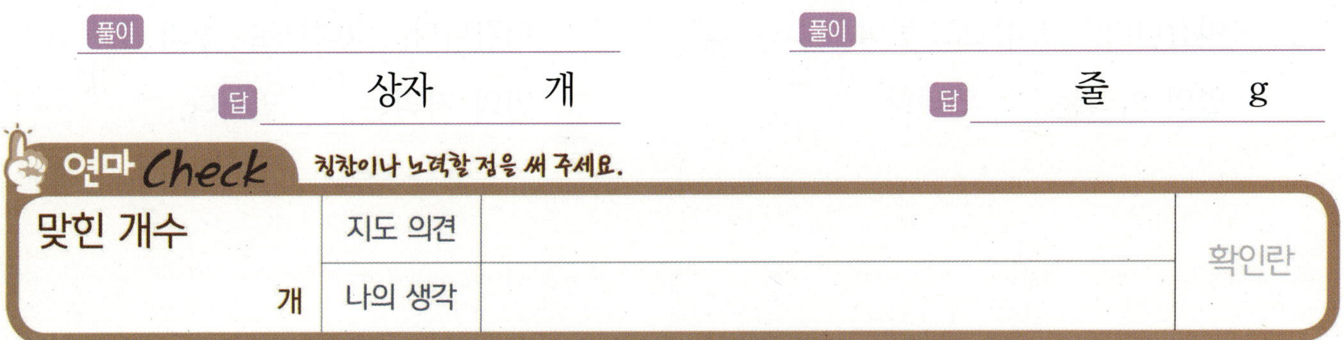

연마 Check 칭찬이나 노력할 점을 써 주세요.

맞힌 개수		지도 의견		확인란
	개	나의 생각		

몫이 두 자리인 (세 자리 수)÷(두 자리 수)①

월   일

● 280÷24의 계산

```
        1 1
    24)2 8 0
        2 4      ← 24×1 (28에 24가 몇 번 들어가는지 확인합니다.)
        4 0      ← 288－240
        2 4      ← 24×1 (40에 24가 몇 번 들어가는지 확인합니다.)
        1 6      ← 40－24
```

핵심포인트

· 몫과 나누는 수를 곱하고 나머지를 더해서 처음 수가 나오는지 확인을 합니다.

· 계산결과확인
 (나누는 수)×(몫)＋(나머지)
 ＝(나눠지는 수)
 24×11＋16＝ 280

(01~04) 계산을 하세요.

01 ① 86에 35가 ☐ 번 들어갑니다. 그러므로 몫의 십의 자리는 ☐ 입니다.

② ☐ 에 35가 ☐ 번 들어갑니다. 그러므로 몫의 일의 자리는 ☐ 입니다.

```
35)865
```

03 ① 39에 15가 ☐ 번 들어갑니다. 그러므로 몫의 십의 자리는 ☐ 입니다.

② ☐ 에 15가 ☐ 번 들어갑니다. 그러므로 몫의 일의 자리는 ☐ 입니다.

```
15)393
```

02 ① 75에 19가 ☐ 번 들어갑니다. 그러므로 몫의 십의 자리는 ☐ 입니다.

② ☐ 에 19가 ☐ 번 들어갑니다. 그러므로 몫의 일의 자리는 ☐ 입니다.

```
19)756
```

04 ① 59에 53이 ☐ 번 들어갑니다. 그러므로 몫의 십의 자리는 ☐ 입니다.

② ☐ 에 53이 ☐ 번 들어갑니다. 그러므로 몫의 일의 자리는 ☐ 입니다.

```
53)596
```

계산력 강화하기

정확하게 풀어보아요

[05~13] 몫과 나머지를 구하고, 계산 결과를 확인해 보세요.

05

$71)\overline{971}$

몫 ________ 나머지 ________

계산 결과 확인 ________

06

$35)\overline{435}$

몫 ________ 나머지 ________

계산 결과 확인 ________

07

$25)\overline{285}$

몫 ________ 나머지 ________

계산 결과 확인 ________

08

$36)\overline{487}$

몫 ________ 나머지 ________

계산 결과 확인 ________

09

$22)\overline{801}$

몫 ________ 나머지 ________

계산 결과 확인 ________

10

$31)\overline{602}$

몫 ________ 나머지 ________

계산 결과 확인 ________

11

$15)\overline{824}$

몫 ________ 나머지 ________

계산 결과 확인 ________

12

$13)\overline{693}$

몫 ________ 나머지 ________

계산 결과 확인 ________

13

$13)\overline{939}$

몫 ________ 나머지 ________

계산 결과 확인 ________

구조화 하기를 연습하면 서술형도 쉽게 풀어요

 〔14~25〕 몫과 나머지를 구하세요.

14 ÷16

629 □ … ○ 나머지

20 ÷19

281 □ … ○ 나머지

15 ÷31

982 □ … ○ 나머지

21 ÷17

316 □ … ○ 나머지

16 ÷24

568 □ … ○ 나머지

22 ÷28

754 □ … ○ 나머지

17 ÷35

914 □ … ○ 나머지

23 ÷24

458 □ … ○ 나머지

18 ÷16

865 □ … ○ 나머지

24 ÷21

275 □ … ○ 나머지

19 ÷27

854 □ … ○ 나머지

25 ÷67

772 □ … ○ 나머지

서술형 풀어보기

26 844개의 콩을 한 바구니에 36개씩 나누어 담으려고 합니다. 모두 몇 개의 바구니가 필요할까요? 그리고 몇 개의 콩이 남을까요?

[풀이과정]

(1) ☐ 개 의 콩이 있습니다.

(2) 한 바구니에 콩을 ☐ 개씩 나누어 담습니다.

(3) ☐ 개의 바구니가 필요하고, ☐ 개의 콩이 남습니다.

계산결과확인 ➜ 36 × ☐ + ☐ = 844

① 84에 36이 ☐ 번 들어갑니다. 그러므로 몫의 십의 자리는 ☐ 입니다.

② ☐ 에 36가 ☐ 번 들어갑니다. 그러므로 몫의 일의 자리는 ☐ 입니다.

$$36 \overline{)844}$$

[27~30] 풀이과정을 쓰고 답을 구하세요.

27 970개의 구슬을 한 상자에 88개씩 넣을 때 몇 개의 상자를 채울 수 있을까요?

풀이 ______________________

답 ____________ 개

29 분식집에서 떡볶이 1인분을 만드는데 25개의 떡을 사용합니다. 265개의 떡으로 몇 인분을 만들 수 있을까요?

풀이 ______________________

답 ____________ 인분

28 708개의 쿠키를 한 상자에 49개씩 포장하여 판다면 몇 개의 상자를 만들 수 있을까요?

풀이 ______________________

답 ____________ 상자

30 닭이 344마리가 있습니다. 닭장 한 개에 14마리씩 넣었습니다. 닭장에 들어가지 못한 닭은 몇 마리일까요?

풀이 ______________________

답 ____________ 마리

연마 Check 칭찬이나 노력할 점을 써 주세요.

맞힌 개수		지도 의견		확인란
	개	나의 생각		

몫이 두 자리인 (세 자리 수)÷(두 자리 수)②

● 656÷46의 계산

$$
\begin{array}{r}
14 \\
46{\overline{\smash{)}656}} \\
46 \quad \leftarrow 46\times1 \\
\overline{196} \quad \leftarrow 656-460 \\
184 \quad \leftarrow 46\times4 \\
\overline{12} \quad \leftarrow 196-184
\end{array}
$$

핵심 포인트
- (나누는 수)×(몫)+(나머지)
  =(나뉠 수)
  → 46×14+12 = 656

⏳ (01~04) 빈칸에 알맞은 수를 써넣으세요.

01

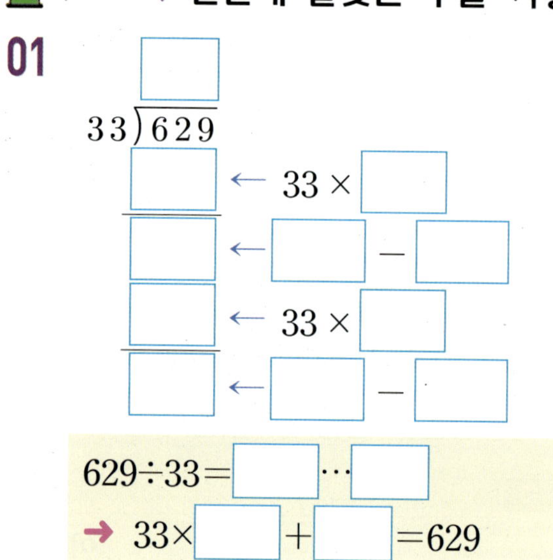

$33{\overline{\smash{)}629}}$

← 33 × □

← □ − □

← 33 × □

← □ − □

629÷33= □ … □
→ 33× □ + □ =629

02

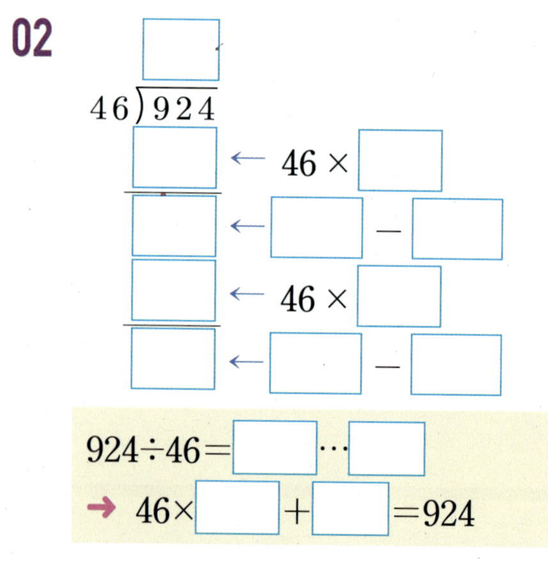

$46{\overline{\smash{)}924}}$

← 46 × □

← □ − □

← 46 × □

← □ − □

924÷46= □ … □
→ 46× □ + □ =924

03

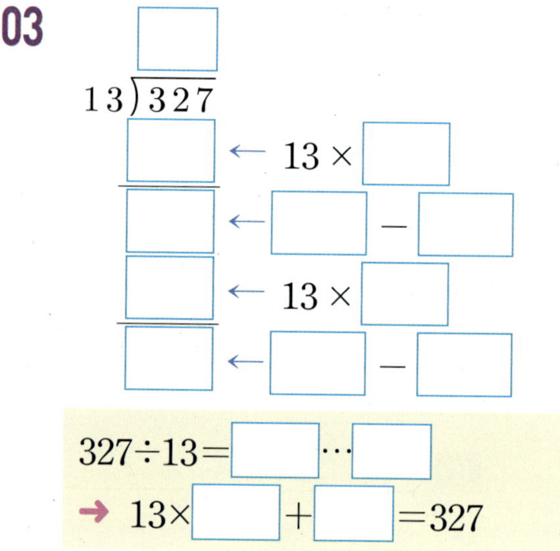

$13{\overline{\smash{)}327}}$

← 13 × □

← □ − □

← 13 × □

← □ − □

327÷13= □ … □
→ 13× □ + □ =327

04

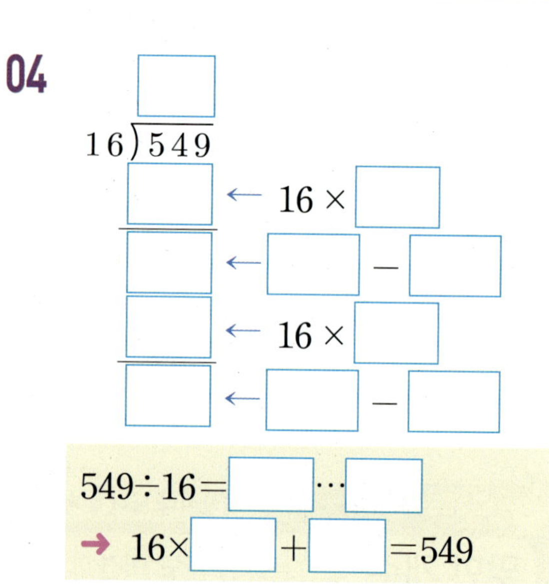

$16{\overline{\smash{)}549}}$

← 16 × □

← □ − □

← 16 × □

← □ − □

549÷16= □ … □
→ 16× □ + □ =549

계산력 강화하기

정확하게 풀어보아요

(05~13) 몫과 나머지를 구하고, 계산 결과를 확인해 보세요.

05 382÷28

몫 _______ 나머지 _______

계산 결과 확인 _______

06 554÷24

몫 _______ 나머지 _______

계산 결과 확인 _______

07 686÷63

몫 _______ 나머지 _______

계산 결과 확인 _______

08 492÷45

몫 _______ 나머지 _______

계산 결과 확인 _______

09 826÷57

몫 _______ 나머지 _______

계산 결과 확인 _______

10 953÷37

몫 _______ 나머지 _______

계산 결과 확인 _______

11 854÷42

몫 _______ 나머지 _______

계산 결과 확인 _______

12 942÷27

몫 _______ 나머지 _______

계산 결과 확인 _______

13 268÷11

몫 _______ 나머지 _______

계산 결과 확인 _______

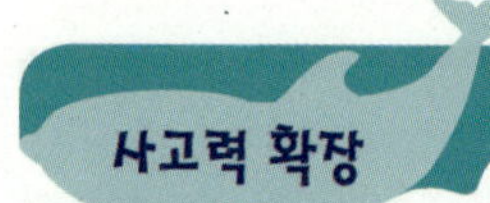

구조화 하기를 연습하면 서술형도 쉽게 풀어요

(14~25) 몫과 나머지를 구하세요.

14 

÷35

725   □ … ○ 나머지

15 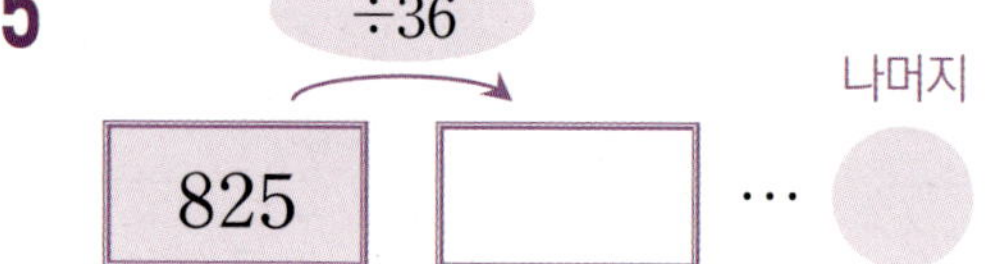

÷36

825   □ … ○ 나머지

16 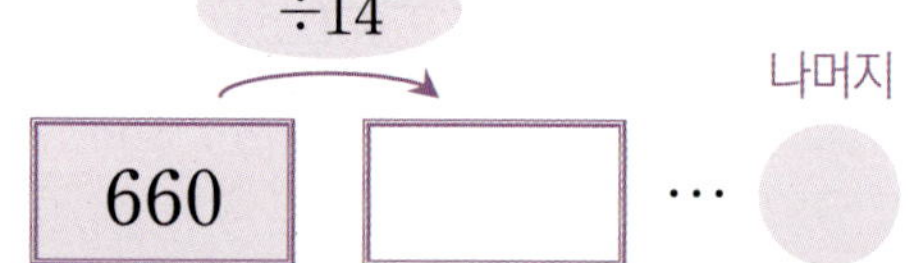

÷14

660   □ … ○ 나머지

17 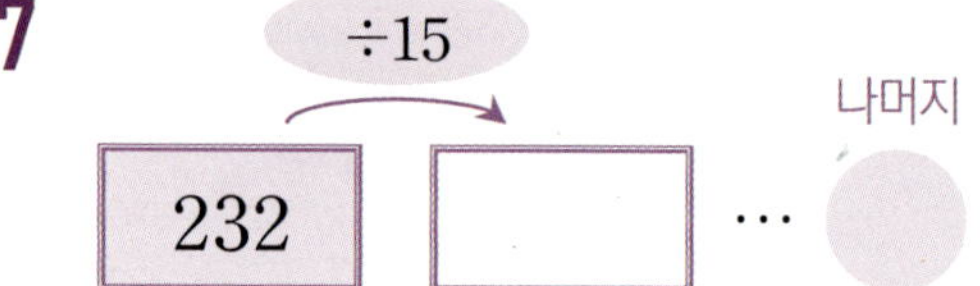

÷15

232   □ … ○ 나머지

18 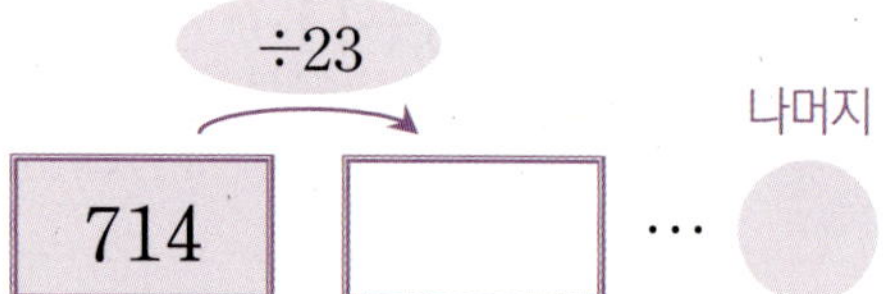

÷23

714   □ … ○ 나머지

19 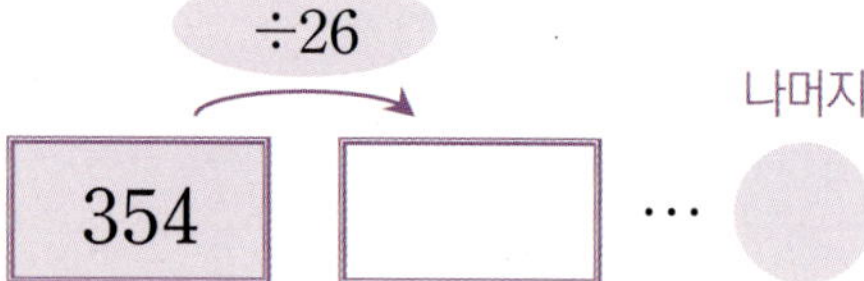

÷26

354   □ … ○ 나머지

20 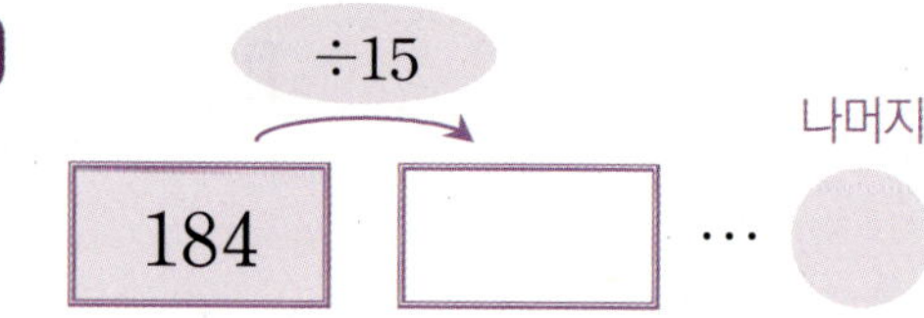

÷15

184   □ … ○ 나머지

21 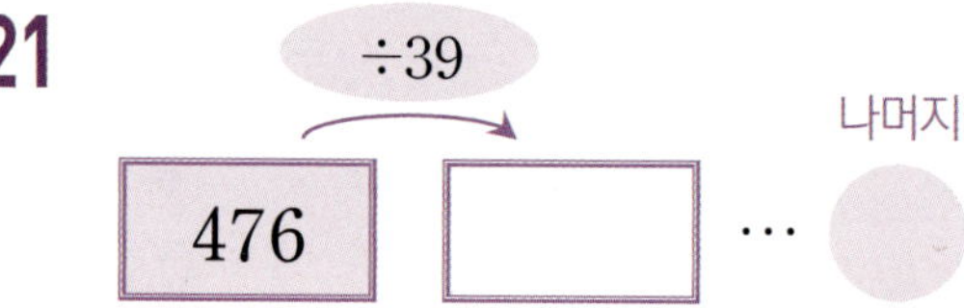

÷39

476   □ … ○ 나머지

22 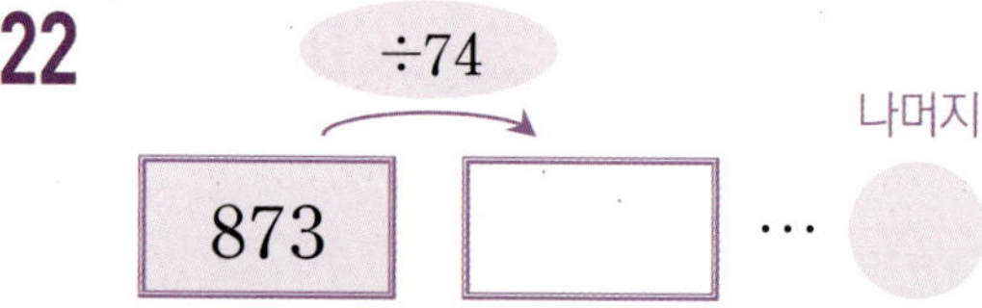

÷74

873   □ … ○ 나머지

23 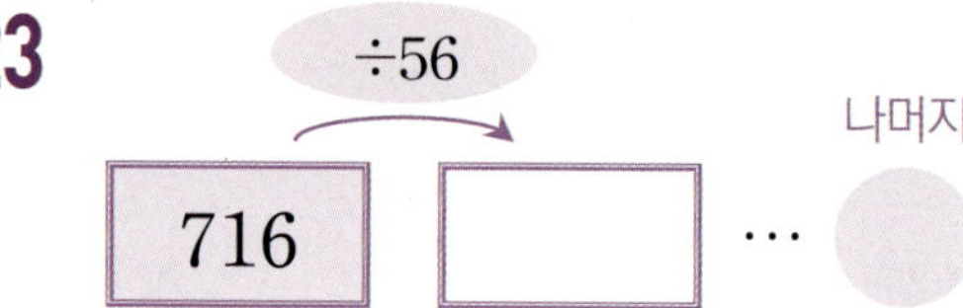

÷56

716   □ … ○ 나머지

24 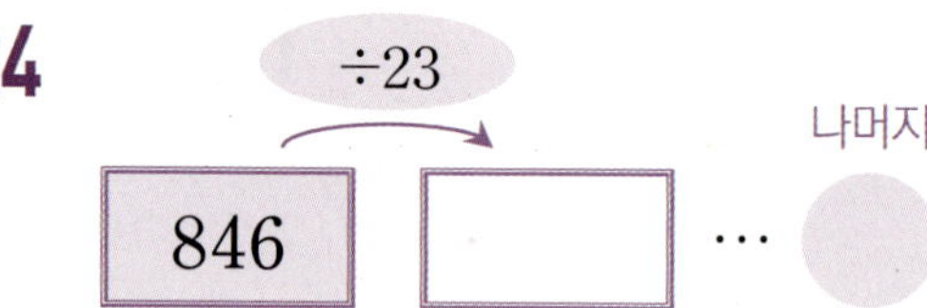

÷23

846   □ … ○ 나머지

25 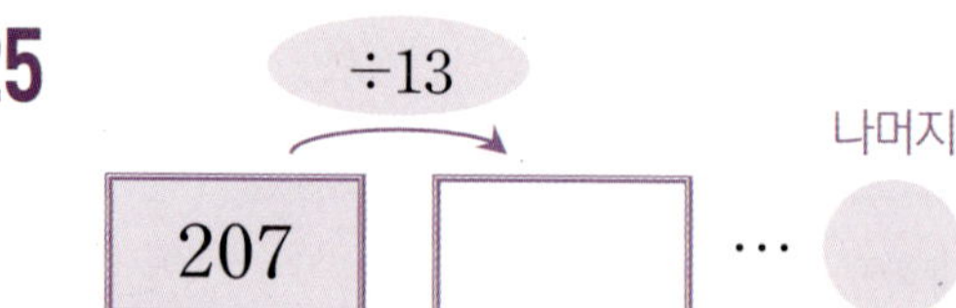

÷13

207   □ … ○ 나머지

서술형 풀어보기

구조화 해서 풀어보아요

26 793개의 토마토를 41명에게 똑같이 나누어주려고 합니다. 한 사람에게 토마토를 몇 개씩 줄 수 있을까요? 그리고 몇 개의 토마토가 남을까요?

풀이과정

(1) ☐ 개의 토마토가 있습니다.

(2) ☐ 명의 사람들에게 토마토를 똑같이 나누어주려고 합니다.

(3) 한 사람에게 토마토를 ☐ 개씩 나누어 줄 수 있습니다. 그리고 ☐ 개의 토마토가 남습니다.

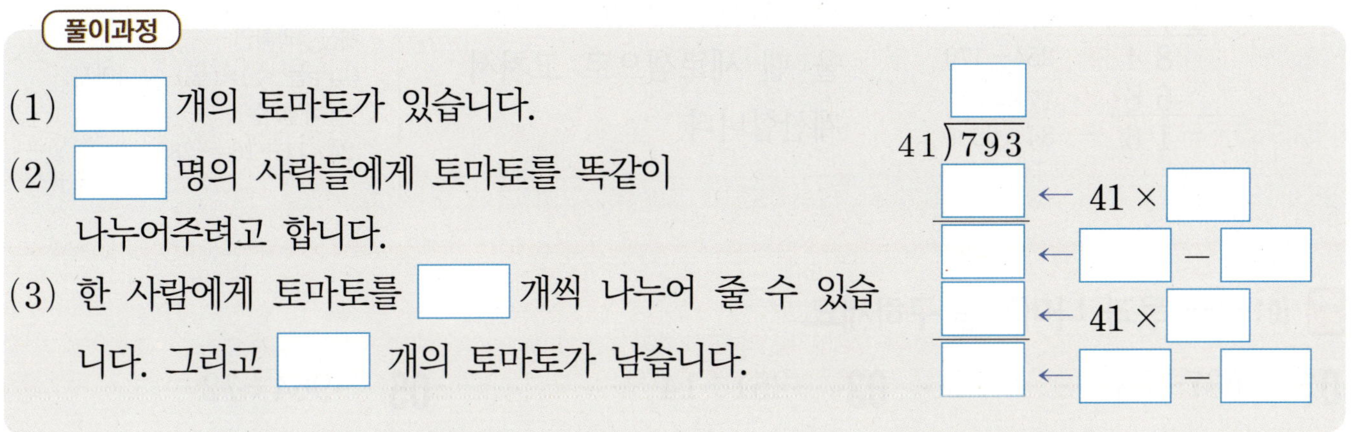

[27~30] 풀이과정을 쓰고 답을 구하세요.

27 946그루의 나무가 있습니다. 51그루씩 심을 수 있는 날은 며칠일까요? 그리고 심지 못한 나무는 몇 그루일까요?

풀이 ________________________

답 ____ 일 ____ 그루

29 246개의 색연필이 있습니다. 22개씩 묶어서 포장하려고 할 때 몇 묶음의 색연필을 포장할 수 있을까요? 그리고 포장하지 못한 색연필은 몇 자루 일까요?

풀이 ________________________

답 ____ 묶음 ____ 자루

28 감자 835개를 67명에게 똑같이 나누어 주려고 합니다. 한 사람당 감자를 몇 개씩 나눠줘야 할까요? 그리고 남은 감자는 몇 개일까요?

풀이 ________________________

답 ____ 개씩 ____ 개

30 초콜릿 442개를 매일 36명이 한 개씩 먹는다면 며칠 동안 먹을 수 있을까요? 그리고 몇 개의 초콜릿이 남을까요?

풀이 ________________________

답 ____ 일 ____ 개

연마 Check 칭찬이나 노력할 점을 써 주세요.

맞힌 개수		지도 의견		확인란
	개	나의 생각		

몫이 두 자리인 (세 자리 수)÷(두 자리 수) ③

 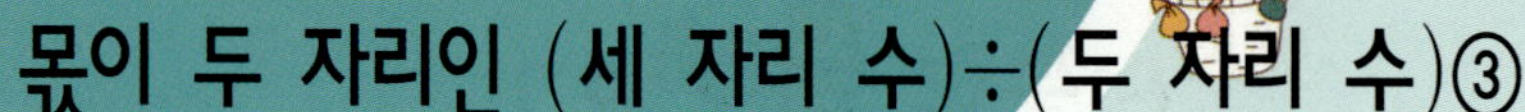   

월   일

● 254÷17의 계산

$$
\begin{array}{r}
14 \\
17\overline{)254} \\
17 \quad \leftarrow 17\times1 \\
\hline
84 \quad \leftarrow 254-170 \\
68 \quad \leftarrow 17\times4 \\
\hline
16 \quad \leftarrow 84-68
\end{array}
$$

→ 가로셈으로 나누기 어려울 땐 세로셈으로 고쳐서 계산합니다.

 **핵심포인트**

· 몫과 나누는 수를 곱하고 나머지를 더해서 나뉠 수가 나오는지 확인을 합니다.

· 계산결과확인
(나누는 수)×(몫)+(나머지)
=(나뉠 수)
24×11+16= 280

(01~06) 몫과 나머지를 구하세요.

01   637÷33

몫 _____ 나머지 _____

계산 결과 확인 _____

03   251÷14

몫 _____ 나머지 _____

계산 결과 확인 _____

05   964÷72

몫 _____ 나머지 _____

계산 결과 확인 _____

02   551÷35

몫 _____ 나머지 _____

계산 결과 확인 _____

04   843÷56

몫 _____ 나머지 _____

계산 결과 확인 _____

06   416÷36

몫 _____ 나머지 _____

계산 결과 확인 _____

(07~15) 몫과 나머지를 구하고, 계산 결과를 확인해 보세요.

07 576÷17

몫 ________ 나머지 ________

계산 결과 확인 ________

10 197÷11

몫 ________ 나머지 ________

계산 결과 확인 ________

13 753÷48

몫 ________ 나머지 ________

계산 결과 확인 ________

08 908÷46

몫 ________ 나머지 ________

계산 결과 확인 ________

11 364÷22

몫 ________ 나머지 ________

계산 결과 확인 ________

14 219÷14

몫 ________ 나머지 ________

계산 결과 확인 ________

09 739÷13

몫 ________ 나머지 ________

계산 결과 확인 ________

12 439÷13

몫 ________ 나머지 ________

계산 결과 확인 ________

15 526÷23

몫 ________ 나머지 ________

계산 결과 확인 ________

구조화 하기

구조화 하기를 연습하면 서술형도 쉽게 풀어요

 (16~27) 빈칸에 알맞은 수를 써넣으세요.

16 몫
745÷35
나머지

22 몫
375÷28
나머지

17 몫
208÷17
나머지

23 몫
192÷13
나머지

18 몫
682÷18
나머지

24 몫
329÷11
나머지

19 몫
254÷24
나머지

25 몫
308÷24
나머지

20 몫
362÷21
나머지

26 몫
463÷32
나머지

21 몫
247÷16
나머지

27 몫
125÷12
나머지

서술형 풀어보기

구조화 해서 풀어보아요

28 727개의 복숭아를 27개씩 상자에 담아 판매하려고 합니다. 몇 개의 상자를 만들 수 있을까요? 그리고 남은 복숭아는 몇 개일까요?

풀이과정

(1) ▢ 개의 복숭아가 있습니다.

(2) 한 상자에 ▢ 개씩 나누어 담습니다.

(3) ▢ 개의 상자를 만들 수 있고, ▢ 개의 복숭아가 남습니다.

몫
727÷27 → ▢ ▢
나머지

[29~32] 풀이과정을 쓰고 답을 구하세요.

29 어떤 동물원에서는 36시간마다 원숭이 우리를 청소합니다. 507시간 동안 우리 청소는 몇 번하게 될까요?

풀이 _______________________

답 _______ 번

31 건물을 하나 짓는데 15개의 기둥이 필요합니다. 305의 기둥으로 몇 개의 건물을 지을 수 있을까요? 그리고 기둥은 몇 개가 남을까요?

풀이 _______________________

답 _______ 건물 _______ 개

30 239개의 구슬을 18개씩 나누어 주머니에 담으려고 합니다. 몇 개의 주머니에 담을 수 있을까요? 그리고 담지 못한 구슬은 몇 개일까요?

풀이 _______________________

답 _______ 주머니 _______ 개

32 671개의 도토리를 57개씩 가방에 담으려고 합니다. 몇 개의 가방이 필요할까요? 그리고 몇 개의 도토리가 남을까요?

풀이 _______________________

답 _______ 가방 _______ 개

연마 Check 칭찬이나 노력할 점을 써 주세요.

맞힌 개수		지도 의견		확인란
	개	나의 생각		

 **27 일차**

몫이 두 자리인 (세 자리 수)÷(두 자리 수)④

 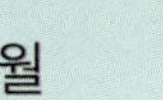

● 369÷15의 계산

```
        2 4
  1 5 ) 3 6 9
        3 0      ← 15×2
        6 9      ← 369−300
        6 0      ← 15×4
          9      ← 69−60
```

● 452÷34의 계산

```
        1 3
  3 4 ) 4 5 2
        3 4      ← 34×1
      1 1 2      ← 452−340
      1 0 2      ← 34×3
        1 0      ← 112−102
```

 **핵심포인트**

• 계산 결과 확인
① 15×24+9=369
② 34×13+10=452

⏳ **(01~06) 몫과 나머지를 구하고, 계산 결과를 확인해 보세요.**

01

$43\overline{)518}$

몫 ______ 나머지 ______

계산 결과 확인 ______

03

$11\overline{)274}$

몫 ______ 나머지 ______

계산 결과 확인 ______

05

$44\overline{)774}$

몫 ______ 나머지 ______

계산 결과 확인 ______

02

$11\overline{)911}$

몫 ______ 나머지 ______

계산 결과 확인 ______

04

$14\overline{)932}$

몫 ______ 나머지 ______

계산 결과 확인 ______

06

$13\overline{)231}$

몫 ______ 나머지 ______

계산 결과 확인 ______

(07~15) 몫과 나머지를 구하고, 계산 결과를 확인해 보세요.

07   734÷41

몫 _______ 나머지 _______
계산 결과 확인 _______

10   519÷25

몫 _______ 나머지 _______
계산 결과 확인 _______

13   762÷32

몫 _______ 나머지 _______
계산 결과 확인 _______

08   274÷11

몫 _______ 나머지 _______
계산 결과 확인 _______

11   582÷22

몫 _______ 나머지 _______
계산 결과 확인 _______

14   614÷52

몫 _______ 나머지 _______
계산 결과 확인 _______

09   317÷28

몫 _______ 나머지 _______
계산 결과 확인 _______

12   382÷14

몫 _______ 나머지 _______
계산 결과 확인 _______

15   881÷17

몫 _______ 나머지 _______
계산 결과 확인 _______

구조화 하기

구조화 하기를 연습하면 서술형도 쉽게 풀어요

(16~27) 빈칸에 알맞은 수를 써넣으세요.

16

나누는 수	34
몫	16
나머지	18
나눌 수	

20

나누는 수	17
몫	
나머지	
나눌 수	226

24

나누는 수	
몫	14
나머지	49
나눌 수	791

17

나누는 수	21
몫	14
나머지	13
나눌 수	

21

나누는 수	74
몫	
나머지	
나눌 수	976

25

나누는 수	
몫	14
나머지	14
나눌 수	462

18

나누는 수	28
몫	19
나머지	23
나눌 수	

22

나누는 수	67
몫	
나머지	
나눌 수	905

26

나누는 수	
몫	15
나머지	39
나눌 수	804

19

나누는 수	11
몫	14
나머지	1
나눌 수	

23

나누는 수	33
몫	
나머지	
나눌 수	472

27

나누는 수	
몫	12
나머지	45
나눌 수	609

서술형 풀어보기

구조화 해서 풀어보아요

28 성냥개비 16개를 사용해서 장난감 1개를 만들었습니다. 284개의 성냥개비로 모두 몇 개의 장난감을 만들 수 있는지 구하세요. 그리고 몇 개의 성냥개비가 남을까요?

풀이과정

(1) 성냥개비는 ⬚ 개 있습니다.

(2) 장난감 1개를 만들기 위해서는 ⬚ 개의 성냥개비가 필요합니다.

(3) ⬚ 개의 장난감을 만들 수 있고, ⬚ 개의 성냥개비가 남습니다.

$$16\overline{)284}$$

(29~32) 풀이과정을 쓰고 답을 구하세요.

29 184 cm의 끈을 17 cm씩 자르려고 합니다. 17 cm 길이의 끈을 몇 개 얻을 수 있을까요? 그리고 남은 끈은 몇 cm일까요?

풀이

답 ⬚ 개 ⬚ cm

31 딸기를 33개씩 상자에 담아 30 상자를 만들고 딸기가 3개 남았습니다. 처음 딸기는 몇 개 있었을까요?

풀이

답 ⬚ 개

30 참외 405개를 11명에게 똑같이 나누어 주려고 합니다. 참외를 몇 개씩 나누어 줄 수 있을까요? 그리고 몇 개의 참외가 남을까요?

풀이

답 ⬚ 개씩 ⬚ 개

32 37개의 벽돌로 굴뚝 한 개를 만들 수 있습니다. 굴뚝을 14개 만들고 벽돌이 6개 남았다면 처음 있던 벽돌의 개수는 모두 몇 개일까요?

풀이

답 ⬚ 개

연마 Check 칭찬이나 노력할 점을 써 주세요.

맞힌 개수		지도 의견		확인란
	개	나의 생각		

평면도형 밀기, 뒤집기, 돌리기

월   일

- 도형 밀기: 밀었을 때 모양은 변하지 않고 도형의 위치만 바뀝니다.

- 도형 뒤집기: 도형을 왼쪽이나 오른쪽으로 뒤집으면 왼쪽과 오른쪽이 서로 바뀌고, 위쪽이나 아래쪽으로 뒤집으면 위쪽과 아래쪽이 서로 바뀝니다.

- 도형 돌리기: 도형을 돌리면 방향이 바뀝니다.

핵심포인트

· 도형 뒤집기

· 도형 돌리기

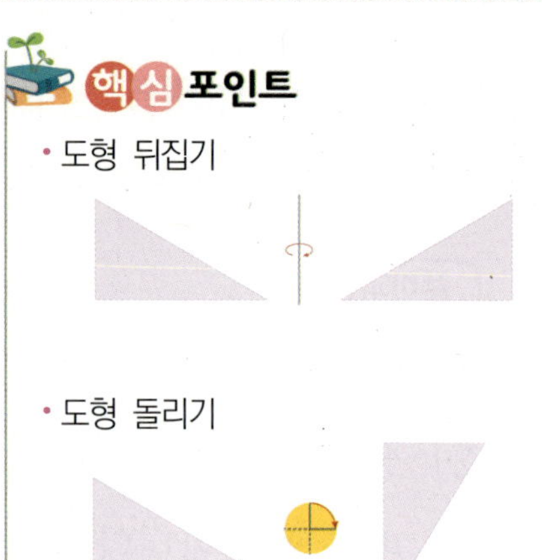

(01~06) 도형을 주어진 방향으로 한 칸 밀었을 때의 도형을 그려 보세요.

01 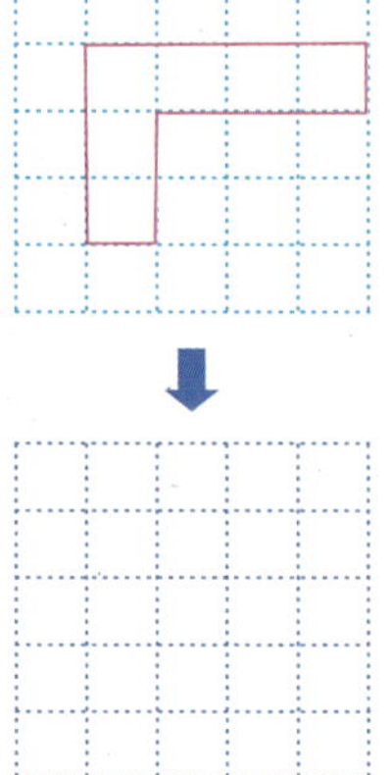

03 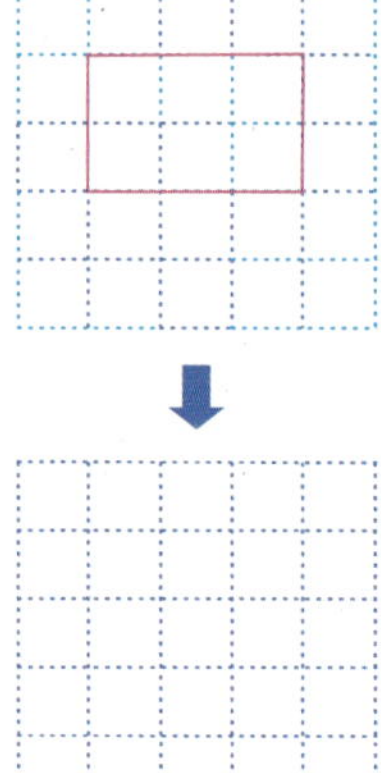

05 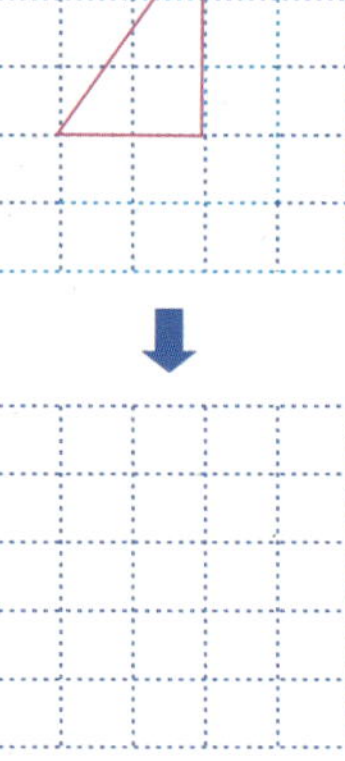

02 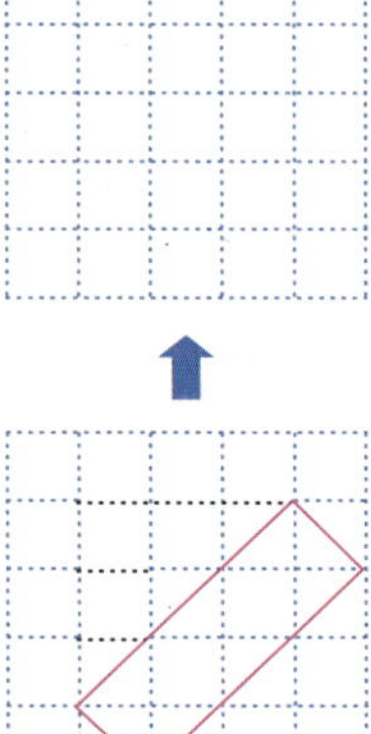

04 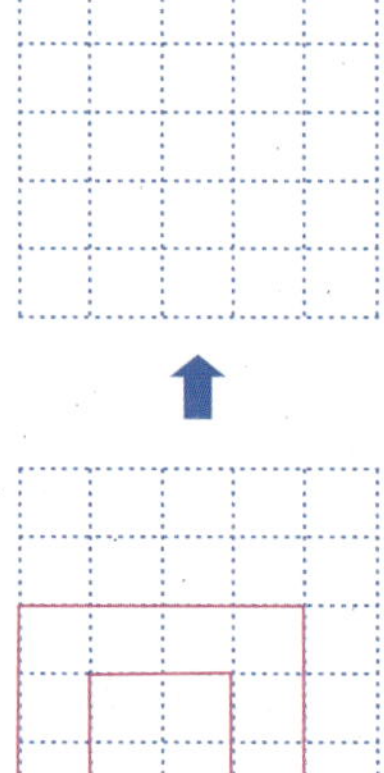

06 

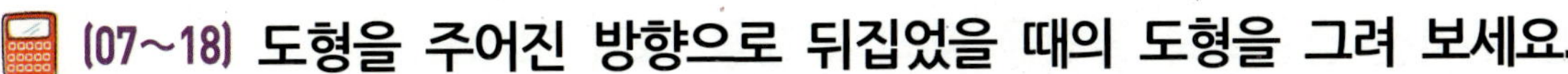

[07~18] 도형을 주어진 방향으로 뒤집었을 때의 도형을 그려 보세요.

07

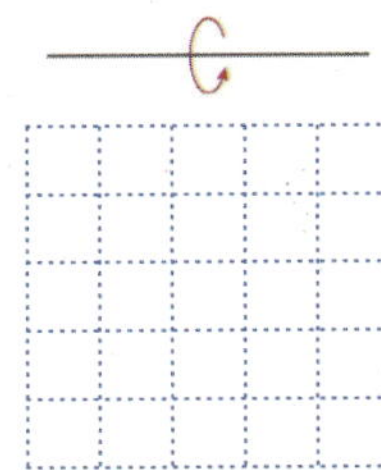

10
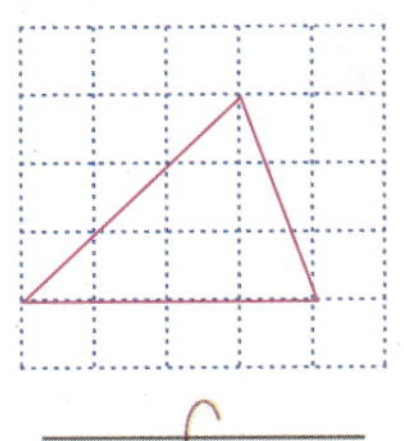

13
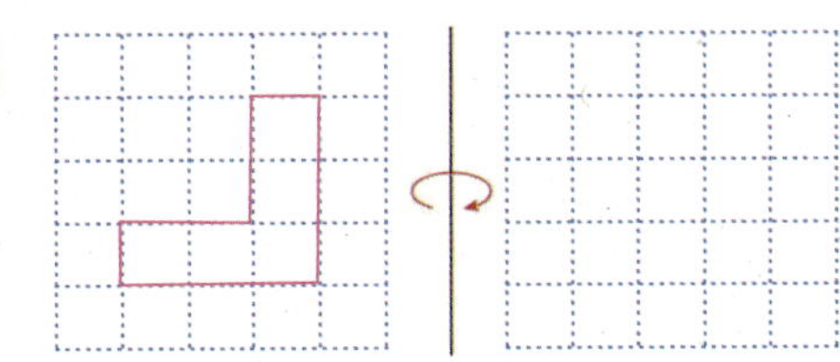

14
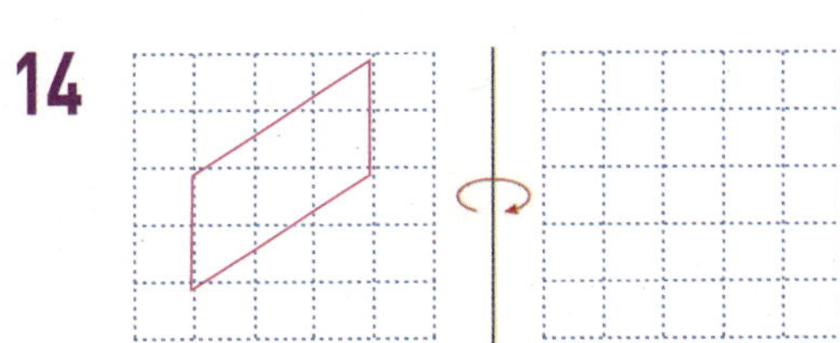

08
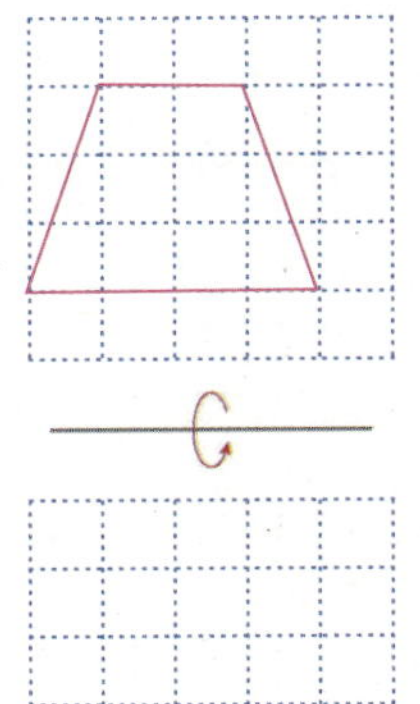

11
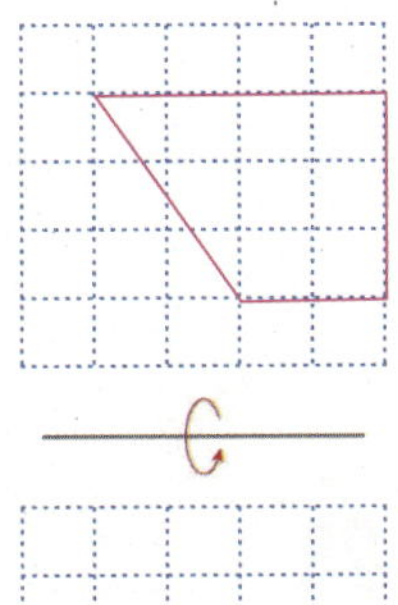
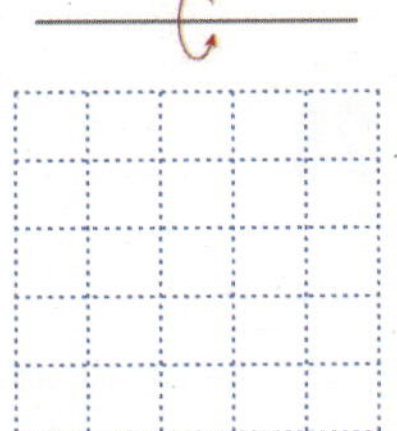

15
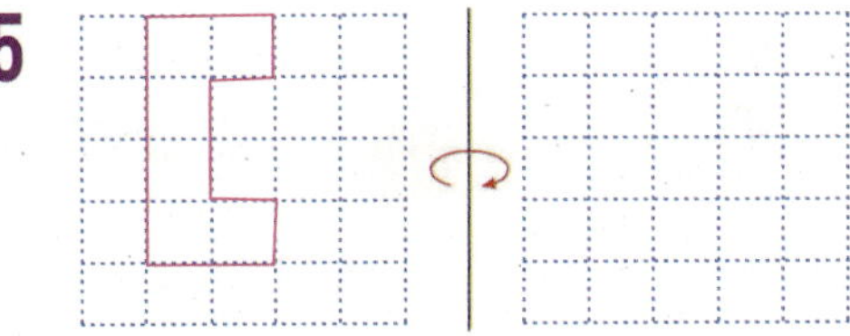

16
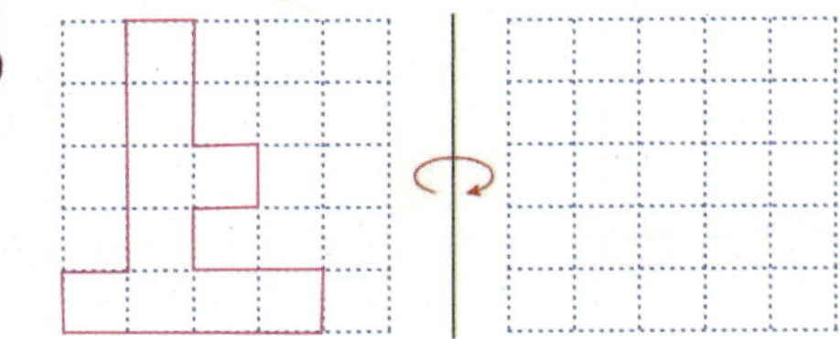

09
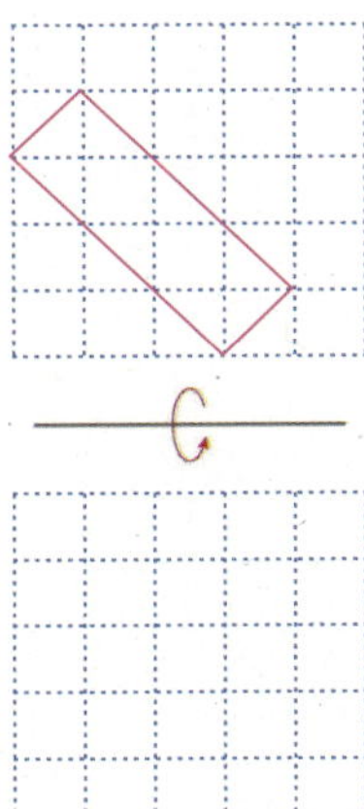

12
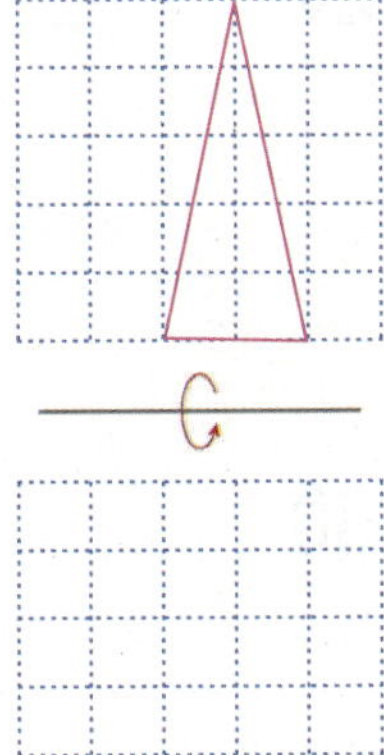

17
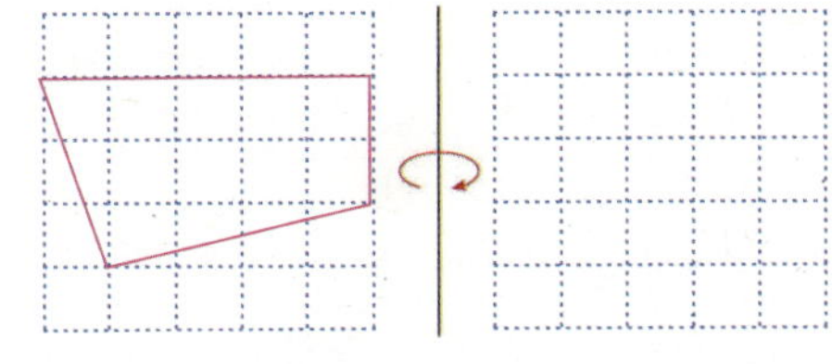

18
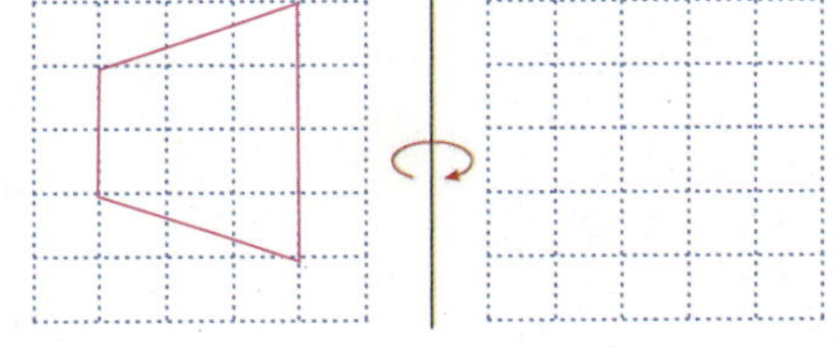

정확하게 풀어보아요

(19~30) 도형을 주어진 방향으로 돌렸을 때의 도형을 그려 보세요.

19 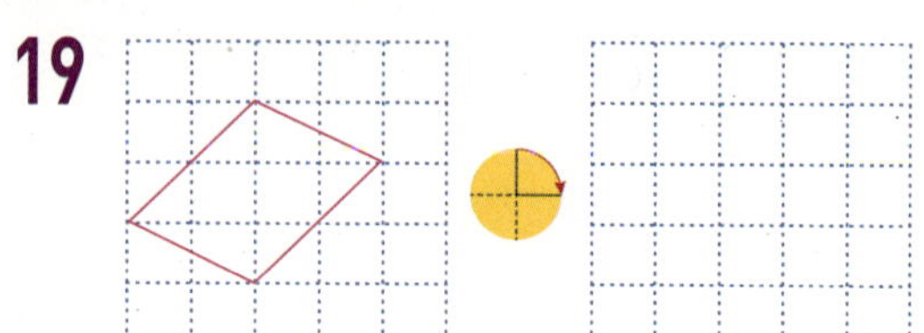

25 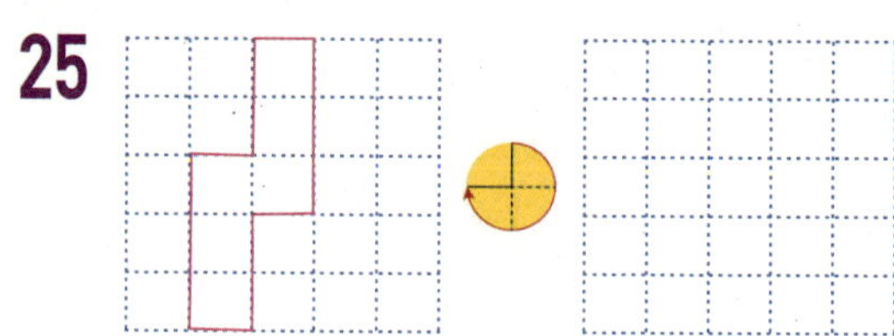

20 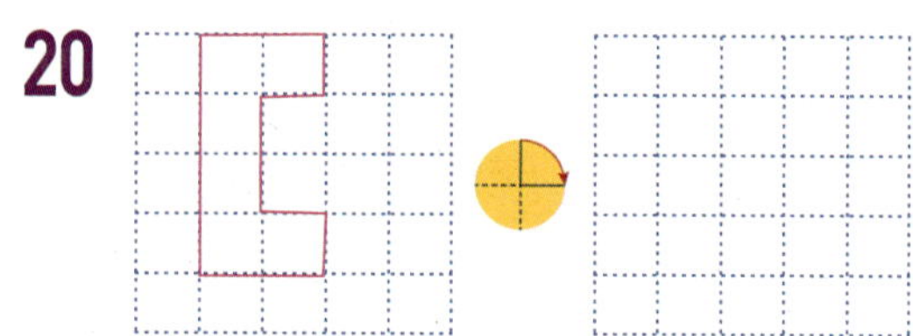

26 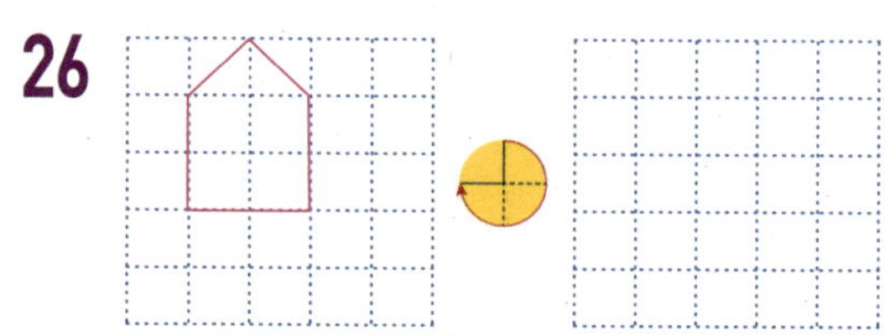

21 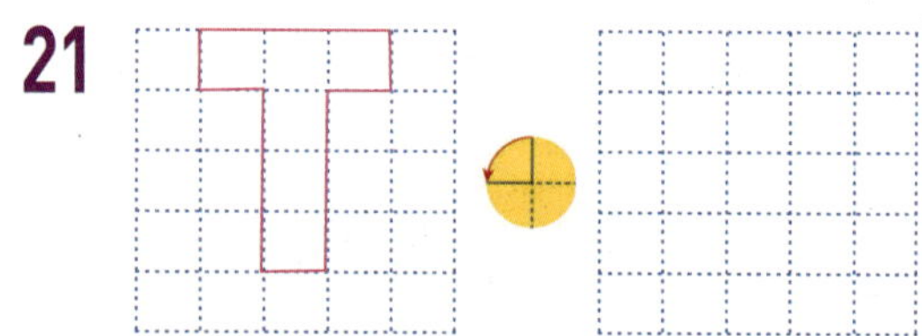

27 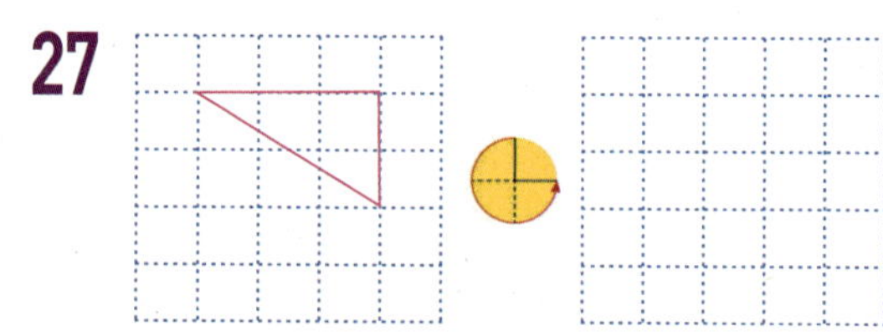

22 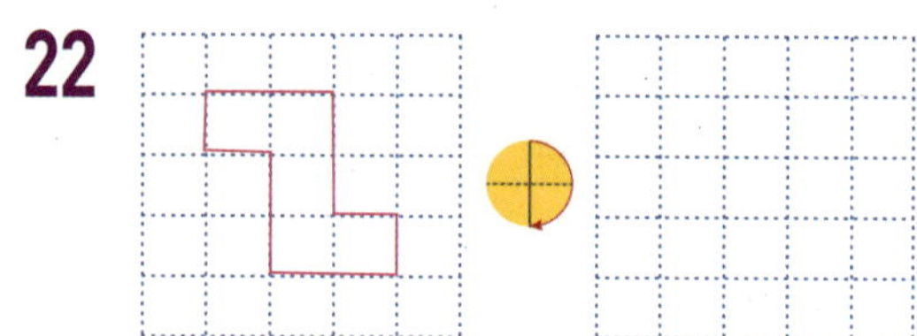

28 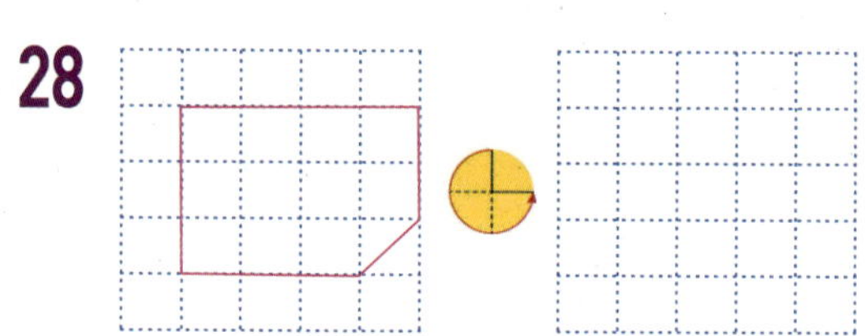

23 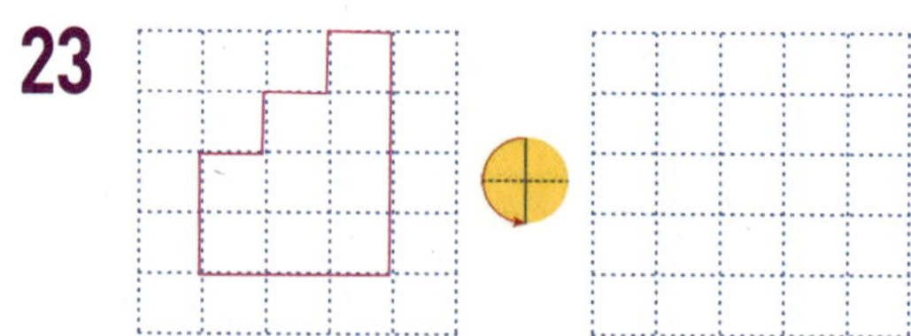

29 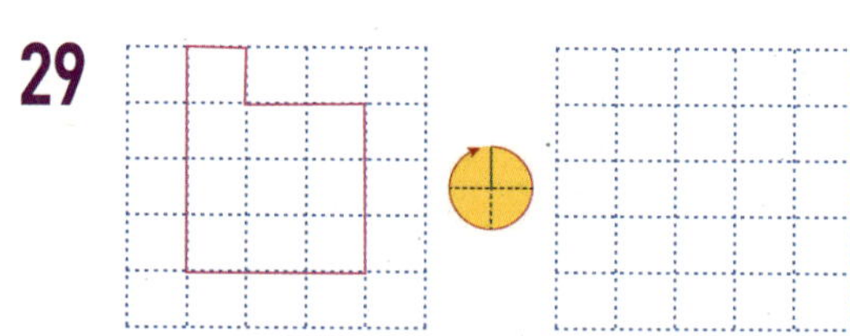

24 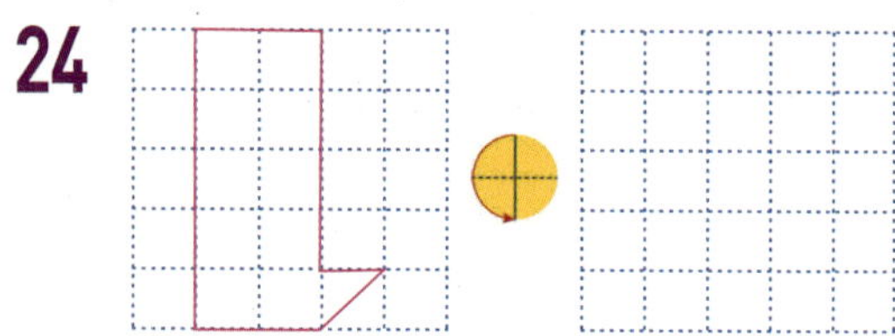

30 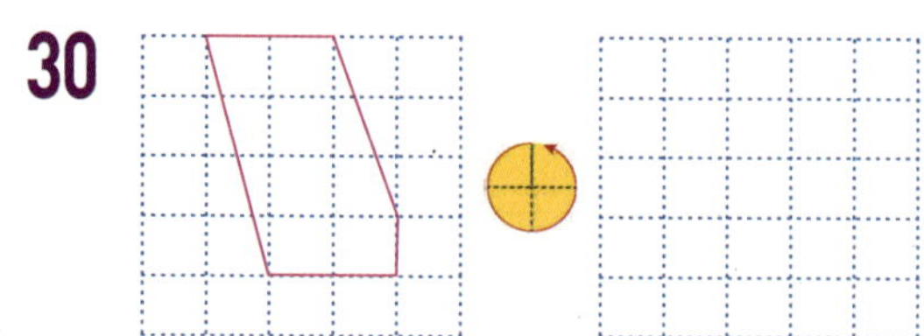

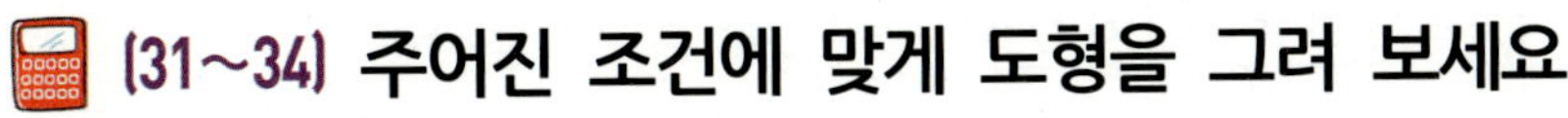

■ (31~34) 주어진 조건에 맞게 도형을 그려 보세요.

31

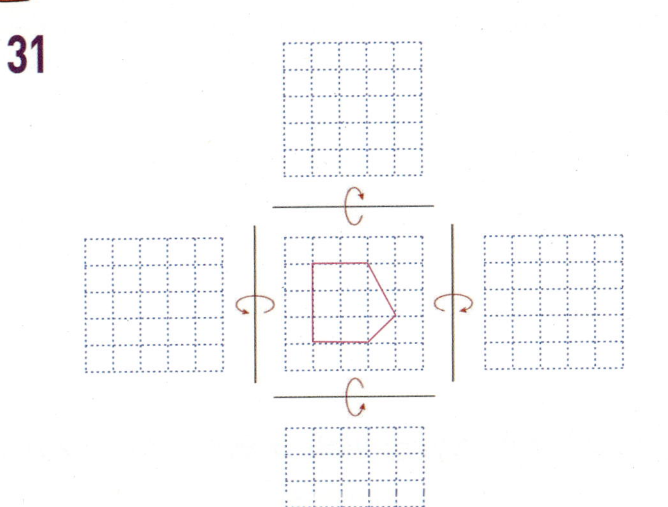

33

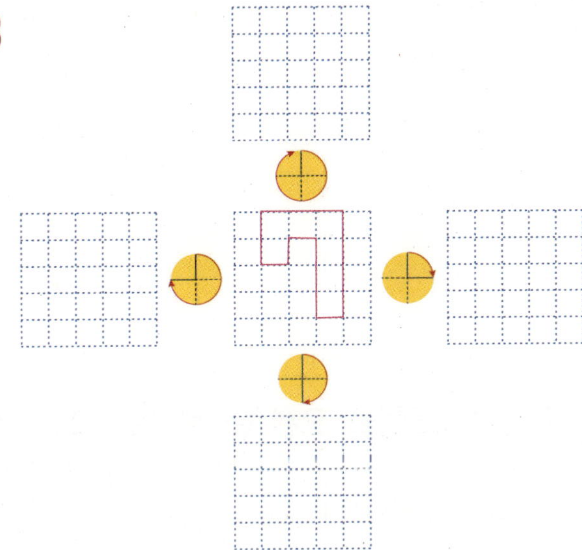

32

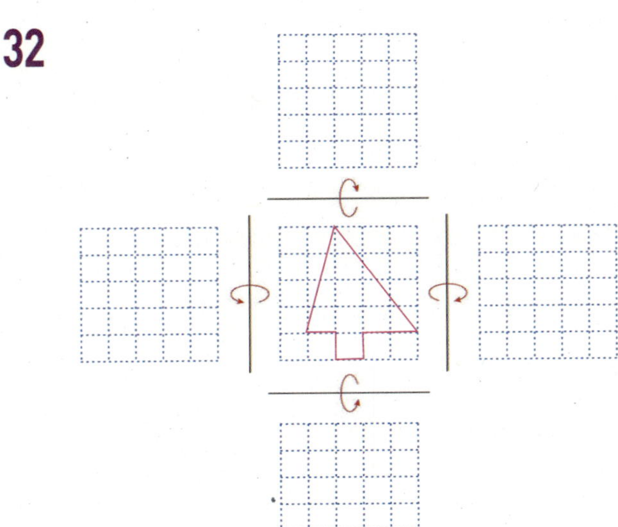

34

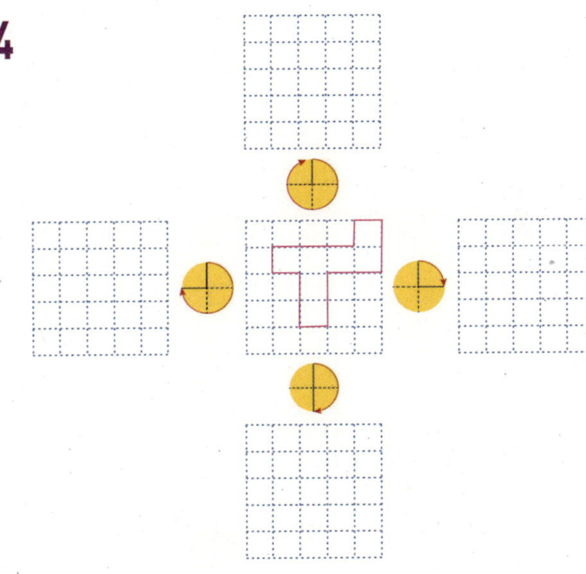

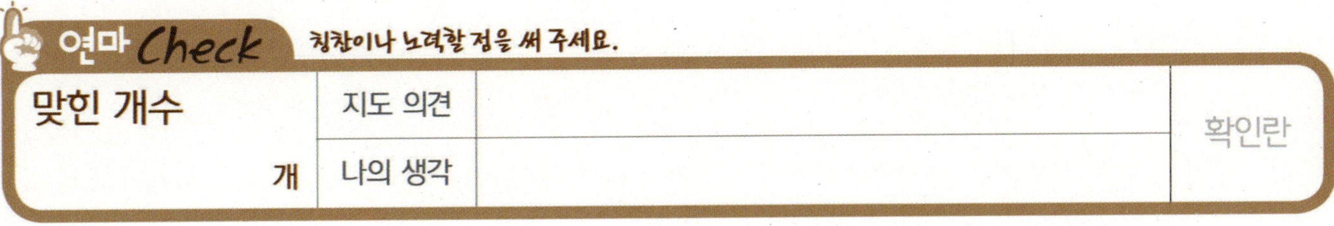

29 일차

평면도형 뒤집고, 돌리기

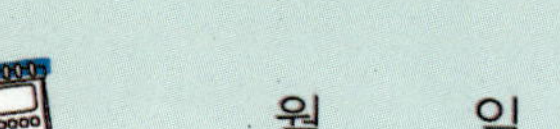

- 도형을 뒤집고 돌리기: 도형을 오른쪽으로 뒤집으면 왼쪽과 오른쪽이 서로 바뀌고, 시계 방향으로 90° 만큼 돌리면 위쪽 부분이 오른쪽으로 이동합니다.

핵심 포인트
- 뒤집고 돌리기의 순서를 바꾸면 다른 모양이 될 수 있으니 주의해야 합니다.

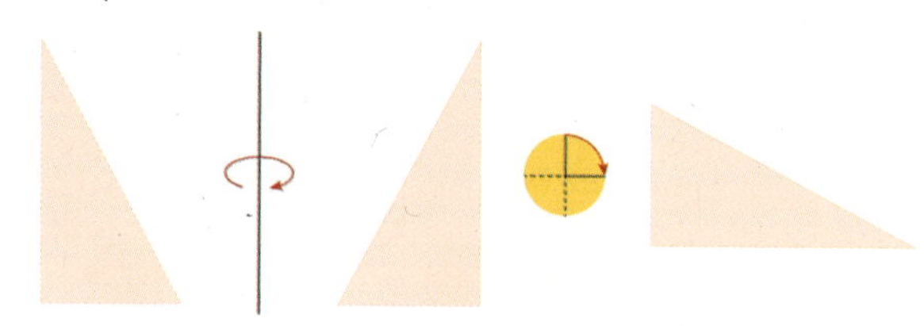

(01~04) 도형을 오른쪽으로 뒤집고, 시계 방향으로 90° 돌렸을 때의 도형을 그려 보세요.

01

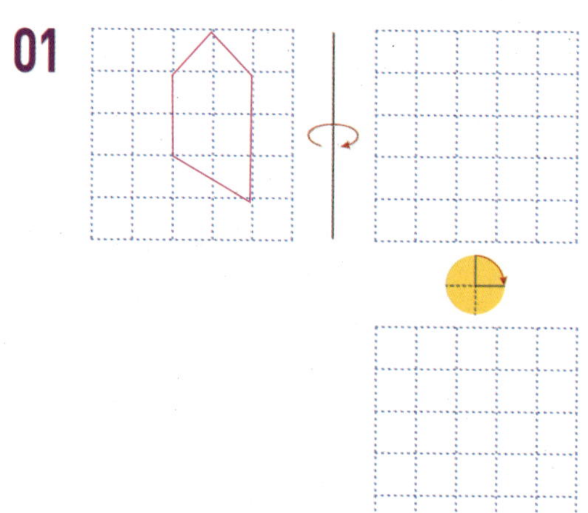

03

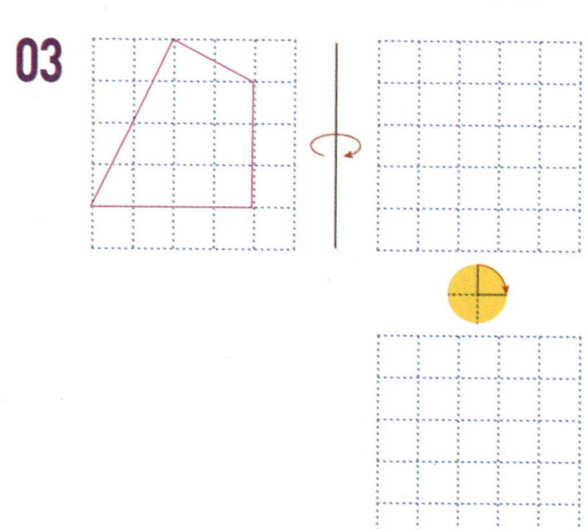

02

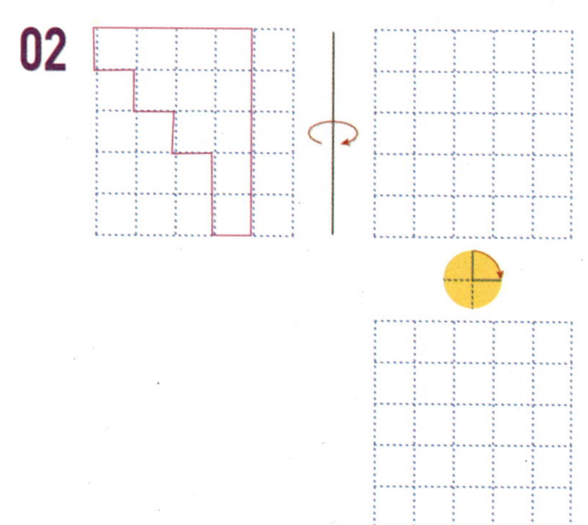

04

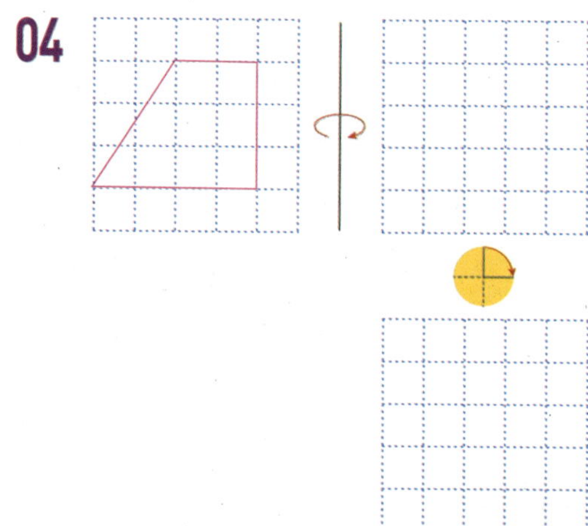

[05~16] 도형을 주어진 방향으로 뒤집고, 돌렸을 때의 도형을 그려 보세요.

05
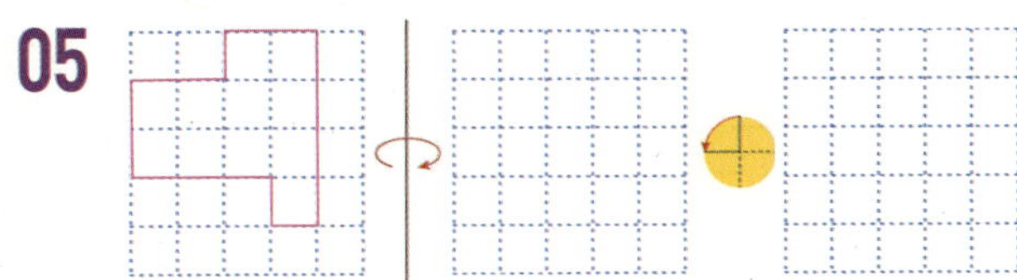

11
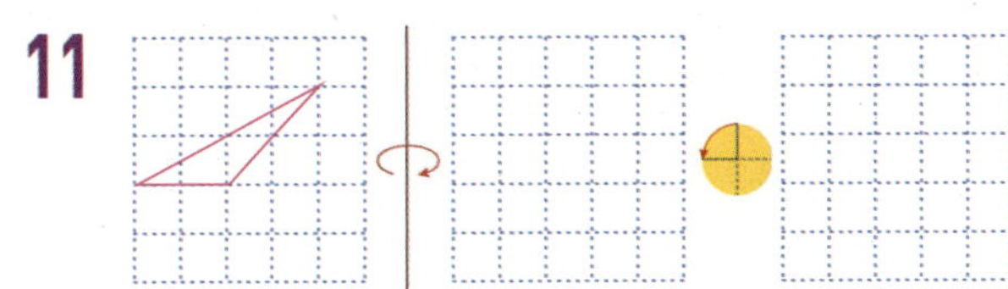

06
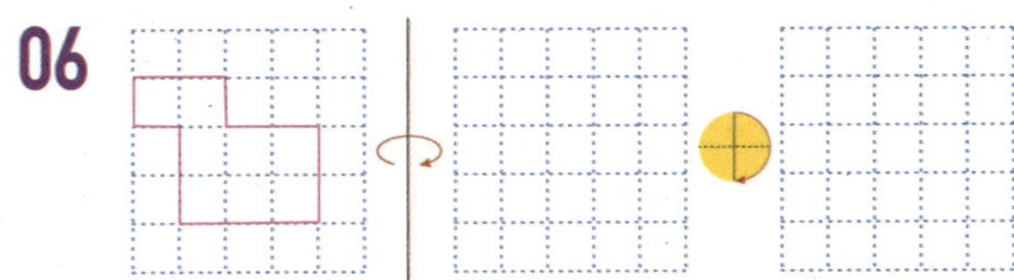

12
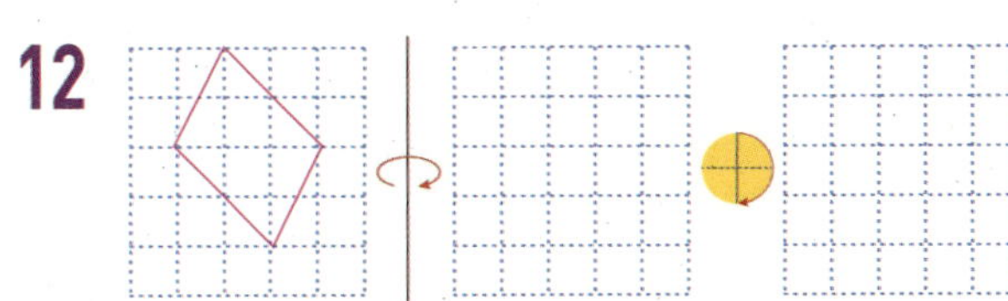

07
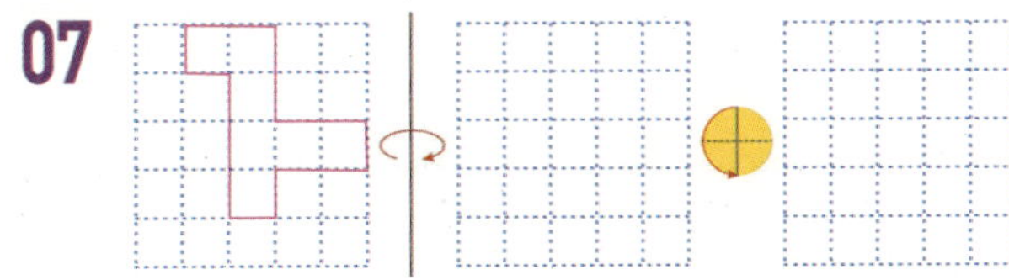

13
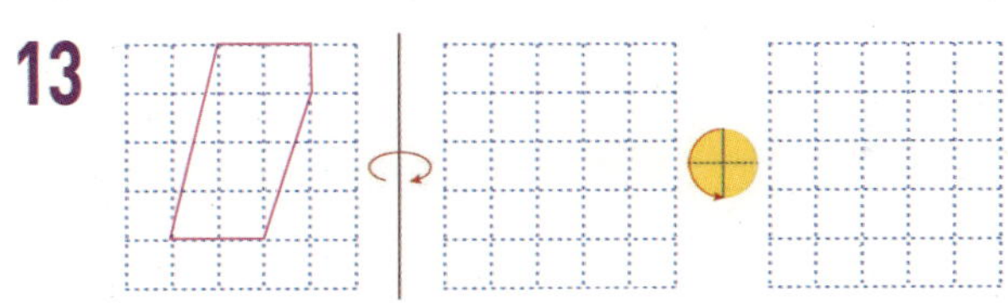

08
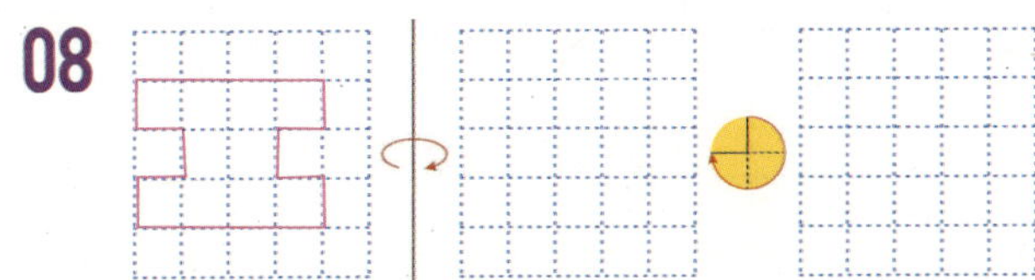

14
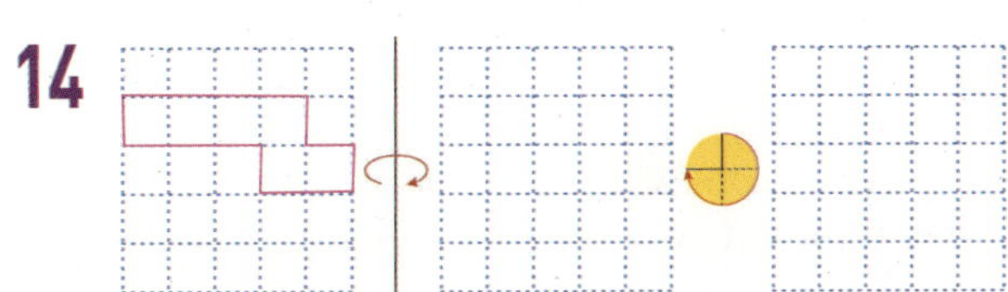

09
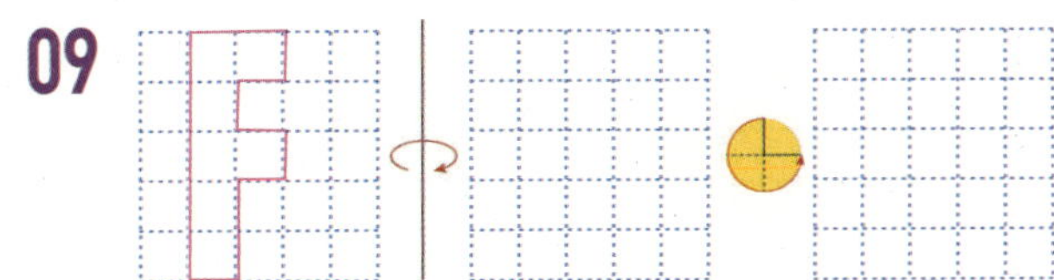

15
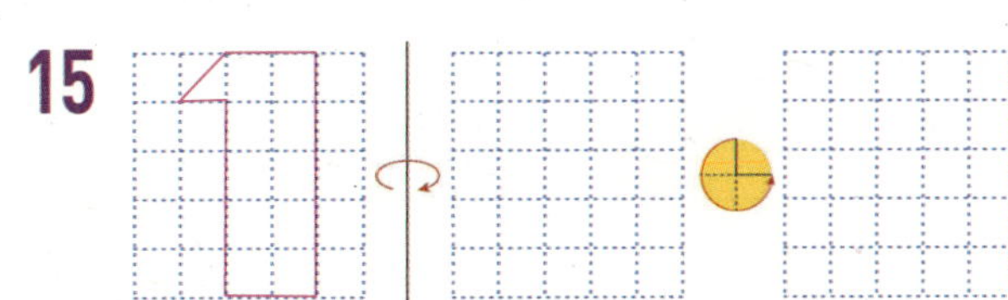

10
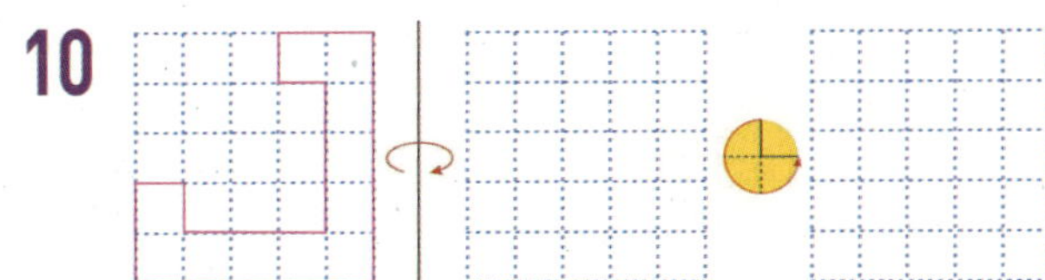

16
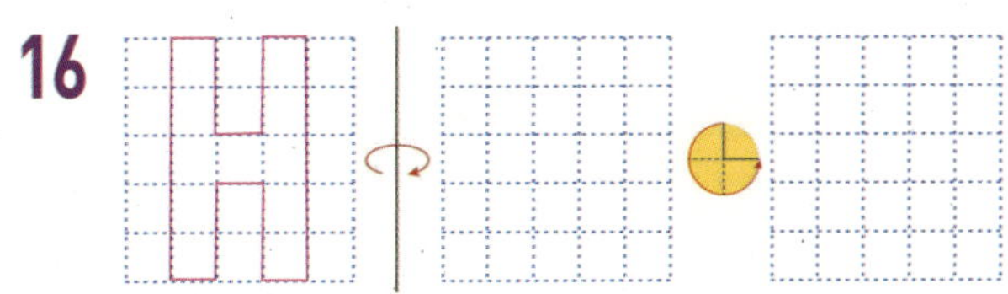

도형 이해하기

(17~28) 도형을 주어진 방향으로 돌리고, 뒤집었을 때의 도형을 그려 보세요.

17 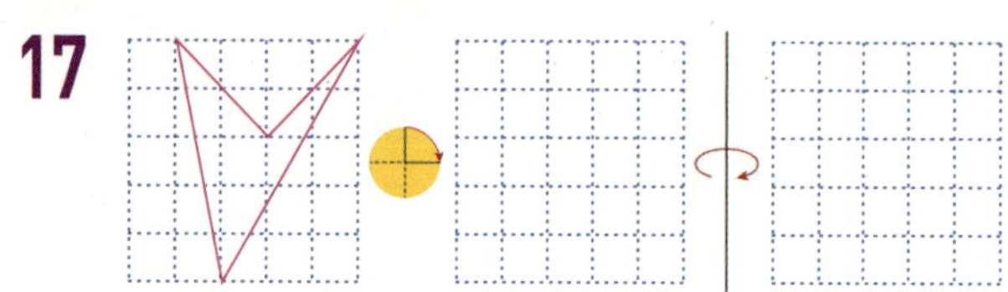

23 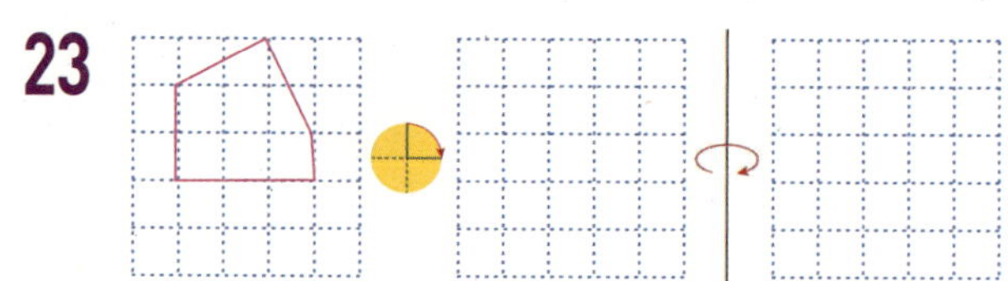

18 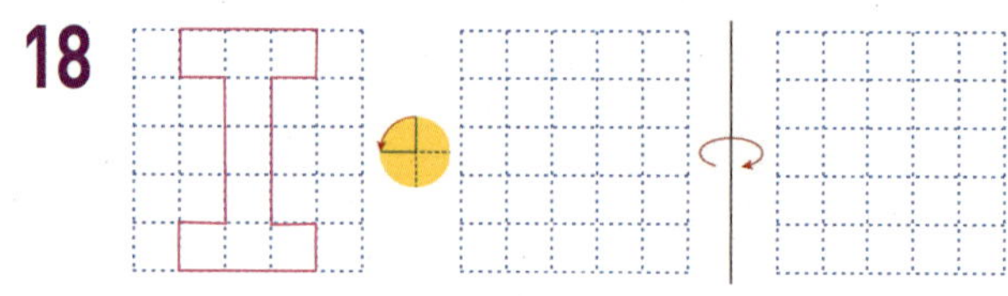

24 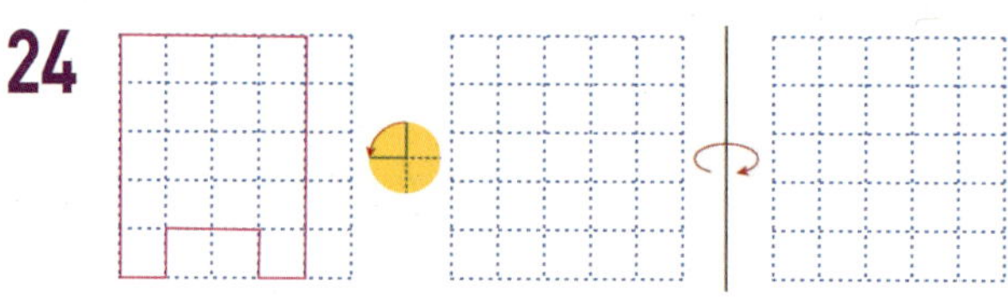

19 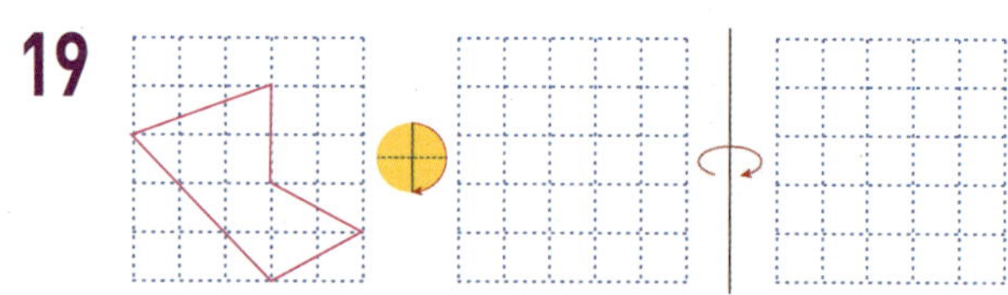

25 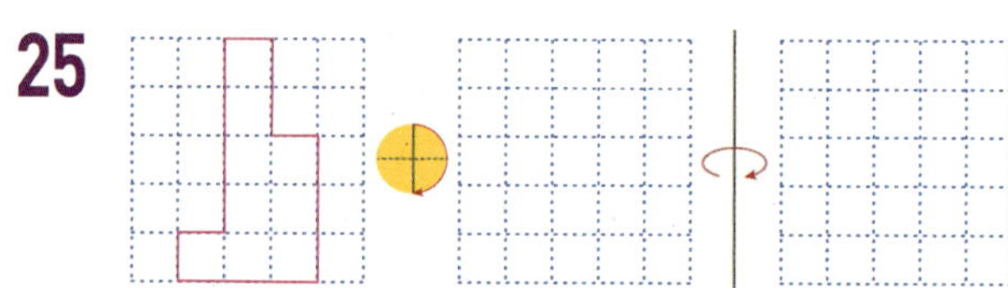

20 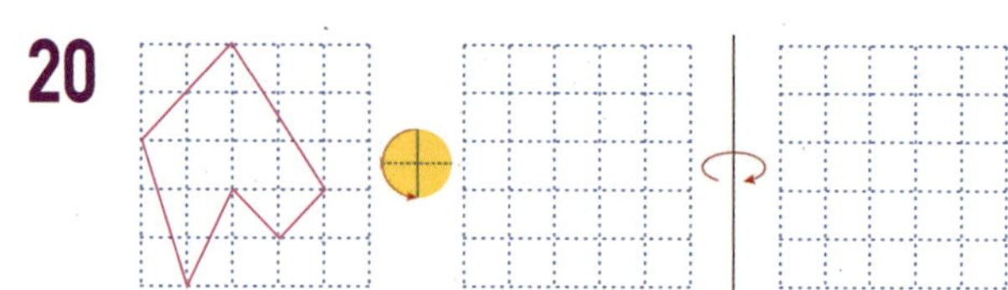

26 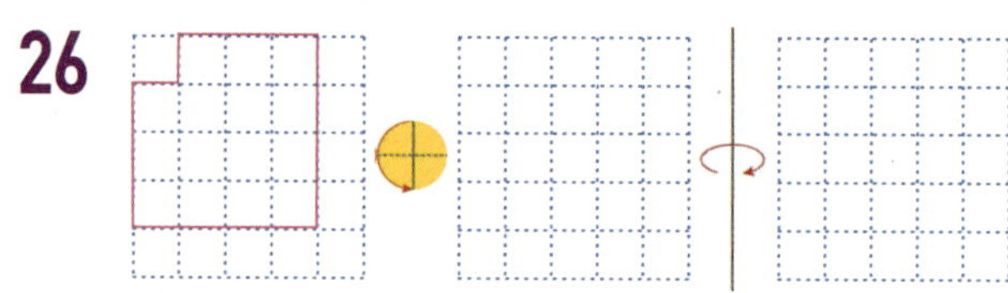

21 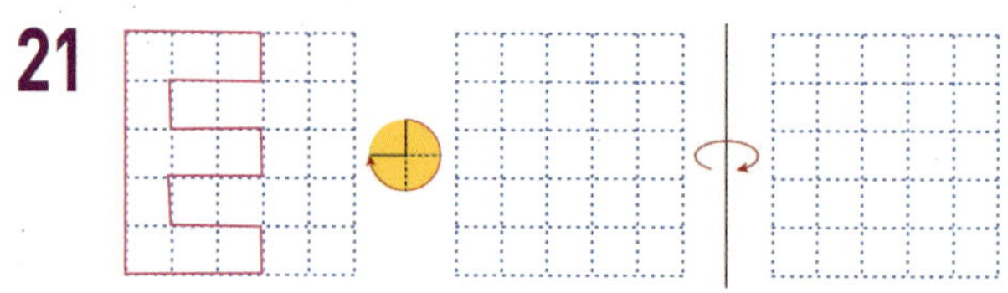

27 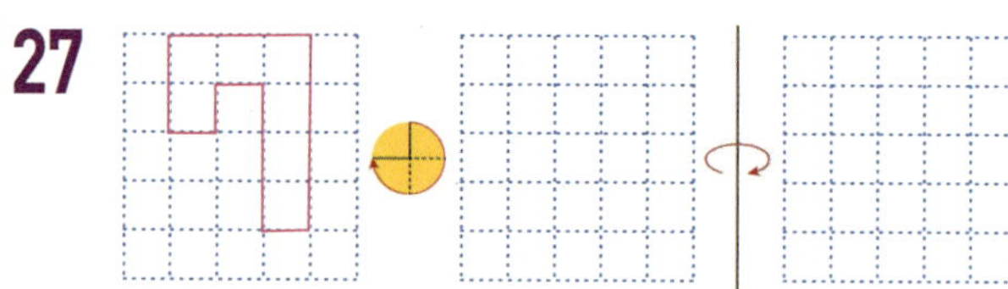

22 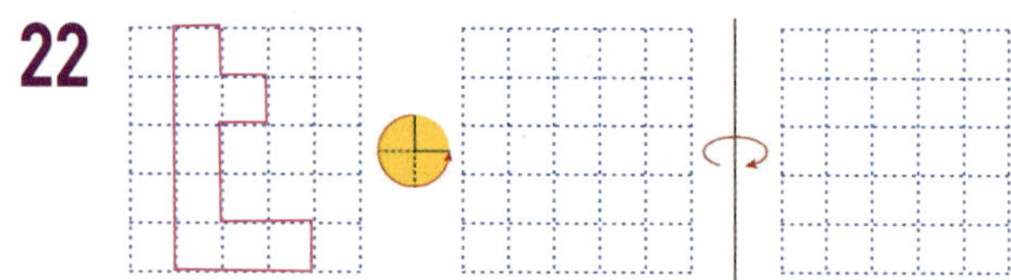

28 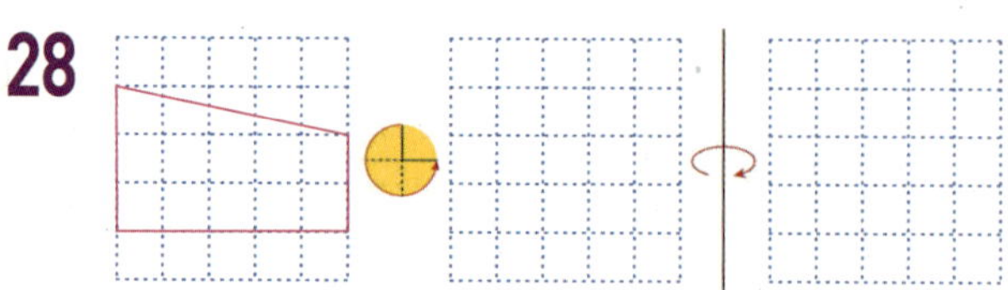

[29~38] 도형을 주어진 방향으로 돌리고, 뒤집었을 때의 도형을 그려 보세요.

29 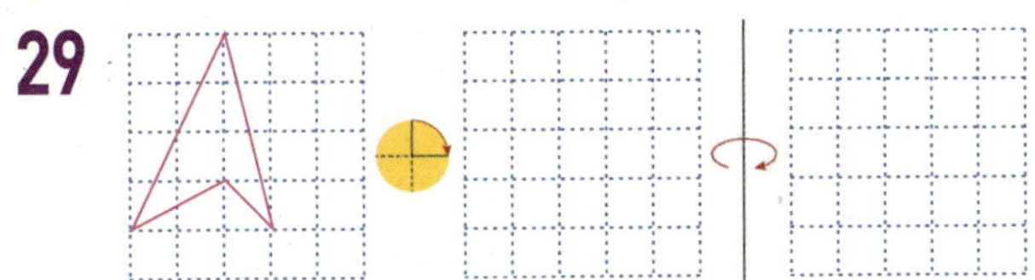

34 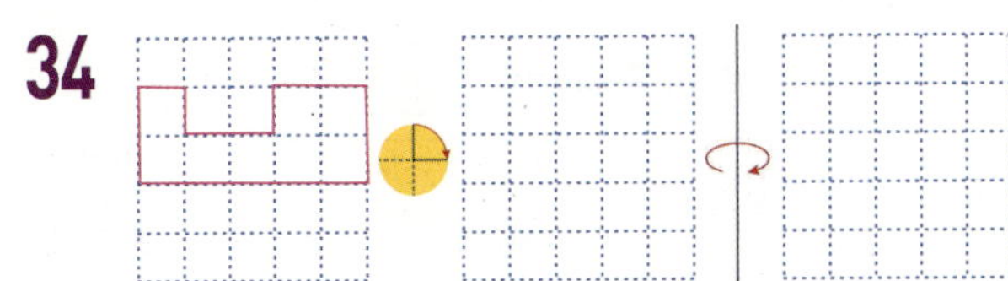

30 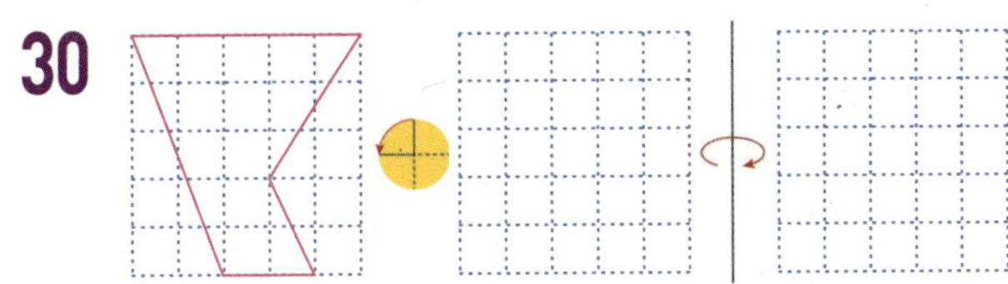

35 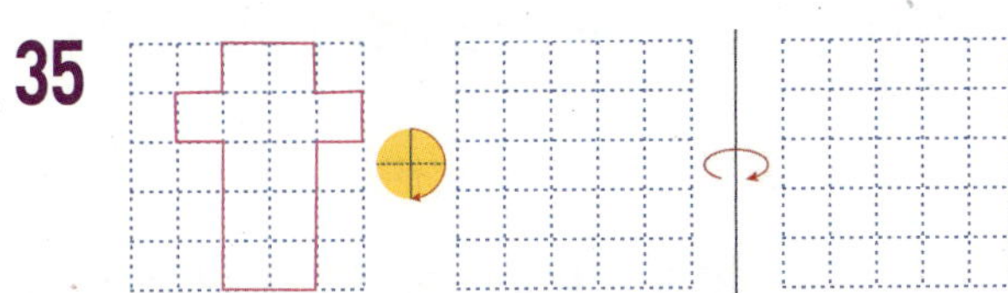

31 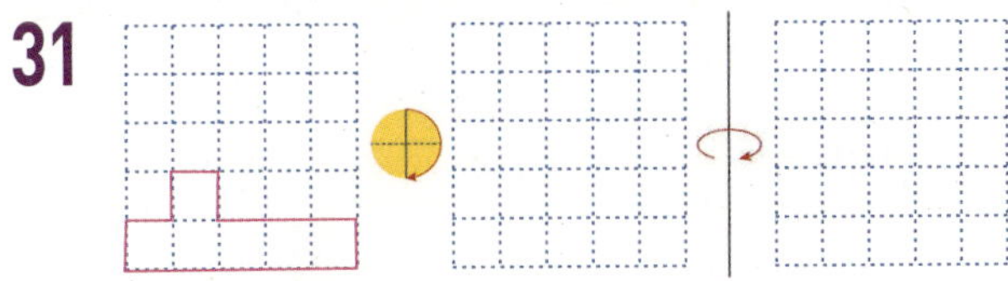

36 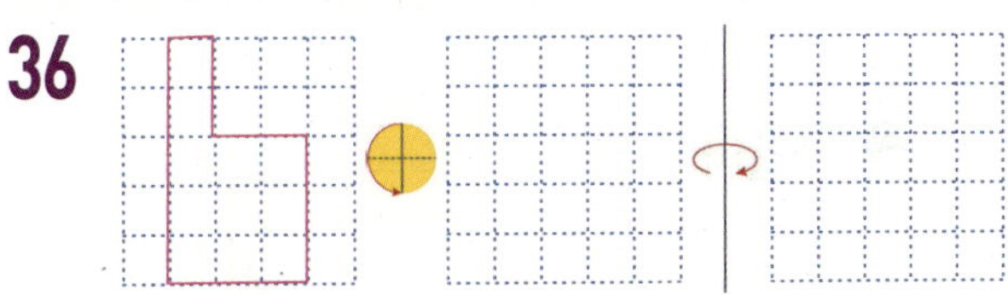

32 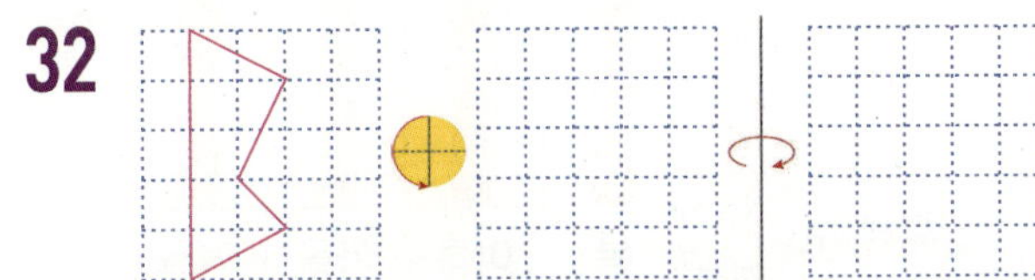

37 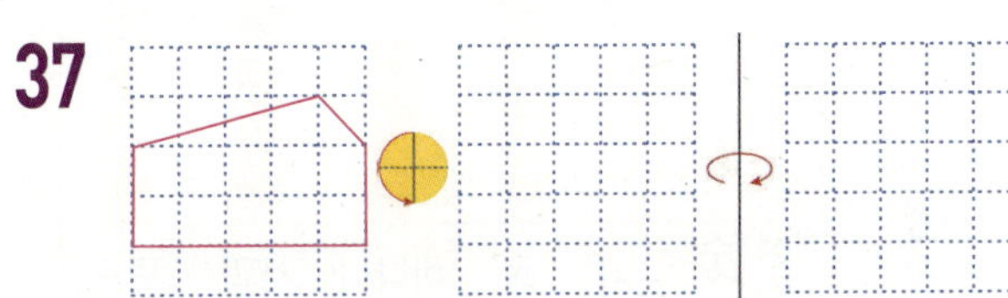

33 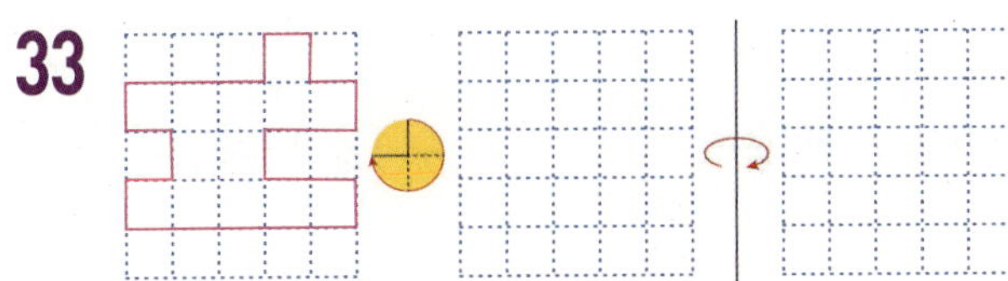

38 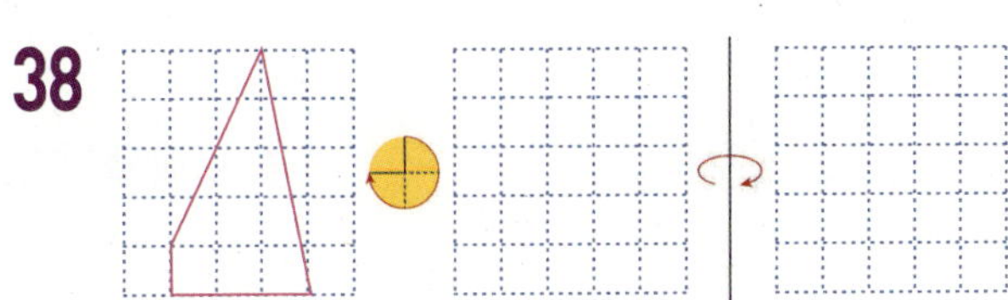

연마 Check　칭찬이나 노력할 점을 써 주세요.

맞힌 개수	지도 의견		확인란
개	나의 생각		

● 막대그래프: 조사한 자료를 막대 모양으로 나타낸 그래프

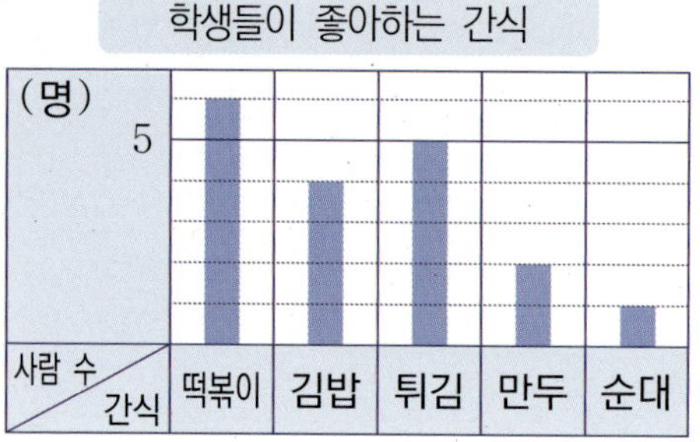

→ 가로는 간식, 세로는 사람 수를 나타냅니다.

→ 세로 눈금 한 칸은 1명을 나타냅니다.

핵심 포인트

· 막대의 길이는 간식을 좋아하는 사람 수를 나타냅니다.

· 학생들이 가장 좋아하는 간식 순서는 떡볶이, 튀김, 김밥, 만두, 순대입니다.

⏳ **(01~02) 막대 그래프를 보고 빈칸을 채우세요.**

01 <반 학생들이 좋아하는 과일>

과일	귤	바나나	사과	포도
학생 수(명)	9	4	11	6

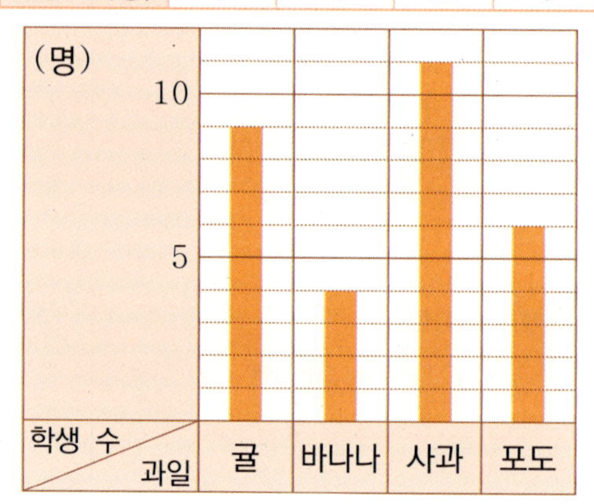

(1) 전체 학생 수는 ☐ 명입니다.

(2) 가로는 ☐ 을 나타냅니다.

(3) 막대의 길이는 ☐ 를 나타냅니다.

(4) 가장 많은 학생이 좋아하는 과일은 ☐ 입니다.

02 <반 학생들이 좋아하는 계절>

계절	봄	여름	가을	겨울
학생 수(명)	8	5	10	7

(1) 전체 학생 수는 ☐ 명입니다.

(2) 가로는 ☐ 을 나타냅니다.

(3) 막대의 길이는 ☐ 를 나타냅니다.

(4) 가장 많은 학생이 좋아하는 계절은 ☐ 입니다.

정확하게 풀어보아요

(03~06) 막대 그래프를 보고 빈칸을 채우세요.

03

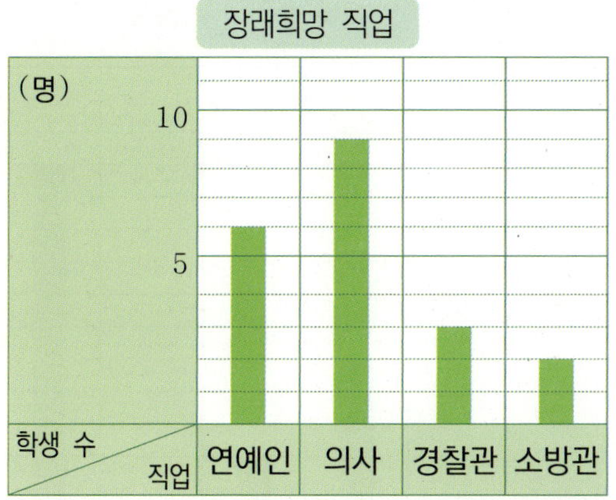

(1) 전체 학생 수는 ☐ 명입니다.

(2) 가장 많은 학생이 희망하는 직업은 ☐ 입니다

(3) 막대의 길이는 ☐ 를 나타냅니다.

(4) 가장 적은 학생이 희망하는 장래 직업은 ☐ 입니다.

04

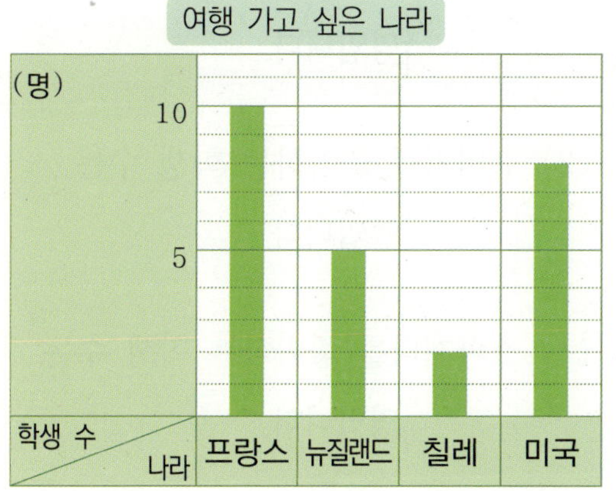

(1) 전체 학생 수는 ☐ 명입니다.

(2) 가고 싶어 하는 나라 중에서 학생 수가 가장 많은 나라와 가장 적은 나라의 차이는 ☐ 명입니다.

05

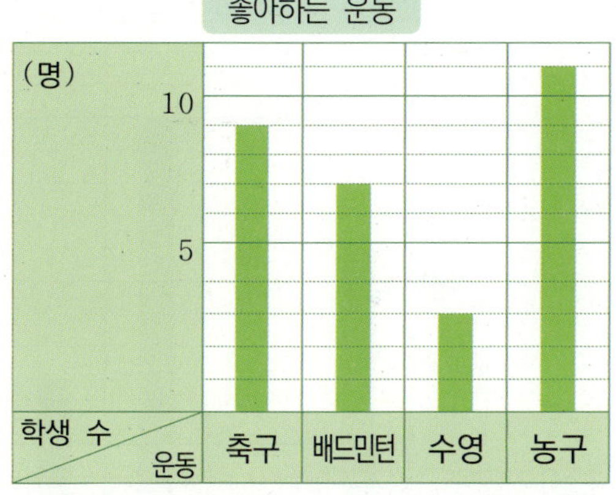

(1) 전체 학생 수는 ☐ 명입니다.

(2) 가장 많은 학생이 좋아하는 운동은 ☐ 입니다

(3) 막대의 길이는 ☐ 를 나타냅니다.

(4) 가장 적은 학생이 좋아하는 운동은 ☐ 입니다.

06

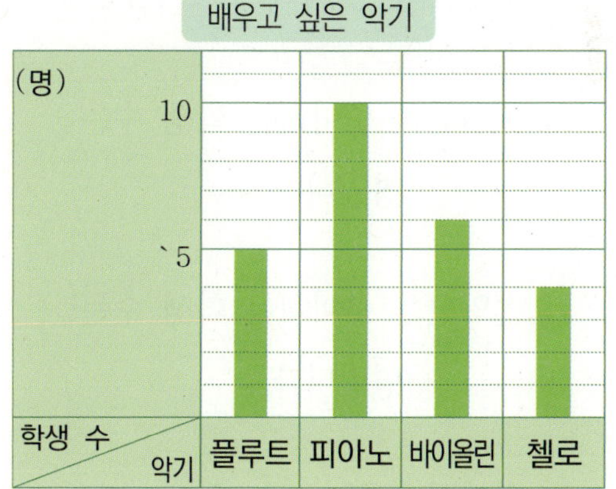

(1) 전체 학생 수는 ☐ 명입니다.

(2) 배우고 싶은 악기 중에서 학생 수가 가장 많은 악기와 가장 적은 악기의 차이는 ☐ 명입니다.

(07~08) 막대 그래프를 보고 빈칸을 채우세요.

07　　학생들이 좋아하는 산

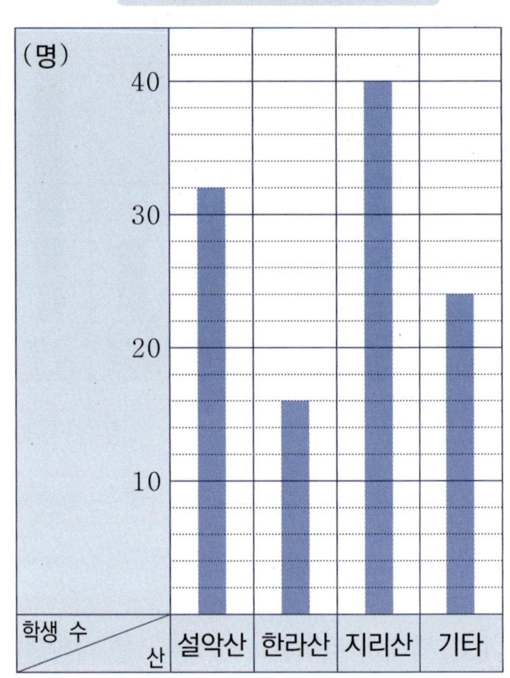

(1) 세로 눈금 1칸은 　　　명입니다.

(2) 학생 수는 모두 　　　명입니다.

(3) 지리산을 좋아하는 학생 수는 　　　명입니다.

(4) 설악산을 좋아하는 학생 수는 　　　명입니다.

(5) 한라산을 좋아하는 학생 수는 　　　명입니다.

(6) 설악산 또는 지리산을 좋아하는 학생 수는 　　　명입니다.

08　　학생들이 좋아하는 음식

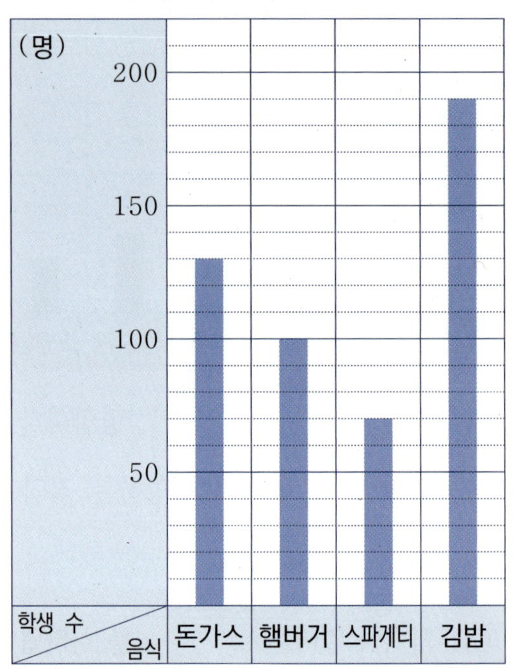

(1) 세로 눈금 1칸은 　　　명입니다.

(2) 돈가스를 좋아하는 학생 수는 　　　명입니다.

(3) 햄버거를 좋아하는 학생 수는 　　　명입니다.

(4) 스파게티를 좋아하는 학생 수는 　　　명입니다.

(5) 김밥을 좋아하는 학생 수는 　　　명입니다.

(6) 전체 학생 수는 　　　명입니다.

정확하게 풀어보아요

09 어느 해 6월~8월의 월별 맑은 날과 흐린 날을 나타낸 막대그래프입니다. 맑은 날이 흐린 날보다 많은 달은 몇 월일까요?

풀이과정

(1) 6월에는 맑은 날과 흐린 날이 각각 ☐일과 ☐일입니다.

(2) 7월에는 맑은 날과 흐린 날이 각각 ☐일과 ☐일입니다.

(3) 8월에는 맑은 날과 흐린 날이 각각 ☐일과 ☐일입니다.

(4) 맑은 날이 흐린 날 보다 많은 달은 ☐월과 ☐월입니다.

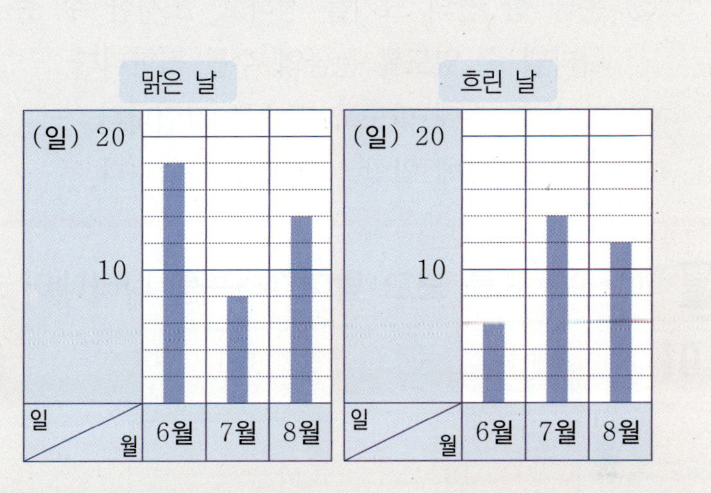

💡 **물음에 답하세요.**

10

(1) 전철 탄 날이 가장 많았던 달은 몇 월일까요?

(2) 6월, 7월, 8월에 버스 탄 날은 모두 며칠일까요?

(3) 버스보다 전철을 많이 탄 달은 몇 월일까요?

6단계

연마 Check 칭찬이나 노력할 점을 써 주세요.

맞힌 개수	지도 의견		확인란
개	나의 생각		

막대그래프 그리기

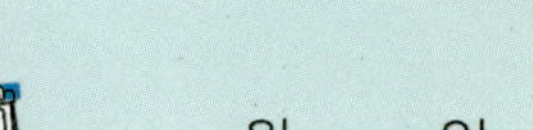

월 일

● 막대그래프 그리는 순서

① 가로와 세로 중 어느 쪽에 조사한 수를 나타낼 것인가를 정합니다.

② 눈금 한 칸의 크기를 정하고, 조사한 수 중 가장 큰 수를 나타낼 수 있도록 눈금의 수를 정합니다.

③ 조사 한 수에 맞도록 막대를 그립니다.

④ 막대그래프에 알맞은 제목을 붙입니다.

핵심 포인트

· 막대그래프로 한눈에 크기를 비교할 수 있습니다.

(01~04) 표를 보고 막대그래프를 나타내어 보세요.

01

과목	국어	수학	영어	과학
학생 수(명)	7	8	6	4

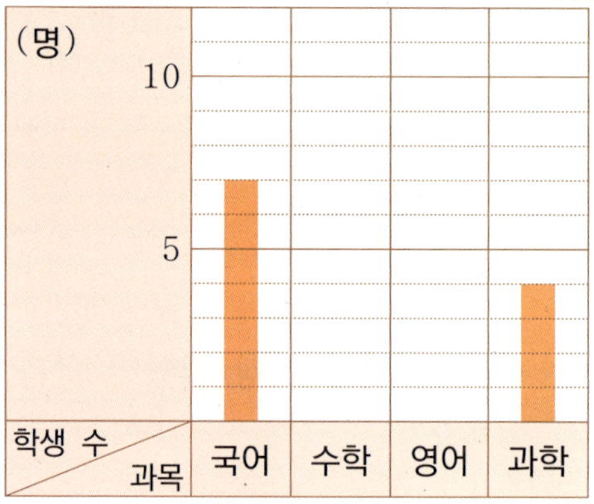

좋아하는 과목

02

혈액형	A형	B형	AB형	O형
학생 수(명)	8	6	2	4

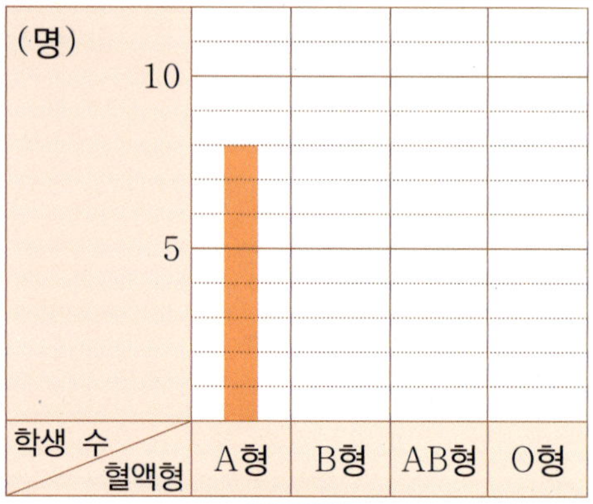

혈액형

03

분식	만두	김밥	떡볶이	튀김
학생 수(명)	3	7	9	6

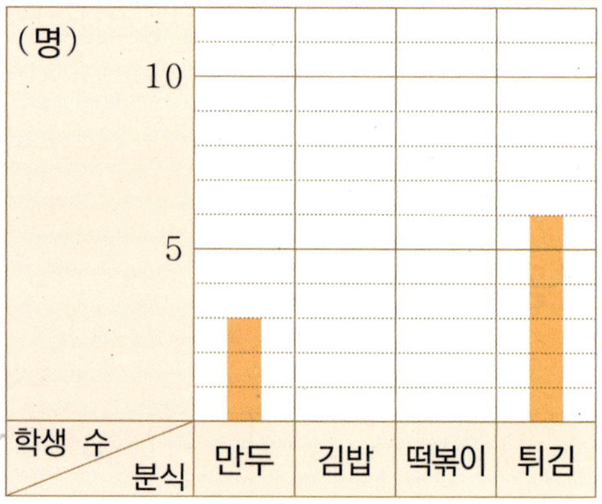

좋아하는 분식

04

과일	배	참외	귤	키위
학생 수(명)	4	5	8	8

좋아하는 과일

정확하게 풀어보아요

(05~08) 표를 보고 막대그래프를 나타내어 보세요.

05 <학생들의 혈액형>

혈액형	A형	B형	AB형	O형
학생 수(명)	11	8	5	6

(명)

학생 수 \ 혈액형	A형	B형	AB형	O형

07 <학생들이 좋아하는 TV프로그램>

TV 프로그램	예능	다큐	드라마	스포츠
학생 수(명)	17	8	11	9

(명)

학생 수 \ TV프로	예능	다큐	드라마	스포츠

06 <학생들이 좋아하는 운동>

운동	축구	야구	배구	농구
학생 수(명)	11	7	4	18

(명)

학생 수 \ 운동	축구	야구	배구	농구

08 <학생들이 좋아하는 음악>

음악	클래식	재즈	가요	팝송
학생 수(명)	6	4	17	13

(명)

학생 수 \ 음악	클래식	재즈	가요	팝송

6단계

정확하게 풀어보아요

(09~12) 50명의 학생을 조사하여 나타낸 표의 빈칸을 채우고 막대그래프로 나타내어 보세요.

09 가보고 싶은 곳

장소	해운대	남산	정동진	남이섬
학생 수(명)	10	6		15

(명)

학생 수 / 장소	해운대	남산	정동진	남이섬

11 좋아하는 계절

계절	봄	여름	가을	겨울
학생 수(명)	9	14	17	

(명)

학생 수 / 계절	봄	여름	가을	겨울

10 여행하고 싶은 나라

나라	캐나다	미국	프랑스	독일
학생 수(명)		14	12	9

(명)

학생 수 / 나라	캐나다	미국	프랑스	독일

12 좋아하는 색

색	검정	노랑	빨강	파랑
학생 수(명)	13		8	16

(명)

학생 수 / 색	검정	노랑	빨강	파랑

정확하게 풀어보아요

 **(13~16)** 참여한 학생 수는 모두 30명입니다. 지워진 부분의 학생 수를 구하세요.

13

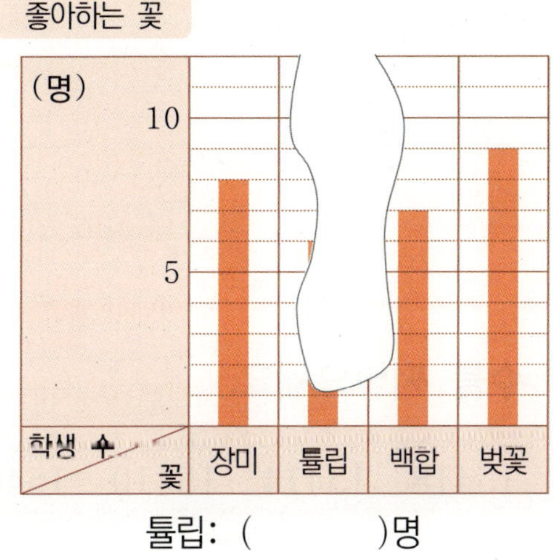

튤립: (   )명

15

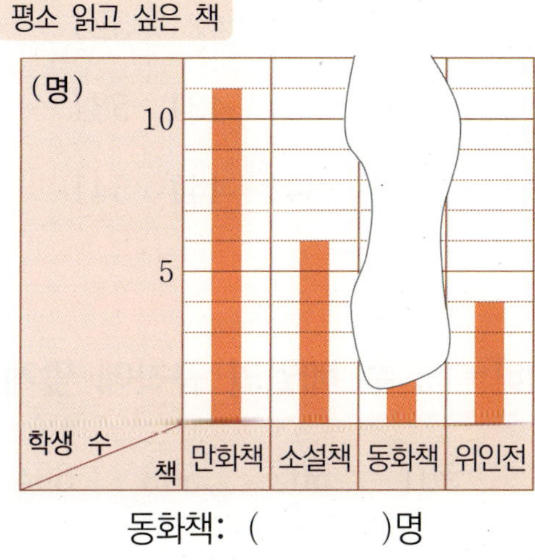

동화책: (   )명

14

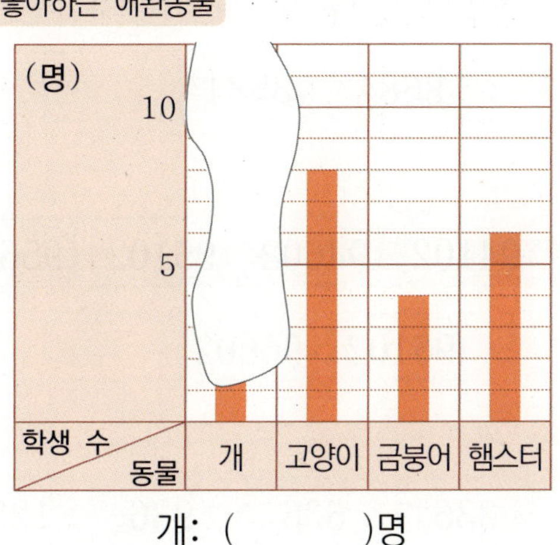

개: (   )명

16

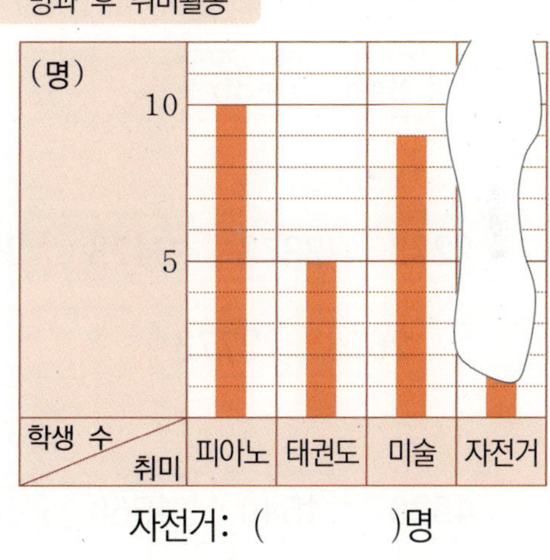

자전거: (   )명

6
단
계

연마 *Check* 칭찬이나 노력할 점을 써 주세요.

맞힌 개수	지도 의견		확인란
개	나의 생각		

101	201	301	401	501
111	211	311	411	511
121	221	321	421	521
131	231	331	431	531
141	241	341	441	541

→ 가로의 규칙: 100씩 커집니다.
→ 세로의 규칙: 10씩 커집니다.
→ 대각선의 규칙: 110씩 커집니다.

핵심포인트

- 숫자를 순서대로 비교해 보고 얼마큼 숫자가 변했는지 관찰하면 규칙을 찾을 수 있습니다.

(01~10) 수 배열의 규칙에 맞게 빈칸에 들어갈 수를 써넣으세요.

01
501　502　503　504
505　506　☐

06
15418　15414　15410　15406
15402　15398　☐

02
886　876　866　856
846　836　☐

07
9084　8984　8884　8784
8684　8584　☐

03
2273　2373　2473　2573
2673　2773　☐

08
94102　94602　95102　95602
96102　96602　☐

04
4520　4540　4560　4580
4600　4620　☐

09
336　636　936　1236
1536　1836　☐

05
1174　1474　1774　2074
2374　2674　☐

10
2048　1024　512　256
128　64　☐

(11~20) 수 배열의 규칙에 맞게 빈칸에 들어갈 수를 써넣으세요.

11

113		133	143	153
213	223	233	243	253
313	323	333	343	353
413	423		443	453
513	523	533	543	

16

	917	1017	1117	1217
827	927	1027	1127	1227
837	937		1137	1237
847	947	1047	1147	1247
857	957	1057		1257

12

3014	3015	3016	3017	3018
	3025	3026	3027	3028
3034	3035		3037	3038
3044	3045	3046	3047	
3054		3056	3057	3058

17

	3809	4809	5809	6809
2810		4810	5810	6810
2811	3811		5811	6811
2812	3812	4812	5812	6812
2813	3813	4813	5813	

13

10004	10014	10024	10034	10044
10005		10025		10045
10006	10016	10026	10036	10046
10007		10027		10047
10008	10018	10028	10038	10048

18

20005		20205		20405
	21105	21205	21305	21405
22005	22105	22205	22305	22405
23005		23205	23305	23405
24005	24105	24205	24305	

14

	93841	94841	95841	
92851	93851	94851	95851	96851
92861	93861		95861	96861
92871	93871	94871	95871	96871
	93881	94881	95881	

19

15243		15245	15246	15247
		15345	15346	15347
15443	15444		15446	15447
15543	15544	15545	15546	15547
15643	15644	15645	15646	

15

6425		6429	6431	6433
	6447	6449	6451	6453
6465	6467	6469	6471	6473
6485	6487	6489	6491	
6505	6507	6509		6513

20

	1434	1634	1834	2034
3234		3634	3834	4034
5234	5434		5834	6034
7234	7434	7634		8034
9234	9434	9634	9834	

계산력 강화하기

정확하게 풀어보아요

 **(21~29)** 규칙적인 수의 배열에서 ▲, ★에 알맞은 수를 구해 보세요.

21 | 4108 | ▲ | 4128 | 4138 | 4148 | ★ | ▲: [ ] ★: [ ]

22 | ▲ | 3945 | 3955 | 3965 | 3975 | ★ | ▲: [ ] ★: [ ]

23 | 15463 | 15464 | ▲ | ★ | 15467 | 15468 | ▲: [ ] ★: [ ]

24 | ▲ | 73802 | ★ | 75802 | 76802 | 77802 | ▲: [ ] ★: [ ]

25 | 50167 | ▲ | 50567 | 50767 | ★ | 51167 | ▲: [ ] ★: [ ]

26 | 11758 | 12758 | ▲ | ★ | 15758 | 16758 | ▲: [ ] ★: [ ]

27 | 94261 | ▲ | ★ | 94267 | 94269 | 94271 | ▲: [ ] ★: [ ]

28 | 2405 | 2410 | ▲ | 2420 | ★ | 2430 | ▲: [ ] ★: [ ]

29 | 37981 | 37871 | 37761 | ▲ | 37541 | ★ | ▲: [ ] ★: [ ]

계산력 강화하기

 **(30~36)** 규칙을 찾아 빈칸에 알맞은 수를 써넣으세요.

30 | 5 | 10 | | | 80 | 160 |

31 | | 16 | | 64 | 128 | 256 |

32 | 11 | | | 297 | 891 | 2673 |

33 | 4 | 12 | | 108 | | 972 |

34 | | 34 | 29 | | 19 | 14 |

35 | 1215 | | 135 | 45 | 15 | |

36 | | 6 | 12 | | 48 | 96 |

연마 Check
칭찬이나 노력할 점을 써 주세요.

맞힌 개수	지도 의견		확인란
개	나의 생각		

33 일차

도형의 배열에서 규칙 찾기

월 일

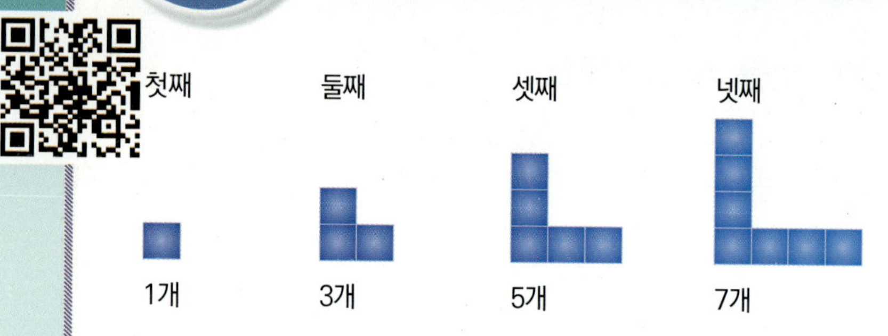

첫째 둘째 셋째 넷째

1개 3개 5개 7개

→ 모형의 개수가 1개, 3개, 5개, 7개 … 로 단계가 진행될 때마다 2개씩 늘어나는 규칙을 갖고 있습니다.

핵심 포인트

- 2개씩 늘어나는 규칙을 갖고 있으므로 다섯 번째 올 도형의 개수는 9개입니다.

(01~04) 도형의 배열을 보고 규칙에 따라 다섯째에 알맞은 도형을 그려 보세요.

01 첫째 둘째 셋째 넷째

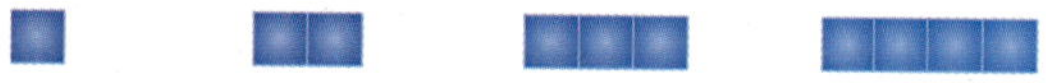

다섯째

03 첫째 둘째 셋째 넷째

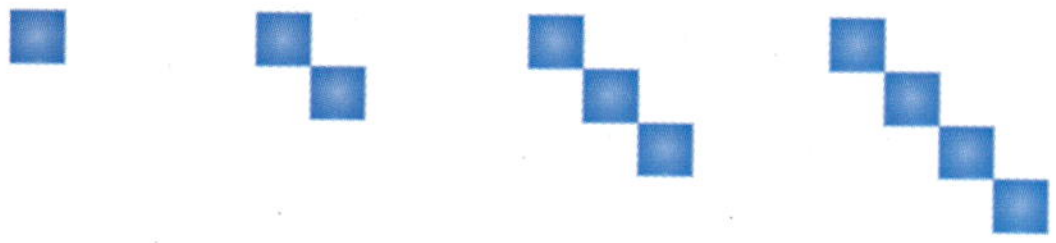

다섯째

02 첫째 둘째 셋째 넷째

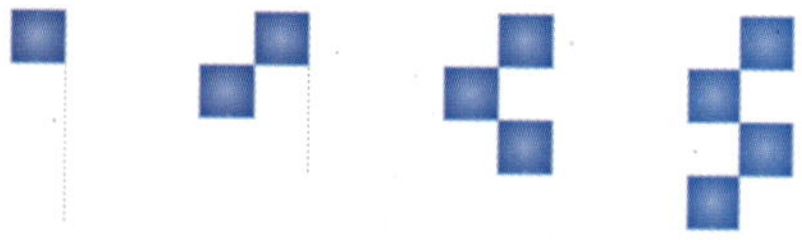

다섯째

04 첫째 둘째 셋째 넷째

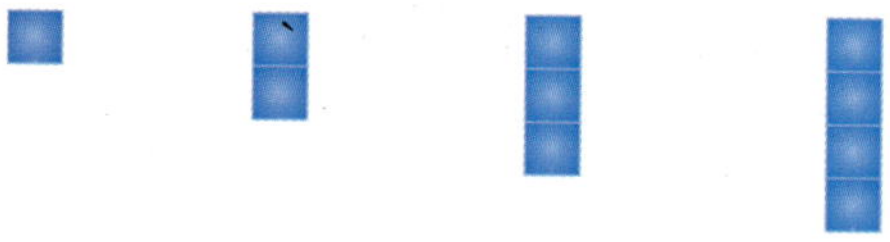

다섯째

(05~10) 도형의 배열을 보고 규칙에 따라 다섯째에 알맞은 도형을 그려 보세요.

05 첫째　둘째　셋째　넷째

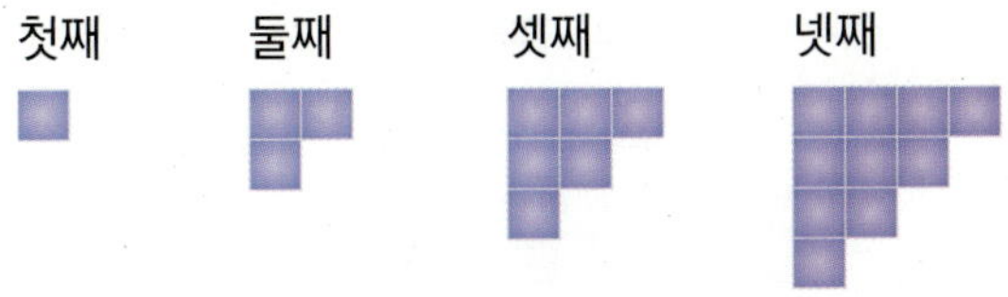

다섯째

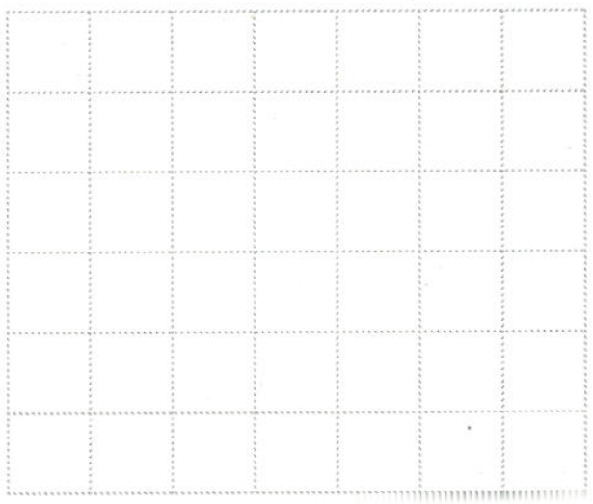

06 첫째　둘째　셋째　넷째

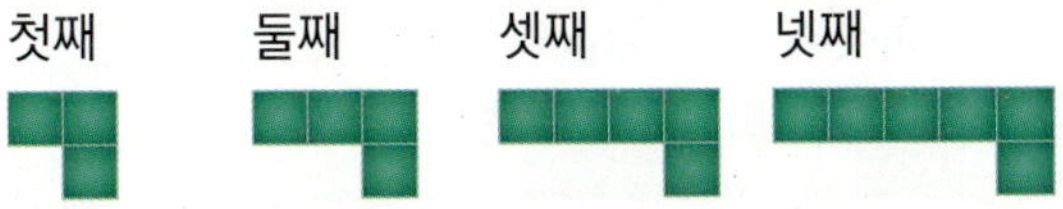

다섯째

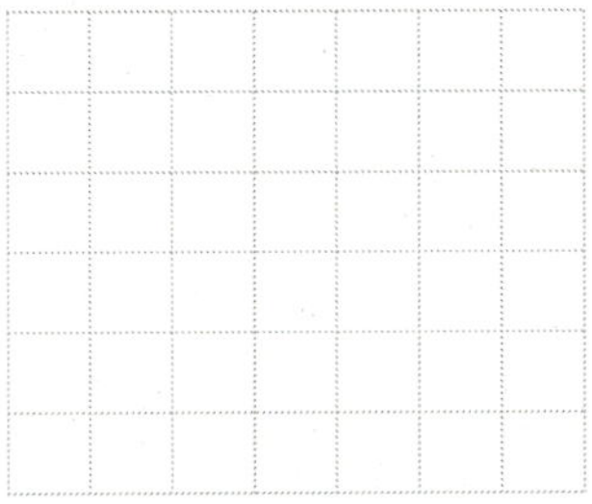

07 첫째　둘째　셋째　넷째

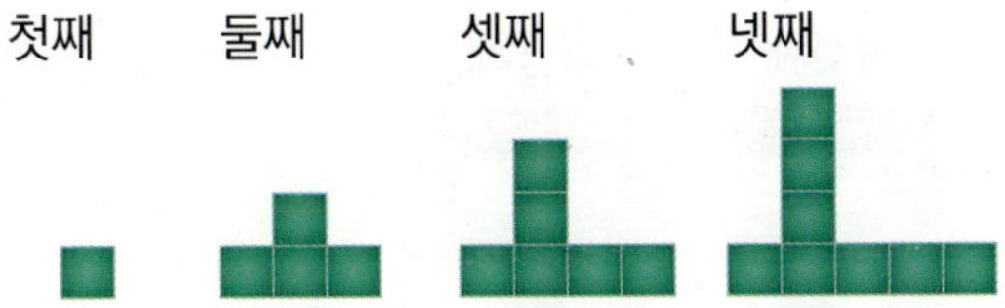

다섯째

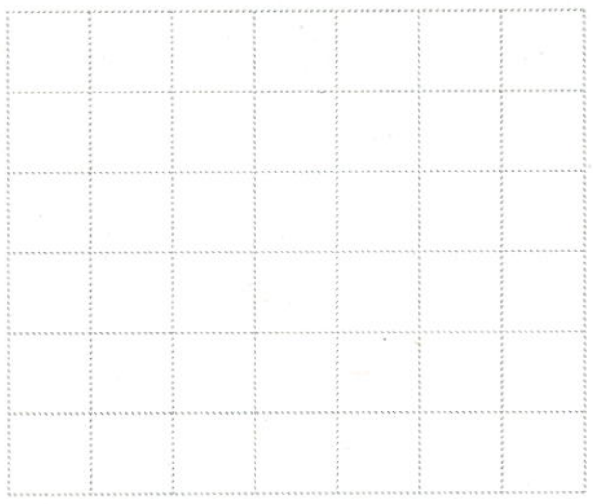

08 첫째　둘째　셋째　넷째

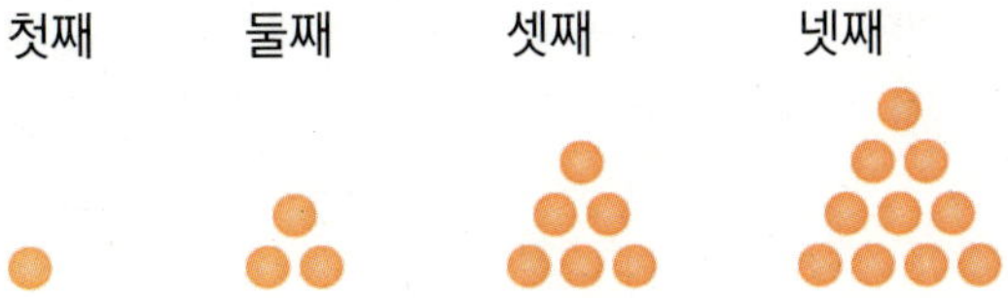

다섯째

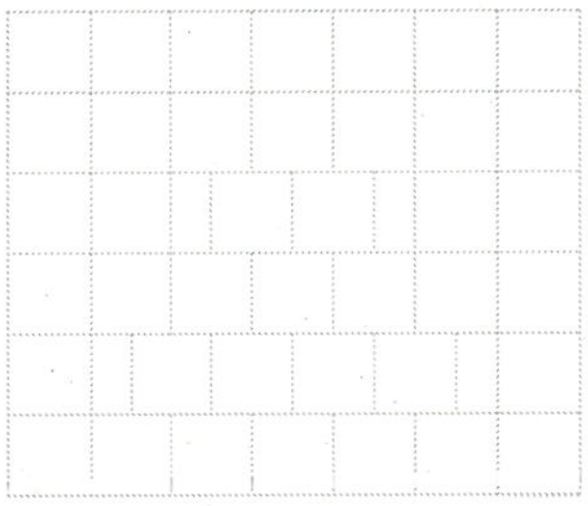

09 첫째　둘째　셋째　넷째

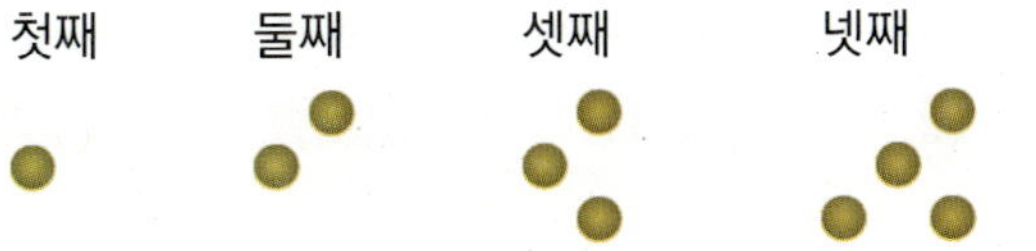

다섯째

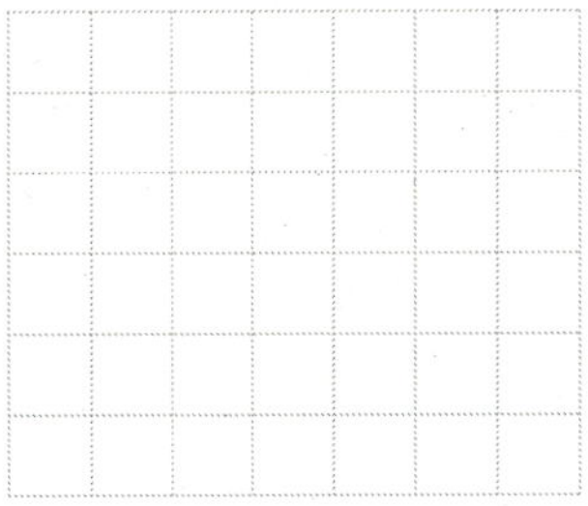

10 첫째　둘째　셋째　넷째

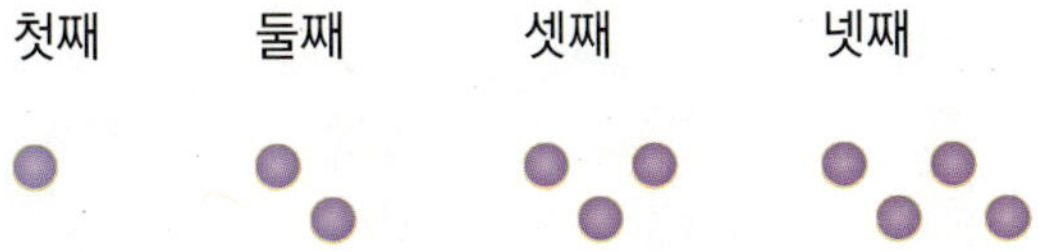

다섯째

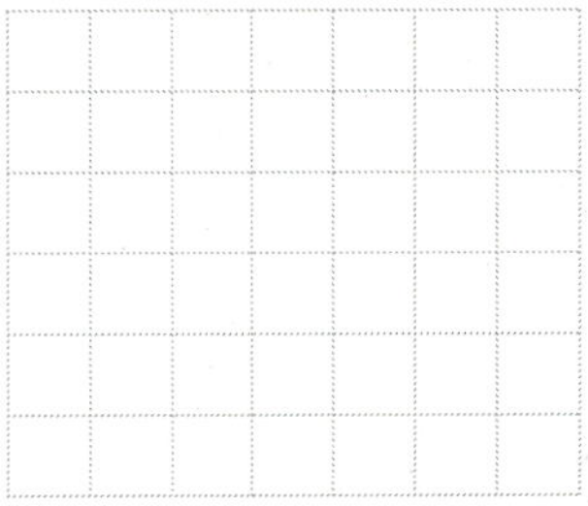

(11~13) 도형의 배열을 보고 알맞은 도형을 그려 보세요.

11

첫째　　둘째　　셋째　　넷째　　다섯째　　여섯째　　일곱째

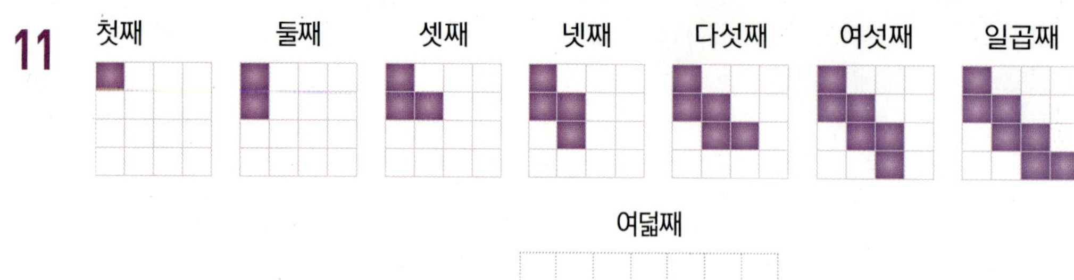

여덟째

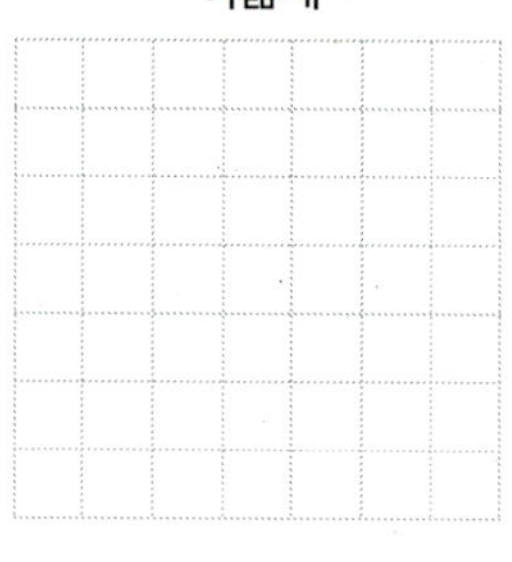

12

첫째　　둘째　　셋째　　넷째　　다섯째　　여섯째　　일곱째

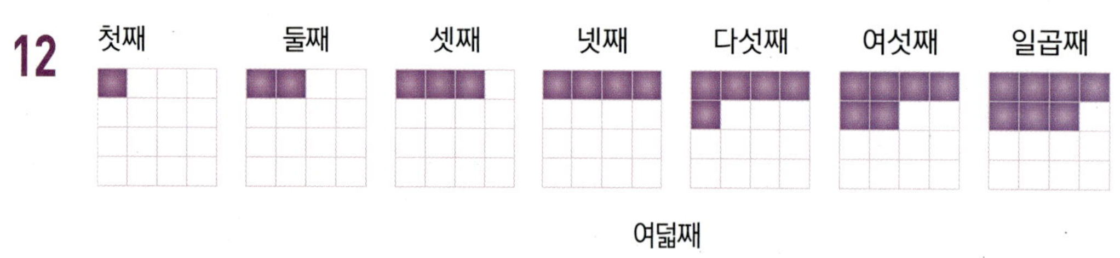

여덟째

13

첫째　　둘째　　셋째　　넷째　　다섯째　　여섯째　　일곱째

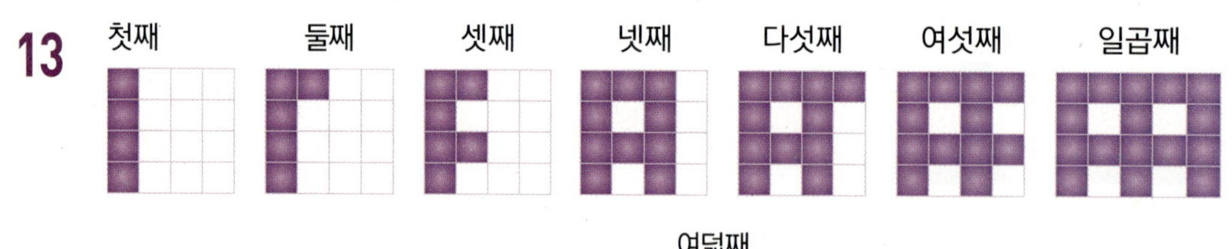

여덟째

[14~16] 도형의 배열을 보고 알맞은 도형을 그려 보세요.

14

첫째 둘째 셋째 넷째 다섯째 여섯째 일곱째

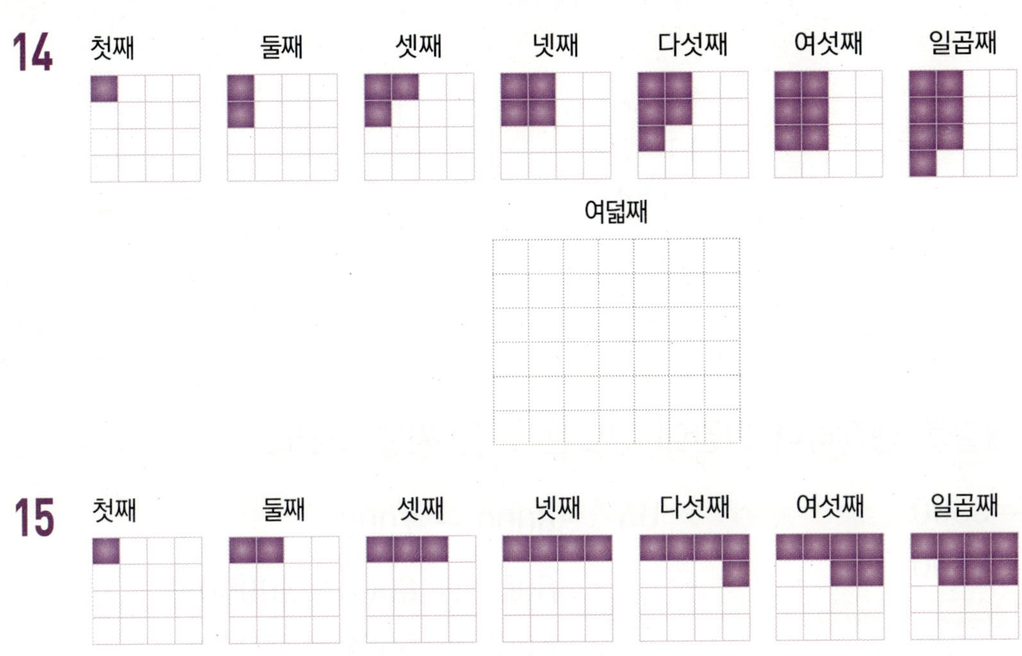

여덟째

15

첫째 둘째 셋째 넷째 다섯째 여섯째 일곱째

여덟째

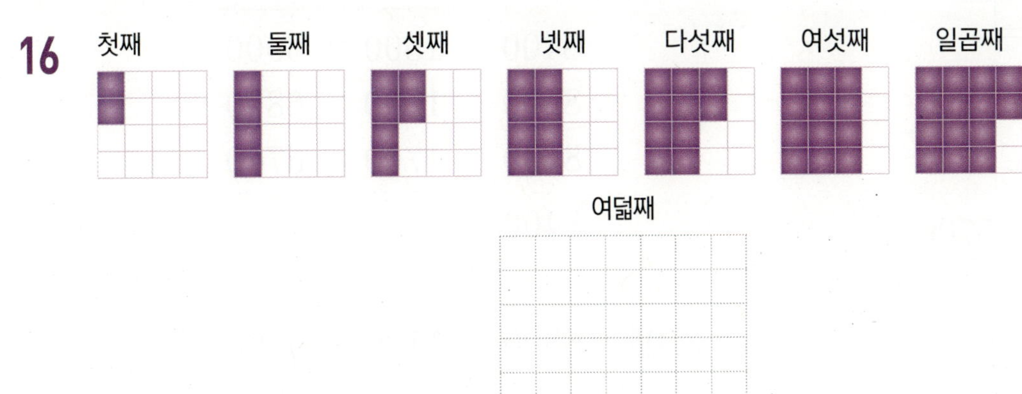

16

첫째 둘째 셋째 넷째 다섯째 여섯째 일곱째

여덟째

연마 **Check** 칭찬이나 노력할 점을 써 주세요.

맞힌 개수		지도 의견		확인란
	개	나의 생각		

덧셈, 뺄셈의 계산식에서 규칙 찾기

월   일

● 주사위 2개를 굴려서 7이 되는 **덧셈식을 만들기**

$1+6=7$
$2+5=7$
$3+4=7$
$4+3=7$
$5+2=7$
$6+1=7$

● 계산 결과가 6이 되는 **뺄셈식을 만들기**

$12-6=6$
$11-5=6$
$10-4=6$
$9-3=6$
$8-2=6$
$7-1=6$

핵심포인트

- 주사위 2개를 굴려서 나온 두 숫자의 합이 7이 되는 수를 모두 적어 보면 덧셈식을 만들 수 있습니다.

- 두 숫자의 뺄셈 결과가 6이 되는 수를 적어보면 뺄셈식을 만들 수 있습니다.

(01~06) 규칙적인 배열을 생각하여 빈칸에 알맞은 수를 써넣으시오.

01
$2200 + 1100 = 3300$
$2200 + 2100 = 4300$
$2200 + 3100 = \boxed{}$
$2200 + 4100 = 6300$
$2200 + 5100 = \boxed{}$

02
$1700 + 3600 = 5300$
$1800 + 3600 = \boxed{}$
$1900 + 3600 = 5500$
$2000 + 3600 = \boxed{}$
$2100 + 3600 = 5700$

03
$1200 + \boxed{} = \boxed{}$
$1300 + 3300 = 4600$
$1400 + \boxed{} = \boxed{}$
$1500 + 3500 = 5000$
$1600 + 3600 = 5200$

04
$56000 - 7000 = \boxed{}$
$56000 - 6000 = 50000$
$56000 - 5000 = 51000$
$56000 - 4000 = 52000$
$56000 - 3000 = \boxed{}$

05
$8400 - \boxed{} = \boxed{}$
$8400 - 1500 = 6900$
$8400 - 1600 = 6800$
$8400 - 1700 = 6700$
$8400 - \boxed{} = \boxed{}$

06
$6800 - 1100 = 5700$
$6700 - \boxed{} = \boxed{}$
$6600 - \boxed{} = \boxed{}$
$6500 - 1400 = 5100$
$6400 - 1500 = 4900$

(07~14) 규칙적인 배열을 생각하여 빈칸에 알맞은 수를 써넣으시오.

07
$2200 + 1100 = 3300$
$2200 + 2100 = 4300$
$2200 + 3100 = 5300$
$2200 + 4100 = 6300$
$\boxed{} + \boxed{} = \boxed{}$

11
$56000 - 7000 = 4900$
$56000 - 6000 = 5000$
$\boxed{} - \boxed{} = \boxed{}$
$56000 - 4000 = 5200$
$56000 - 3000 = 5300$

08
$461 + 118 = 579$
$\boxed{} + \boxed{} = \boxed{}$
$461 + 138 = 599$
$461 + 148 = 609$
$461 + 158 = 619$

12
$943 - 145 = 798$
$843 - 145 = 698$
$743 - 145 = 598$
$\boxed{} - \boxed{} = \boxed{}$
$543 - 145 = 398$

09
$1459 + 2623 = 4082$
$\boxed{} + \boxed{} = \boxed{}$
$1461 + 2625 = 4086$
$1462 + 2626 = 4088$
$\boxed{} + \boxed{} = \boxed{}$

13
$5814 - 1726 = 4088$
$\boxed{} - \boxed{} = \boxed{}$
$5834 - 1706 = 4128$
$5844 - 1696 = 4148$
$5854 - 1686 = 4168$

10
$\boxed{} + \boxed{} = \boxed{}$
$5069 + 4166 = 9235$
$5089 + 4176 = 9265$
$\boxed{} + \boxed{} = \boxed{}$
$5129 + 4196 = 9325$

14
$\boxed{} - \boxed{} = \boxed{}$
$4274 - 1286 = 2988$
$4264 - 1296 = 2968$
$4254 - 1306 = 2948$
$\boxed{} - \boxed{} = \boxed{}$

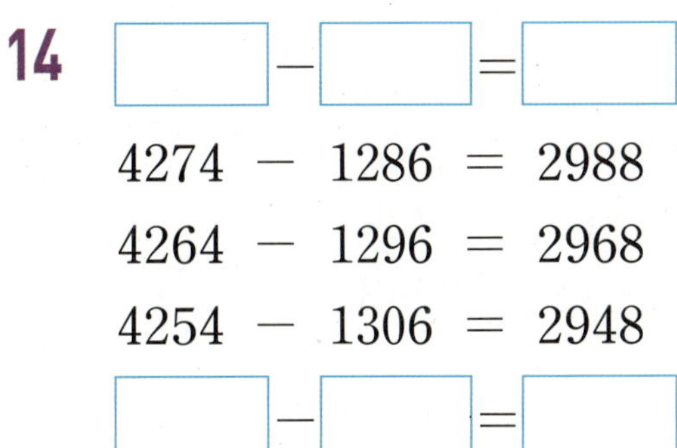

 **(15~22)** 빈칸에 알맞은 말이나 식을 써넣으세요.

15

$5100+2300=7400$
$5100+2400=7500$
$5100+2500=7600$
$5100+2600=7700$

→ 결과가 ____

16 $557+341=898$
$557+351=908$

$557+371=928$
$557+381=938$

→ 결과가 ____

17 $3011+1128=4139$
$3021+1138=4159$
$3031+1148=4179$
$3041+1158=4199$

→ 결과가 ____

18

$1440+981=2421$
$1450+982=2432$
$1460+983=2443$

→ 결과가 ____

19 $49000-2000=4700$

$49000-4000=4500$
$49000-5000=4400$
$49000-6000=4300$

→ 결과가 ____

20 $852-226=626$
$752-226=526$
$652-226=426$

$452-226=226$

→ 결과가 ____

21 $9014-2871=6143$

$9034-2851=6183$

$9054-2831=6223$

→ 결과가 ____

22 $3894-608=3286$
$3884-607=3277$

$3854-604=3250$

→ 결과가 ____

정확하게 풀어보아요

 (23~28) 빈칸에 알맞은 말이나 식을 써넣으세요.

23

$4400+1200=5600$
$4400+1300=5700$
$4400+1400=5800$
$4400+1500=5900$

→ 결과가 [　　]

26

$2921+142=3063$
$2931+143=3074$
$2941+144=3085$

→ 결과가 [　　]

24

$318+207=525$
$318+217=535$

$318+237=555$
$318+247=565$

→ 결과가 [　　]

27

$78000-1000=77000$

$78000-3000=75000$
$78000-4000=74000$
$78000-5000=73000$

→ 결과가 [　　]

25

$9017+6712=15729$
$9027+6713=15740$
$9037+6714=15751$
$9047+6715=15762$

→ 결과가 [　　]

28

$931-314=617$
$831-314=517$
$731-314=417$

$531-314=217$

→ 결과가 [　　]

연마 Check 칭찬이나 노력할 점을 써 주세요.

맞힌 개수		지도 의견		확인란
	개	나의 생각		

계산 도구를 사용하여 규칙적인 곱셈식 만들기	계산 도구를 사용하여 규칙적인 나눗셈식 만들기
$20 \times 10 = 200$	$500 \div 5 = 100$
$20 \times 20 = 400$	$1000 \div 5 = 200$
$20 \times 30 = 600$	$1500 \div 5 = 300$
$20 \times 40 = 800$	$2000 \div 5 = 400$
$20 \times 50 = 1000$	$2500 \div 5 = 500$

핵심포인트

- 20에 10, 20, 30과 같이 10씩 커지는 수를 곱하면 계산 결과가 200씩 커지는 곱셈식을 만들 수 있습니다.

- 500, 1000, 1500과 같이 500씩 커지는 수를 5로 나누면 계산 결과는 100씩 커지는 나눗셈식을 만들 수 있습니다.

[01~06] 계산식 배열의 규칙에 맞게 빈칸에 식을 써넣으세요.

01
$6 \times 101 = 606$
$6 \times 1001 = 6006$
$6 \times 10001 = 60006$
$6 \times 100001 = 600006$
$6 \times 1000001 = \boxed{}$

02
$1 \times 9 = 9$
$21 \times 9 = 189$
$321 \times 9 = 2889$
$4321 \times 9 = 38889$
$54321 \times 9 = \boxed{}$

03
$1200 \div 12 = 100$
$2400 \div 12 = 200$
$3600 \div 12 = 300$
$4800 \div 12 = 400$
$6000 \div 12 = \boxed{}$

04
$11 \times 11 = 121$
$11 \times 111 = 1221$
$11 \times 1111 = 12221$
$11 \times 11111 = 122221$
$11 \times 111111 = \boxed{}$

05
$700 \div 7 = 100$
$1400 \div 7 = 200$
$2100 \div 7 = 300$
$2800 \div 7 = 400$
$3500 \div 7 = \boxed{}$

06
$24200 \div 2200 = 11$
$48400 \div 2200 = 22$
$72600 \div 2200 = 33$
$96800 \div 2200 = 44$
$121000 \div 2200 = \boxed{}$

정확하게 풀어보아요

(07~14) 계산식 배열의 규칙에 맞게 빈칸에 식을 써넣으세요.

07
$12 \times 11 = 132$
$13 \times 11 = 143$
$14 \times 11 = 154$
$15 \times 11 = 165$
☐ × ☐ = ☐

08
$8 \times 106 = 848$
$8 \times 1006 = 8048$
$8 \times 10006 = 80048$
$8 \times 100006 = 800048$
☐ × ☐ = ☐

09
$9 \times 109 = 981$
$9 \times 1009 = 9081$
$9 \times 10009 = 90081$
$9 \times 100009 = 900081$
☐ × ☐ = ☐

10
$9 \times 22 = 198$
$9 \times 222 = 1998$
$9 \times 2222 = 19998$
$9 \times 22222 = 199998$
☐ × ☐ = ☐

11
$144 \div 12 = 12$
$1464 \div 12 = 122$
$14664 \div 12 = 1222$
$146664 \div 12 = 12222$
☐ ÷ ☐ = ☐

12
$1089 \div 33 = 33$
$10989 \div 33 = 333$
$109989 \div 33 = 3333$
$1099989 \div 33 = 33333$
☐ ÷ ☐ = ☐

13
$1008 \div 7 = 144$
$10108 \div 7 = 1444$
$101108 \div 7 = 14444$
$1011108 \div 7 = 144444$
☐ ÷ ☐ = ☐

14
$605 \div 55 = 11$
$6105 \div 55 = 111$
$61105 \div 55 = 1111$
$611105 \div 55 = 11111$
☐ ÷ ☐ = ☐

(15~22) 계산식 배열의 규칙에 맞게 빈칸에 식을 써넣으세요.

15

$15 \times 8 = 120$

$\boxed{}$

$15 \times 888 = 13320$

$15 \times 8888 = 133320$

$15 \times 88888 = 1333320$

16

$9 \times 101 = 909$

$\boxed{}$

$9 \times 10001 = 90009$

$9 \times 100001 = 900009$

$9 \times 1000001 = 9000009$

17

$7 \times 707 = 4949$

$\boxed{}$

$7 \times 70007 = 490049$

$7 \times 700007 = 4900049$

$7 \times 7000007 = 49000049$

18

$8 \times 44 = 352$

$\boxed{}$

$8 \times 4444 = 35552$

$8 \times 44444 = 355552$

$8 \times 444444 = 3555552$

19

$169 \div 13 = 13$

$1729 \div 13 = 133$

$\boxed{}$

$173329 \div 13 = 13333$

$1733329 \div 13 = 133333$

20

$2420 \div 55 = 44$

$\boxed{}$

$244420 \div 55 = 4444$

$2444420 \div 55 = 44444$

$24444420 \div 55 = 444444$

21

$65 \div 5 = 13$

$\boxed{}$

$6665 \div 5 = 1333$

$66665 \div 5 = 13333$

$666665 \div 5 = 133333$

22

$1089 \div 99 = 11$

$\boxed{}$

$109989 \div 99 = 1111$

$1099989 \div 99 = 11111$

$10999989 \div 99 = 111111$

 계산력 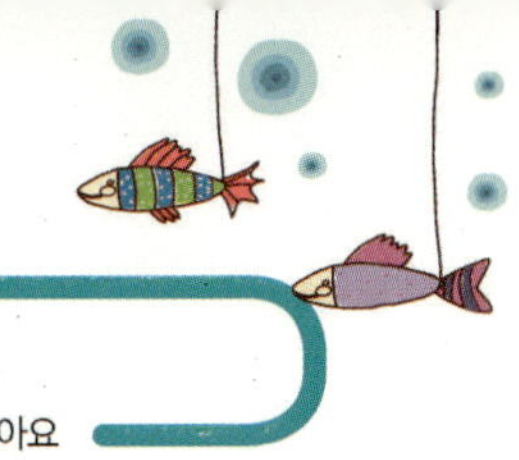

정확하게 풀어보아요

 **(23~30)** 계산식 배열의 규칙에 맞게 빈칸에 식을 써넣으세요.

23 $21 \times 1 = 21$

$21 \times 111 = 2331$
$21 \times 1111 = 23331$
$21 \times 11111 = 233331$

24 $5 \times 303 = 1515$

$5 \times 30003 = 150015$
$5 \times 300003 = 1500015$
$5 \times 3000003 = 15000015$

25 $2 \times 101 = 202$

$2 \times 10001 = 20002$
$2 \times 100001 = 200002$
$2 \times 1000001 = 2000002$

26 $2 \times 55 = 110$

$2 \times 5555 = 11110$
$2 \times 55555 = 111110$
$2 \times 555555 = 1111110$

27 $156 \div 13 = 12$

$14456 \div 13 = 1112$
$144456 \div 13 = 11112$
$1444456 \div 13 = 111112$

28 $242 \div 22 = 11$

$244442 \div 22 = 1111$
$2444442 \div 22 = 11111$
$24444442 \div 22 = 111111$

29 $56 \div 4 = 14$

$5776 \div 4 = 1444$
$57776 \div 4 = 14444$
$577776 \div 4 = 144444$

30 $1936 \div 88 = 22$

$195536 \div 88 = 2222$
$1955536 \div 88 = 22222$
$19555536 \div 88 = 222222$

7단계

연마 *Check* 칭찬이나 노력할 점을 써 주세요.

맞힌 개수	지도 의견		확인란
개	나의 생각		

4-1
부모님/선생님 가이드

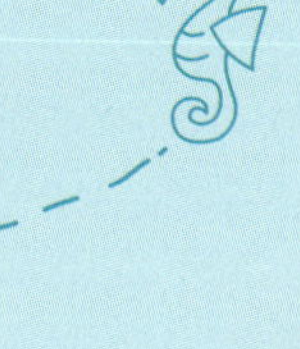

- 공부를 하면서 꼭 알아야 할 내용과, 문제 풀이 시간을 참고하여 아이의 학습 활동에 도움을 줄 수 있습니다.

단계	대단원명	날짜	소단원명	학습 내용	문제 풀이 시간	부모님/선생님 체크	페이지
1단계	1. 큰 수	1일차	(1) 1만과 다섯 자리 수	다섯 자리 수를 읽고 쓸 수 있습니다.			12
		2일차	(2) 십만, 백만, 천만	십만부터 천만까지 읽고 쓸 수 있습니다.			16
		3일차	(3) 억과 조	억과 조까지 읽고 쓸 수 있습니다.			20
		4일차	(4) 뛰어 세기	뛰어 센 숫자의 규칙을 알 수 있습니다.			24
		5일차	(5) 수의 크기 비교	조까지의 큰 수의 크기를 비교할 수 있습니다.			28
2단계	2. 각도	6일차	(1) 각도의 합과 차	각도의 덧셈과 뺄셈을 할 수 있습니다.			32
		7일차	(2) 삼각형과 사각형의 각의 합	삼각형과 사각형의 내각의 크기를 이용해 자유롭게 덧셈과 뺄셈을 합니다.			36
3단계	3. 곱셈과 나눗셈	8일차	(1) (몇백)×(몇십)	자연수의 곱 뒤에 0을 붙이는 계산을 합니다.			40
		9일차	(2) (몇백 몇십)×(몇십)				44
		10일차	(3) (세 자리 수)×(몇십)①	세 자리수의 자연수와 일의 자리 자연수의 곱을 한 뒤, 0을 붙이는 계산을 합니다.			48
		11일차	(세 자리 수)×(몇십)②				52
		12일차	(4) (세 자리 수)×(두 자리 수)①	세 자리수의 자연수와 두 자리수의 자연수의 곱셈을 합니다. 곱셈을 두 번 하고 그 합을 구해야 하므로 학생이 어려워할 수 있습니다. 많은 연습을 통해 숙달되도록 지도해 주세요.			56
		13일차	(세 자리 수)×(두 자리 수)②				60
		14일차	(세 자리 수)×(두 자리 수)③				64
		15일차	(세 자리 수)×(두 자리 수)④				68

연산마스터
계산력 강화
+ − × ÷

7권

초등
4-1
학부모 가이드북

KILE 한국학력평가원

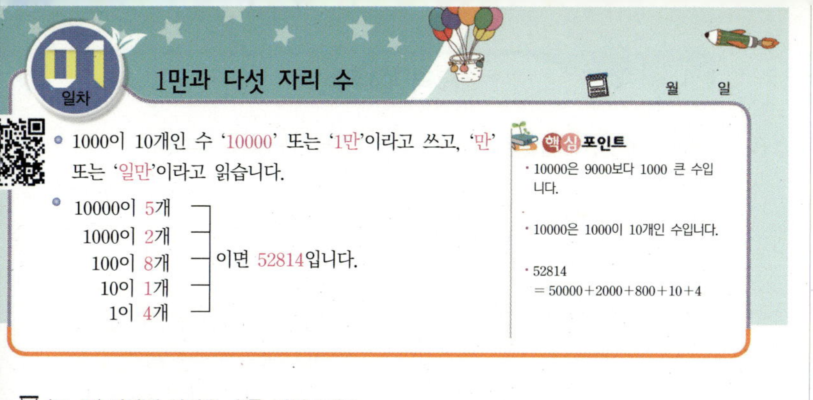

01 일차　1만과 다섯 자리 수

월　일

- 1000이 10개인 수 '10000' 또는 '1만'이라고 쓰고, '만' 또는 '일만'이라고 읽습니다.

- 10000이 5개
  1000이 2개
  100이 8개 이면 52814입니다.
  10이 1개
  1이 4개

핵심 포인트
- 10000은 9000보다 1000 큰 수입니다.
- 10000은 1000이 10개인 수입니다.
- 52814 = 50000+2000+800+10+4

[01~04] 빈칸에 알맞은 수를 써넣으세요.

01 10000은 9999보다 1 큰 수입니다.

02 9999보다 1 큰 수는 10000입니다.

03 10000은 9990 보다 10 큰 수입니다.

04 9990 보다 10 큰 수는 10000입니다.

[05~06] 빈칸에 알맞은 수를 써넣으세요.

05

만의 자리	천의 자리	백의 자리	십의 자리	일의 자리
2	7	9	1	5

20000+ 7000 +900+ 10 +5

06

만의 자리	천의 자리	백의 자리	십의 자리	일의 자리
8	4	3	1	3

80000 +4000+300+ 10 +3

[07~15] 빈칸에 알맞은 수를 써넣으세요.

07 40719는
- 10000이 4 개
- 1000이 0 개
- 100이 7 개
- 10이 1 개
- 1이 9 개

08 87612는
- 10000이 8 개
- 1000 이 7개
- 100이 6 개
- 10 이 1개
- 1이 2 개

09 31609는
- 10000 이 3개
- 1000 이 1개
- 100 이 6개
- 10 이 0개
- 1 이 9개

10 72940은
- 10000 이 7개
- 1000이 2 개
- 100 이 9개
- 10이 4 개
- 1 이 0개

11
- 10000이 5개
- 1000이 3개
- 100이 2개 이면 5 3 249
- 10이 4개
- 1이 9개

12
- 10000이 3개
- 1000이 0개
- 100이 6개 이면 306 1 8
- 10이 1개
- 1이 8개

13
- 10000이 4개
- 1000이 1개
- 100이 5개 이면 41592
- 10이 9개
- 1이 2개

14
- 10000이 7개
- 1000이 0개
- 100이 5개 이면 70534
- 10이 3개
- 1이 4개

15
- 10000이 1개
- 1000이 2개
- 100이 0개 이면 12088
- 10이 8개
- 1이 8개

[16~18] 빈칸에 알맞은 수를 써넣으세요.

16 | 6000 | 7000 | 8000 | 9000 | 10000 |

17 | 9996 | 9997 | 9998 | 9999 | 10000 |

18 | 9600 | 9700 | 9800 | 9900 | 10000 |

[19~20] 빈칸에 알맞은 수를 써넣으세요.

19 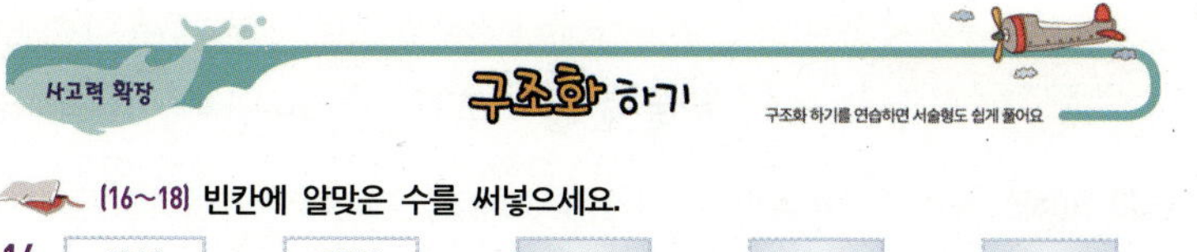
(50씩)　9800 → 9850 → 9900 → 9950 → 10000

20 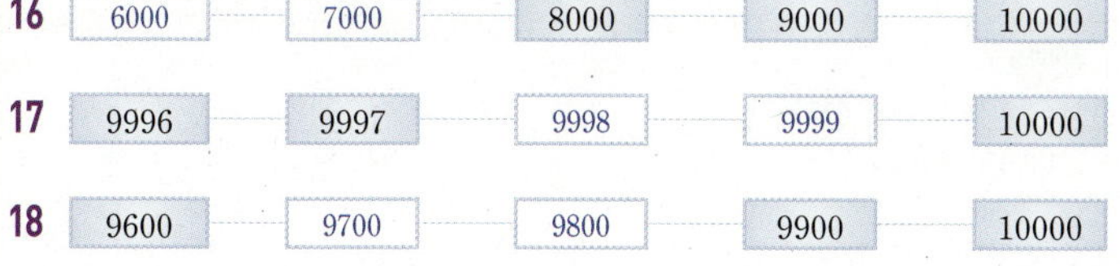
(20씩)　9920 → 9940 → 9960 → 9980 → 10000

[21~24] 빈칸에 알맞은 수를 써넣으세요.

21 → 37195

	만의 자리	천의 자리	백의 자리	십의 자리	일의 자리
숫자	3	7	1	9	5
값	30000	7000	100	90	5

22 → 19482

	만의 자리	천의 자리	백의 자리	십의 자리	일의 자리
숫자	1	9	4	8	2
값	10000	9000	400	80	2

23 → 26051

	만의 자리	천의 자리	백의 자리	십의 자리	일의 자리
숫자	2	6	0	5	1
값	20000	6000	0	50	1

24 → 49896

	만의 자리	천의 자리	백의 자리	십의 자리	일의 자리
숫자	4	9	8	9	6
값	40000	9000	800	90	6

---

25 하나는 은행에 10000원짜리 지폐 3장, 1000원짜리 지폐 5장, 100원짜리 동전 8개, 10원짜리 동전 2개를 저금했습니다. 하나가 저금한 돈은 모두 얼마입니까?

풀이과정

(1) 10000짜리 지폐는 모두 30000 원입니다.

(2) 1000짜리 지폐는 모두 5000 원입니다.

(3) 100짜리 동전은 모두 800 원입니다.

(4) 10짜리 동전은 모두 20 원입니다.

→ 30000+5000+800+20= 35820 (원)

10000이 3개, 1000이 5개, 100이 8개, 10이 2개, 1이 0개

만의 자리	천의 자리	백의 자리	십의 자리	일의 자리
3	5	8	2	0
30000	5000	800	20	0

→ 3 0000+ 5 000+ 8 00+ 2 0= 35820

[26~29] 풀이과정을 쓰고 답을 구하세요.

26 10000개씩 5상자, 1000개씩 9상자, 100개씩 2상자, 10개씩 1상자, 1개씩 4개의 클립이 있습니다. 모두 몇 개의 클립이 있을까요?

풀이　$(10000×5)+(1000×9)+(100×2)+(10×1)+(1×4)$

답　59214　개

27 한 상자에 1000개의 사탕이 들어있는 상자를 몇 개 사야 10000개의 사탕을 살 수 있을까요?

풀이　$10000=1000×10$

답　10　상자

28 수아의 저금통엔 10000원짜리 지폐 2장, 100원짜리 동전 9개, 10원짜리 동전 3개가 있습니다. 수아의 저금통엔 모두 몇 원이 있을까요?

풀이　$(10000×2)+(100×9)+(10×3)$

답　20930　원

29 소연이는 아침마다 줄넘기를 100번씩 500일을 했습니다. 500일 동안 모두 몇 번의 줄넘기를 했을까요?

풀이　$100×500$

답　50000　번

연마 Check　칭찬이나 노력할 점을 써 주세요.

맞힌 개수	지도 의견		확인란
개	나의 생각		

십만, 백만, 천만

- 10000이 3761개이면 37610000또는 3761만이라 쓰고, 삼천칠백육십일만이라고 읽습니다.

핵심포인트

- 큰 수를 읽을 때 일의 자리부터 네 자리씩 끊은 다음 앞에서부터 읽습니다.
- 만이 234개이면 만 뒤에 0을 4개 씁니다.

수	쓰기	읽기
10000이 10개인 수	100000, 10만	십만
10000이 100개인 수	1000000, 100만	백만
10000이 1000개인 수	10000000, 1000만	천만

[01~03] 빈칸에 알맞은 수를 써넣으세요.

01 → 54190000

5	4	1	9	0	0	0	0
천	백	십	일	천	백	십	일
			만				일

| 50000000 |+4000000+| 100000 |+90000 |

02 → 73180000

7	3	1	8	0	0	0	0
천	백	십	일	천	백	십	일
			만				일

| 70000000 |+3000000+| 100000 |+80000 |

03 → 12460000

1	2	4	6	0	0	0	0
천	백	십	일	천	백	십	일
			만				일

| 10000000 |+2000000+| 400000 |+60000 |

[04~11] 빈칸에 알맞은 수나 말을 써 넣으세요.

04

18460000	천팔백사십육만
3790000	삼백칠십구만

05

28640000	이천팔백육십사만
39200000	삼천구백이십만

06

86570000	팔천육백오십칠만
74300000	칠천사백삼십만

07

43910000	사천삼백구십일만
39020000	삼천구백이만

08

5010000	오백일만
10100000	천십만

09

74300000	칠천사백삼십만
4100000	사백십만

10

33700000	삼천삼백칠십만
86570000	팔천육백오십칠만

11

6370000	육백삼십칠만
1140000	백십사만

[12~17] 빈칸을 채우세요.

12 10000이 49개이면 490000 또는 49만이라 쓰고 사십구만 이라고 읽습니다.

13 10000이 6902개이면 69020000 또는 6902만이라 쓰고 육천구백이만 이라고 읽습니다.

14 10000이 137개이면 1370000 또는 137만이라 쓰고 백삼십칠만 이라고 읽습니다.

15 10000이 381개이면 3810000 또는 381만이라 쓰고 삼백팔십일만 이라고 읽습니다.

16 10000이 2784개이면 27840000 또는 2784만이라 쓰고 이천칠백팔십사만 이라고 읽습니다.

17 10000이 390개이면 3900000 또는 390만이라 쓰고 삼백구십만 이라고 읽습니다.

[18~29] 빈칸에 알맞은 수를 써넣으세요.

18 십이만

1	2	0	0	0	0
천	백	십	일	천	백	십	일

24 칠십사만

7	4	0	0	0	0
천	백	십	일	천	백	십	일

19 사백구십삼만

4	9	3	0	0	0	0
천	백	십	일	천	백	십	일

25 구백오십일만

9	5	1	0	0	0	0
천	백	십	일	천	백	십	일

20 사천삼백칠십이만

4	3	7	2	0	0	0	0
천	백	십	일	천	백	십	일

26 삼천삼백사십팔만

3	3	4	8	0	0	0	0
천	백	십	일	천	백	십	일

21 천십만

1	0	1	0	0	0	0
천	백	십	일	천	백	십	일

27 구천칠만

9	0	0	7	0	0	0	0
천	백	십	일	천	백	십	일

22 오천이백사십이만

5	2	4	2	0	0	0	0
천	백	십	일	천	백	십	일

28 천이백팔십칠만

1	2	8	7	0	0	0	0
천	백	십	일	천	백	십	일

23 사천육십만

4	0	6	0	0	0	0
천	백	십	일	천	백	십	일

29 삼천칠백이십구만

3	7	2	9	0	0	0	0
천	백	십	일	천	백	십	일

---

30 2018년 경기도 인구를 조사해보니 12941604명이었습니다. 몇 명인지 읽어보세요.

풀이과정

(1) 4자리씩 단위를 끊습니다.

1294|1604
만

1	2	9	4	1	6	0	4
천	백	십	일	천	백	십	일
			만				일

(2) 천이백구십사 만 천육백사 (명) → 천이백구십사만 천육백사

※ 수를 읽을때는 일의 자리부터 거꾸로 네 자리씩 끊은 다음 높은 자리부터 숫자와 자리가 나타내는 값을 함께 읽어야 합니다.
(단, 0의 자리는 읽지 않고, 일의 자리는 숫자만 읽습니다.)

[31~34] 풀이과정을 쓰고 답을 구하세요.

31 어느 지역의 불우 이웃 돕기 금액을 보니 팔천구백이만 삼천칠백원이었습니다. 이 금액을 숫자로 나타내 보세요.

답 89023700 원

33 재연이네 학교에서 수재민 돕기 모금을 하였는데 총, 18105490원이 모였습니다. 이 금액을 읽어보세요.

답 천팔백십만 오천사백구십 원

32 은미네 가족이 3년 동안 저축한 금액을 확인해 보니 삼천사백십이만 천팔백오십원이었습니다. 이 금액을 숫자로 나타내 보세요.

답 34121850 원

34 어느 나라 이동전화 가입자 수를 조사해보니 38347800명이라고 합니다. 이 인원수를 읽어보세요.

답 삼천팔백삼십사만 칠천팔백 명

연마 Check 칭찬이나 노력할 점을 써 주세요.

맞힌 개수	지도 의견		확인란
개	나의 생각		

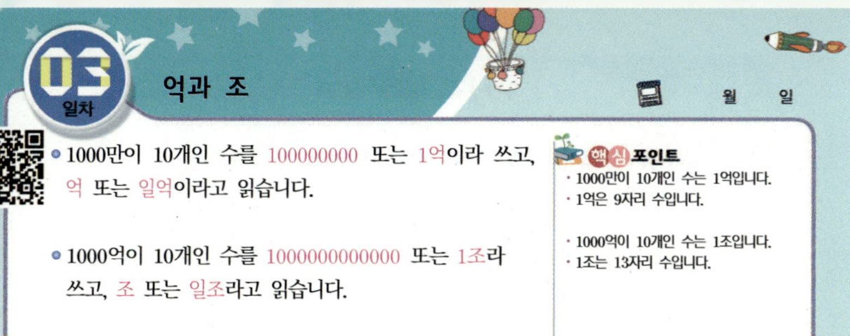

- 1000만이 10개인 수를 100000000 또는 1억이라 쓰고, 억 또는 일억이라고 읽습니다.
- 1000억이 10개인 수를 1000000000000 또는 1조라 쓰고, 조 또는 일조라고 읽습니다.

핵심포인트
- 1000만이 10개인 수는 1억입니다.
- 1억은 9자리 수입니다.
- 1000억이 10개인 수는 1조입니다.
- 1조는 13자리 수입니다.

[01~10] 빈칸에 알맞은 수를 써넣으세요.

01 1억은 9999만보다 [10000] 큰 수입니다.

06 1억은 9990만보다 [100000] 큰 수입니다.

02 1억은 9000만보다 [10000000] 큰 수입니다.

07 9990만보다 [100000] 큰 수는 1억입니다.

03 9900만보다 [1000000] 큰 수는 1억입니다.

08 1조는 9990억보다 [1000000000] 큰 수입니다.

04 1조는 9900억보다 [10000000000] 큰 수입니다.

09 1조는 9000억보다 [100000000000] 큰 수입니다.

05 9999만보다 [10000] 큰 수는 1억입니다.

10 9000만보다 [10000000] 큰 수는 1억입니다.

[11~16] 수를 읽어보세요.

11 1482 0000 0000
（ 천사백팔십이억 ）

12 12 0000 0000 0000
（ 십이조 ）

13 7080 0000 0000 0000
（ 칠천팔십조 ）

14 6295 0000 0000
（ 육천이백구십오억 ）

15 407 0000 0000 0000
（ 사백칠조 ）

16 2735 0000 0000 0000
（ 이천칠백삼십오조 ）

[17~22] 수로 써보세요.

17 삼천칠백팔억
（ 370800000000 ）

18 구천이백삼십사억
（ 923400000000 ）

19 이십칠조
（ 27000000000000 ）

20 사백팔십일조
（ 481000000000000 ）

21 팔천백오십삼조
（ 8153000000000000 ）

22 육천구십조
（ 6090000000000000 ）

[23~27] 빈칸에 알맞은 수를 써넣으세요.

23 13563892178 → [135] 억 [6389] 만 [2178]

24 581232761248 → [5812] 억 [3276] 만 [1248]

25 852501811871294 → [852] 조 [5018] 억 [1187] 만 [1294]

26 4013717450689913 → [4013] 조 [7174] 억 [5068] 만 [9913]

27 9016384212907876 → [9016] 조 [3842] 억 [1290] 만 [7876]

[28~30] 빈칸에 알맞은 수를 써넣으세요.

28
| 1만 | →100배→ | 100만 | →100배→ | 1억 | →100배→ | 100억 | →100배→ | 1조 |

29
| 1만 | →10배→ | 10만 | →10배→ | 100만 | →10배→ | 1000만 | →10배→ | 1억 |

30
| 1억 | →10배→ | 10억 | →10배→ | 100억 | →10배→ | 1000억 | →10배→ | 1조 |

[31~33] 빈칸에 알맞은 수를 써넣고 읽어보세요.

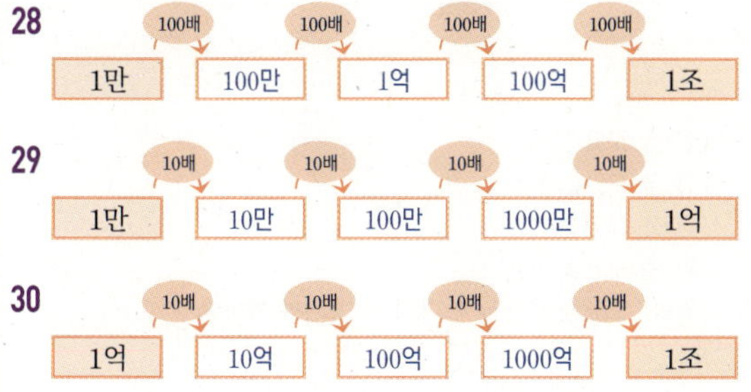

31
2587614300000000

2	5	8	7	6	1	4	3	0	0	0	0	0	0	0	0
천	백	십	일	천	백	십	일	천	백	십	일	천	백	십	일
			조				억				만				일

이천오백팔십칠조 육천백사십삼억 이라고 읽습니다.

32
7452189300000000

7	4	5	2	1	8	9	3	0	0	0	0	0	0	0	0
천	백	십	일	천	백	십	일	천	백	십	일	천	백	십	일
			조				억				만				일

칠천사백오십이조 천팔백구십삼억 이라고 읽습니다.

33
8520264100000000

8	5	2	0	2	6	4	1	0	0	0	0	0	0	0	0
천	백	십	일	천	백	십	일	천	백	십	일	천	백	십	일
			조				억				만				일

팔천오백이십조 이천육백사십일억 이라고 읽습니다.

---

34 지구에서 달까지의 거리는 평균 150000000000 m입니다. 이 수를 읽어보세요.

풀이과정

(1) 4자리씩 단위를 끊습니다.
1500 0000 0000
억　　만

1	5	0	0	0	0	0	0	0	0	0	0
천	백	십	일	천	백	십	일	천	백	십	일
			억				만				일

(2) [1500] 억 또는 [천오백] 억 → [1500억]

수를 읽을 때에는 일의 자리부터 거꾸로 네 자리씩 끊은 다음 높은 자리부터 숫자와 자리가 나타내는 값을 함께 읽어야 합니다. (단, 0의 자리는 읽지 않고, 일의 자리는 숫자만 읽습니다.)

[35~38] 풀이과정을 쓰고 답을 구하세요.

35 우리 인체의 몸에는 평균 팔십조(개)의 세포가 있습니다. 이 수를 숫자로 나타내어 보세요.

답　80000000000000　개

36 2018년 대한민국의 GDP는 약 일조 육천구백삼십이억(달러)입니다. 이 금액을 숫자로 나타내어 보세요.

답　1693200000000　달러

37 지구는 456700000년 전에 형성된 것으로 알려져 있습니다. 이 수를 읽어보세요.

답　사억오천육백칠십만　년

38 빛은 1초에 300000000 m를 이동합니다. 이 수를 읽어보세요.

답　삼억　미터

연마 Check 칭찬이나 노력할 점을 써 주세요.

맞힌 개수	지도 의견	
개	나의 생각	확인란

핵심포인트

- 1000씩 뛰어 세기

| 81547 | 82547 | 83547 | 84547 | 85547 |

→ 1000씩 뛰어 세면 천의 자리 숫자가 1씩 커집니다.

- 10억씩 뛰어 세기

| 2934억 | 2944억 | 2954억 | 2964억 | 2974억 |

→ 10억의 자리 숫자가 1씩 커지므로 10억씩 뛰어 세었습니다.

- 천의 자리 수가 1씩 커진 것은 1천씩 뛰어 센 것입니다.
- 얼마씩 뛰어 세었는지 알아보려면 변하는 숫자를 찾아보면 됩니다.

(01~08) 빈칸을 채우세요.

01 → 10000씩 뛰어 세기
524만　525만　526만　527만　528만

02 → 5억씩 뛰어 세기
67억　72억　77억　82억　87억

03 → 10억씩 뛰어 세기
6811억　6821억　6831억　6841억　6851억

04 → 100조씩 뛰어 세기
375조　475조　575조　675조　775조

05 1187만　1287만　1387만　1487만　1587만
→ 백만의 자리 숫자가 1씩 커지므로 100만씩 뛰어 세었습니다.

06 301억　321억　341억　361억　381억
→ 십억의 자리 숫자가 2씩 커지므로 20억씩 뛰어 세었습니다.

07 1967만　3967만　5967만　7967만　9967만
→ 천만의 자리 숫자가 2씩 커지므로 2000만씩 뛰어 세었습니다.

08 1427조　1477조　1527조　1577조　1627조
→ 10조의 자리 숫자가 5씩 커지므로 50조씩 뛰어 세었습니다.

계산력 강화하기

정확하게 풀어보아요

(09~22) 뛰어 세기를 한 것입니다. 빈칸을 채우세요.

09 28000　38000　48000　58000　68000　78000

10 420000　430000　440000　450000　460000　470000

11 249억　259억　269억　279억　289억　299억

12 1293만　1294만　1295만　1296만　1297만　1298만

13 2164조　2174조　2184조　2194조　2204조　2214조

14 12000　14000　16000　18000　20000　22000

15 151억　201억　251억　301억　351억　401억

16 416만　421만　426만　431만　436만　441만

17 42조　44조　46조　48조　50조
→ 2조씩 뛰어 세었습니다.

18 375억　395억　415억　435억　455억
→ 20억씩 뛰어 세었습니다.

19 3019만　3319만　3619만　3919만　4219만
→ 300만씩 뛰어 세었습니다.

20 2762조　2782조　2802조　2822조　2842조
→ 20조씩 뛰어 세었습니다.

21 2835억　2837억　2839억　2841억　2843억
→ 2억씩 뛰어 세었습니다.

22 1193조　1233조　1273조　1313조　1353조
→ 40조씩 뛰어 세었습니다.

사고력 확장 구조화하기

구조화 하기를 연습하면 서술형도 쉽게 풀어요

(23~26) 뛰어 세기를 하여 빈칸에 알맞은 수를 써넣어 보세요.

23 1920만　2920만　3920만　4920만　5920만

24 1346조　1366조　1386조　1406조　1426조

25 4158300　4168300　4178300　4188300　4198300

26 5481억　5581억　5681억　5781억　5881억

(27~28) 규칙에 따라 빈칸에 알맞은 수를 써넣어 봅시다.

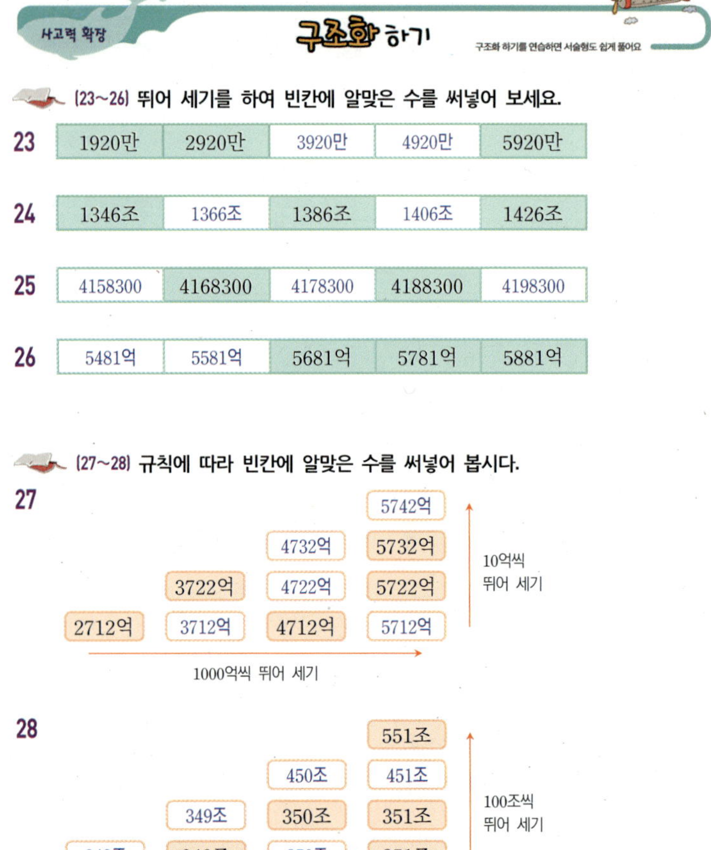

27

			5742억
		4732억	5732억
	3722억	4722억	5722억
2712억	3712억	4712억	5712억

10억씩 뛰어 세기
1000억씩 뛰어 세기

28

			551조
		450조	451조
	349조	350조	351조
248조	249조	250조	251조

100조씩 뛰어 세기
1조씩 뛰어 세기

사고력 확장 서술형 풀어보기

구조화 해서 풀어보아요

29 유섭이는 여행을 위해 매달 20000원씩 모으기 시작했습니다. 10만 원을 모으려면 몇 달 동안 모아야 할까요?

풀이과정

(1) 1개월 후 2만 (원)을 모았습니다.
(2) 2개월 후 4만 (원)을 모았습니다.
(3) 3개월 후 6만 (원)을 모았습니다.
(4) 4개월 후 8만 (원)을 모았습니다.
(5) 5개월 후 10만 (원)을 모았습니다. → 5개월을 모아야 합니다.

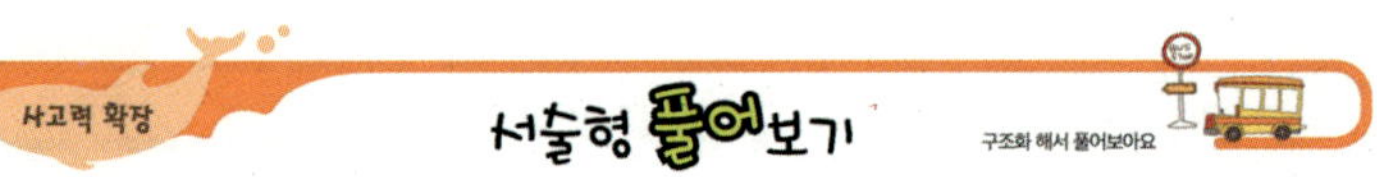

2만	4만	6만
8만	10만	

(30~33) 풀이과정을 쓰고 답을 구하세요.

30 미선이는 매일 500 mL의 우유를 마십니다. 4일 동안 마신 우유는 모두 몇 mL일까요?
풀이 $500 \rightarrow 1000 \rightarrow 1500 \rightarrow 2000$
답 2000 mL

31 어항에 물이 3159 mL 있습니다. 진우가 매일 한 컵씩 물을 더 부었더니 3359 mL, 3559 mL, 3759 mL, 3959 mL로 변했습니다. 진우가 부은 한 컵은 몇 mL일까요?
풀이 $3359 - 3159 = 200$
답 200 mL

32 현아는 매달 10000원씩 모아 40000원짜리 가방을 사려고 합니다. 몇 달을 모아야 할까요?
풀이 $10000 \rightarrow 20000 \rightarrow 30000 \rightarrow 40000$
답 4 달

33 석원이네 가족이 여행을 위해 153000원에서 시작하여 첫째 달에 353000원, 둘째 달에 553000원, 셋째 달에 753000원의 돈을 모았습니다. 매달 얼마씩 모았을까요?
풀이 $553000 - 353000 = 200000$
답 200000 원

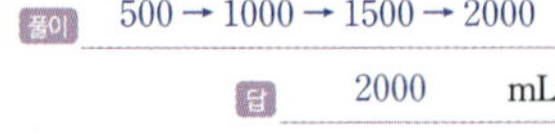 연마 Check 　칭찬이나 노력할 점을 써 주세요.

맞힌 개수	지도 의견		확인란
	나의 생각		
개			

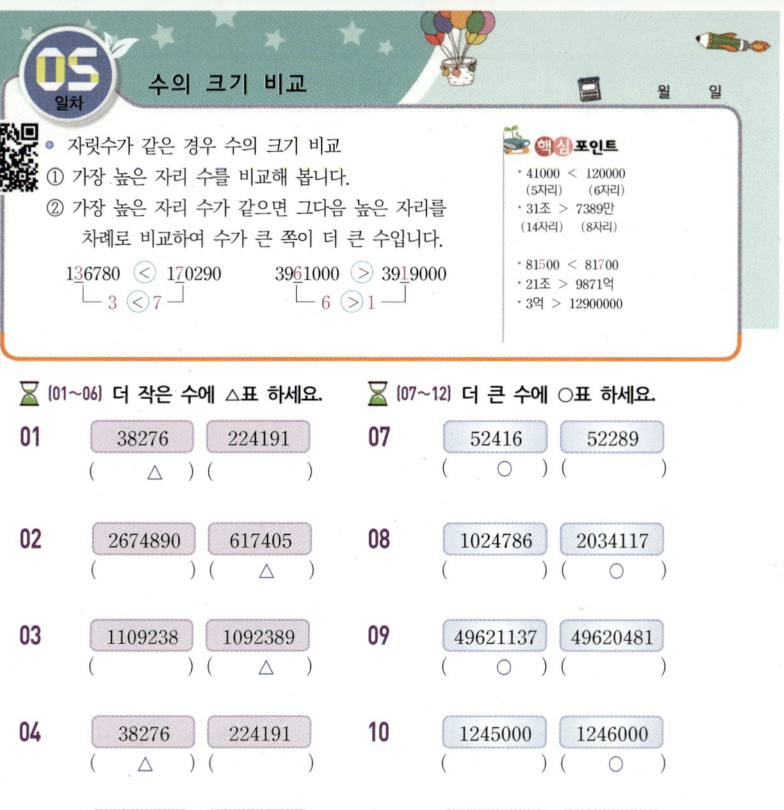

자릿수가 같은 경우 수의 크기 비교

① 가장 높은 자리 수를 비교해 봅니다.

② 가장 높은 자리 수가 같으면 그다음 높은 자리를 차례로 비교하여 수가 큰 쪽이 더 큰 수입니다.

136780 < 170290　　3961000 > 3919000
　└ 3 < 7 ┘　　　　　└ 6 > 1 ┘

핵심 포인트

- 41000 < 120000
  (5자리)　(6자리)
- 31조 > 7389만
  (14자리)　(8자리)

- 81500 < 81700
- 21조 > 9871억
- 3억 > 12900000

[01~06] 더 작은 수에 △표 하세요.

01	38276 △	224191

02	2674890	617405 △

03	1109238	1092389 △

04	38276 △	224191

05	548321715	59857005 △

06	34725602	34718312 △

[07~12] 더 큰 수에 ○표 하세요.

07	52416 ○	52289

08	1024786	2034117 ○

09	49621137 ○	49620481

10	1245000	1246000 ○

11	714571	714575 ○

12	5467313 ○	5467213

계산력 강화하기
정확하게 풀어보아요

[13~23] 두 수의 크기를 비교하여 >, <를 기호로 표시하세요.

13　170710 > 12090

14　398576 < 3905764

15　4210913 > 4210791

16　112358706 < 113058104

17　19238840 > 14731933

18　226000114 < 226000910

19　6281000 < 12090000

20　1111112 > 111199

21　70645721 < 70646841

22　397290731 > 397198844

23　548001211 < 548060118

[24~29] 크기를 >, < 기호로 표시하고 빈칸에 알맞은 수를 써넣으세요.

24　5조 > 7억
　13 자리 수　9 자리 수

25　1543억 < 11조
　12 자리 수　14 자리 수

26　31만 3727 < 31만 3984
　6 자리 수　6 자리 수

27　6억 8천만 < 31억
　9 자리 수　10 자리 수

28　2341조 < 2354조
　16 자리 수　16 자리 수

29　1조 341억 < 1조 381억
　13 자리 수　13 자리 수

구조화 하기를 연습하면 서술형도 쉽게 풀어요

[30~39] 빈칸에 알맞은 수를 쓰고 크기를 비교하여 >, < 기호로 나타내세요.

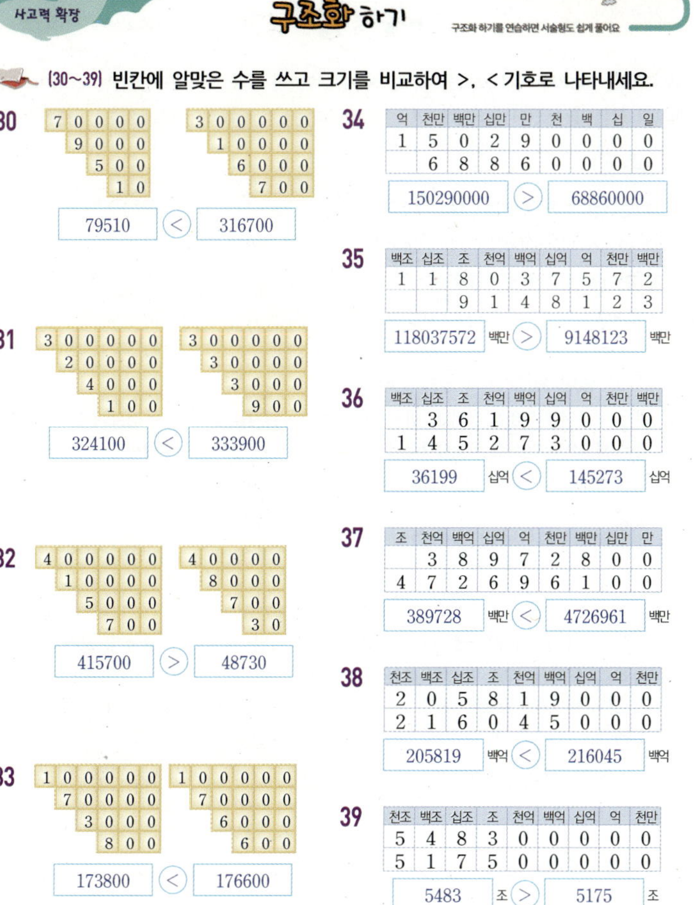

30　79510 < 316700

31　324100 < 333900

32　415700 > 48730

33　173800 < 176600

34

억	천만	백만	십만	만	천	백	십	일
1	5	0	2	9	0	0	0	0
	6	8	8	6	0	0	0	0

150290000 > 68860000

35

백조	십조	조	천억	백억	십억	억	천만	백만
1	1	8	0	3	7	5	7	2
		9	1	4	8	1	2	3

118037572 백만 > 9148123 백만

36

백조	십조	조	천억	백억	십억	억	천만	백만
	3	6	1	9	9	0	0	0
1	4	5	2	7	3	0	0	0

36199 십억 < 145273 십억

37

조	천억	백억	십억	억	천만	백만	십만	만
	3	8	9	7	2	8	0	0
4	7	2	6	9	6	1	0	0

389728 백만 < 4726961 백만

38

천조	백조	십조	조	천억	백억	십억	억	천만
2	0	5	8	1	9	0	0	0
2	1	6	0	4	5	0	0	0

205819 백억 < 216045 백억

39

천조	백조	십조	조	천억	백억	십억	억	천만
5	4	8	3	0	0	0	0	0
5	1	7	5	0	0	0	0	0

5483 조 > 5175 조

구조화 해서 풀어보아요

40　인천시의 인구를 조사했더니 2950000명이었고, 대구의 인구를 조사했더니 2480000명이었습니다. 어느 도시의 인구가 더 많을까요?

풀이과정

(1) 인천시의 인구와 대구시의 인구의 자리 수는 인천: 7 자리 수, 대구: 7 자리 수입니다.

(2) 가장 높은 자리 수부터 인천과 대구의 인구를 비교하면 2950000 > 2480000이므로 인천 시의 인구가 더 많습니다.

	백만	십만	만	천	백	십	일
인천	2	9	5	0	0	0	0
대구	2	4	8	0	0	0	0

인천 > 대구

[41~44] 풀이과정을 쓰고 답을 구하세요.

41　영국의 인구는 6657만 명이고, 일본의 인구는 1억 2718만 명입니다. 인구가 더 많은 나라는 어느 나라일까요?

풀이　6657만 < 1억 2718만

답　일본

42　희망회사는 10420000000000000원, 소망회사는 103600000000000원의 매출을 했습니다. 어느 회사의 매출금액이 더 클까요?

풀이　희망회사: 16자리 수 > 소망회사: 12자리 수

답　희망 회사

43　아르헨티나와 스웨덴의 땅 면적은 각각 2,780,400 km², 450,295 km²입니다. 어느 나라의 땅 면적이 더 넓은지 나라 이름을 쓰세요.

풀이　2780400 > 450295

답　아르헨티나

44　1년 예산이 (가)나라와 (나)나라는 각각 5278000000000000원, 5273000000000000원입니다. 어느 나라의 1년 예산이 더 많을까요?

풀이　높은 자릿수를 비교 8>3

답　(가) 나라

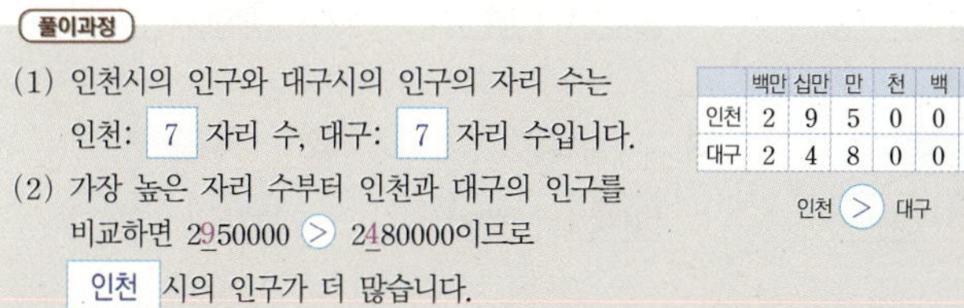

연마 Check

맞힌 개수	지도 의견		확인란
개	나의 생각		

각도의 합과 차

월 일

각도의 합과 차는 자연수의 덧셈, 뺄셈과 같이 계산하여 단위(°)를 붙여줍니다.

핵심포인트
· 각도: 각의 크기
· 각도의 단위(°)는 '도'라고 읽고, 직각을 똑같이 90으로 나눈 것 중 하나를 1도라고 합니다.

→ $30° + 70° = 100°$ $50° + 120° = 170°$
$150° + 210° = 360°$ $150° - 60° = 90°$
$170° - 120° = 50°$ $320° - 130° = 190°$

(01~14) 각도의 합과 차를 구하세요.

01 $50° + 70° = \boxed{120}$°

02 $80° + 30° = \boxed{110}$°

03 $70° + 70° = \boxed{140}$°

04 $80° + 80° = \boxed{160}$°

05 $20° + 40° = \boxed{60}$°

06 $60° + 20° = \boxed{80}$°

07 $10° + 90° = \boxed{100}$°

08 $70° - 10° = \boxed{60}$°

09 $50° - 30° = \boxed{20}$°

10 $90° - 70° = \boxed{20}$°

11 $80° - 30° = \boxed{50}$°

12 $60° - 40° = \boxed{20}$°

13 $20° - 10° = \boxed{10}$°

14 $80° - 20° = \boxed{60}$°

계산력 강화하기

정확하게 풀어보아요

(15~32) 각도를 계산하세요.

15 $20° + 110° = 130°$

16 $25° + 105° = 130°$

17 $145° + 50° = 195°$

18 $125° + 105° = 230°$

19 $90° - 65° = 25°$

20 $100° - 45° = 55°$

21 $40° + 150° = 190°$

22 $35° + 145° = 180°$

23 $135° + 25° = 160°$

24 $170° - 35° = 135°$

25 $75° - 25° = 50°$

26 $105° - 5° = 100°$

27 $15° + 100° = 115°$

28 $10° + 95° = 105°$

29 $75° + 115° = 190°$

30 $80° - 15° = 65°$

31 $75° - 45° = 30°$

32 $120° - 65° = 55°$

사고력 확장 — 구조화 하기

구조화 하기를 연습하면 서술형도 쉽게 풀어요

(33~44) 빈칸에 알맞은 수를 써넣으세요.

33 $+45°$ $90°$ → $135°$

34 $+50°$ $110°$ → $160°$

35 $-60°$ $80°$ → $20°$

36 $-30°$ $120°$ → $90°$

37 $+15°$ $35°$ → $50°$

38 $+35°$ $105°$ → $140°$

39 $-75°$ $160°$ → $85°$

40 $-95°$ $125°$ → $30°$

41 $+75°$ $65°$ → $140°$

42 $+35°$ $175°$ → $210°$

43 $-85°$ $115°$ → $30°$

44 $-55°$ $75°$ → $20°$

(45~48) 빈칸에 알맞은 수를 써넣으세요.

45
⊕		
70°	120°	190°
65°		
5°		

46
⊕		
90°	25°	115°
35°		
55°		

47
	⊕	
165°	40°	205°
85°		
80°		

48
	⊕	
135°	70°	205°
25°		
110°		

사고력 확장 — 서술형 풀어보기

구조화 해서 풀어보아요

49 현아는 145°의 피자 조각을 먹고, 진우는 170°의 피자 조각을 먹었습니다. 둘이 먹은 피자의 합은 몇 도인지 구하세요.

풀이과정

(1) 현아가 먹은 피자는 $\boxed{145}$ °입니다.

(2) 진우가 먹은 피자는 $\boxed{170}$ °입니다.

(3) 현아와 진우가 먹은 피자는 $\boxed{145}$ ° + $\boxed{170}$ ° = $\boxed{315}$ °입니다.

$+170°$ $145°$ → $315°$

현아가 먹은 피자 조각과 진우가 먹은 피자 조각을 더하면 둘이 먹은 피자 조각을 알 수 있습니다.

(50~53) 풀이과정을 쓰고 답을 구하세요.

50 자동차 운전대를 15° 돌리고, 잠시 후 같은 방향으로 25° 더 돌렸습니다. 자동차 운전대는 모두 몇 도를 돌렸을까요?

풀이 $15° + 25° = 40°$

답 $40°$

51 똑같은 원통형 바퀴를 햄스터가 260° 돌렸고, 토끼가 320° 돌렸습니다. 누가 몇도를 더 많이 돌렸을까요?

풀이 $320° - 260° = 60°$

답 토끼, 60°

52 나사를 175°를 돌리고 같은 방향으로 120°를 더 돌렸습니다. 모두 몇 도를 돌렸을까요?

풀이 $175° + 120° = 295°$

답 $295°$

53 1번 등산로는 경사가 35°이고, 2번 등산로는 경사가 15°입니다. 어느 쪽의 경사가 얼마만큼 더 가파를까요?

풀이 $35° - 15° = 20°$

답 1번, 20°

연마 Check 칭찬이나 노력할 점을 써 주세요.

맞힌 개수	지도 의견		확인란
개	나의 생각		

삼각형과 사각형 각의 크기의 합

월 일

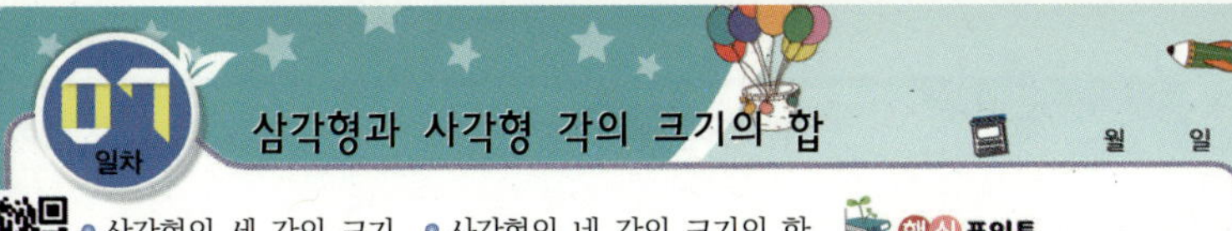
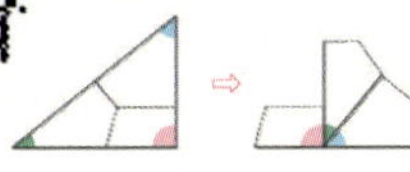
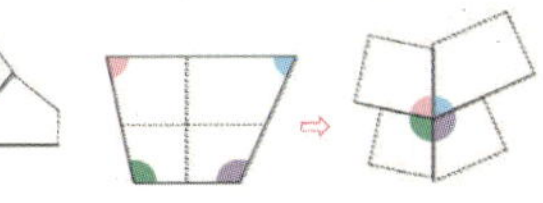

• 삼각형의 세 각의 크기 • 사각형의 네 각의 크기의 합

핵심 포인트
• 삼각형의 세 꼭지각을 잘라 모아보면 삼각형의 세 각의 합이 180°임을 알 수 있습니다.
• 사각형의 네 꼭지각을 잘라 모아보면 사각형의 네 각의 합이 360°임을 알 수 있습니다.

→ 삼각형의 세 각을 모으면 180°가 됩니다.
→ 사각형의 네 각을 모으면 360°가 됩니다.

[01~06] 삼각형의 세 각의 크기를 표시한 것입니다. ㉠, ㉡ 두 각의 합을 구하세요.

01 ㉠, ㉡, 90°
(90°)

02 ㉠, 130°, ㉡
(50°)

03 45°, ㉠, ㉡
(135°)

04 ㉠, ㉡, 60°
(120°)

05 ㉠, 95°, ㉡
(85°)

06 65°, ㉠, ㉡
(115°)

[07~12] 사각형의 네 각의 크기를 표시한 것입니다. ㉠, ㉡ 두 각의 합을 구하세요.

07 ㉠, ㉡, 90°, 60°
(210°)

08 ㉠, 150°, ㉡, 110°
(100°)

09 35°, 145°, ㉠, ㉡
(180°)

10 ㉠, ㉡, 30°, 110°
(220°)

11 ㉠, 150°, ㉡, 50°
(160°)

12 160°, 160°, ㉠, ㉡
(40°)

[13~22] 삼각형의 세 각의 크기를 표시한 것입니다. 빈칸을 채우세요.

13 30°, 60, 90°

14 90°, 35°, 55

15 60, 40°, 80°

16 25°, 110°, 45°

17 10°, 105°, 65°,

18 90°, 65, 25

19 20°, 90°, 70

20 70°, 35°, 75°

21 95°, 40°, 45°

22 55°, 55°, 70

[23~32] 사각형의 네 각의 크기를 표시한 것입니다. 빈칸을 채우세요.

23 120, 30°, 170°, 40°

24 75°, 15, 110°, 160°

25 35°, 35°, 180, 110°

26 30°, 150°, 150°, 30

27 40°, 170°, 50°, 100

28 60, 100°, 100°, 100°

29 90°, 90°, 110, 70°

30 30°, 120°, 160, 50°

31 45°, 125°, 170°, 20°

32 45°, 140, 25°, 150°

[33~38] 빈칸에 알맞은 수를 써넣으세요.

33
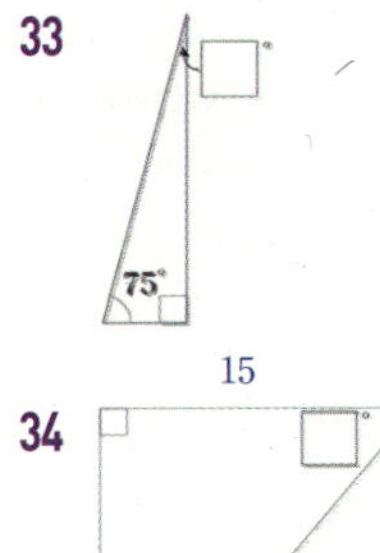
75°
15

35 
24°
66

37 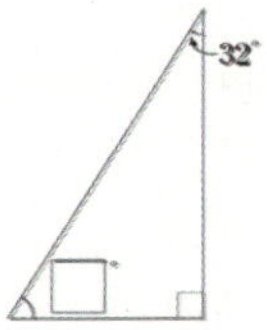
32°
58

34 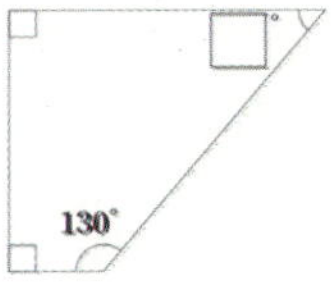
130°
50

36 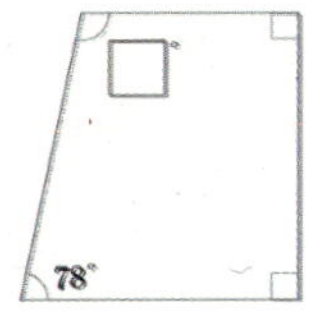
78°
102

38 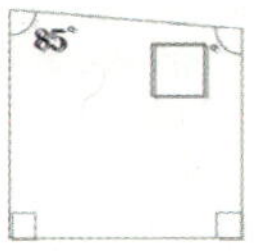
85°
95

[39~44] ㉠의 각도를 구하세요.

39 
73°
39°
68°

41 
130°
29°
21°

43 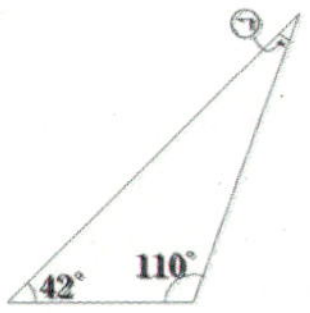
110°
42°
28°

40 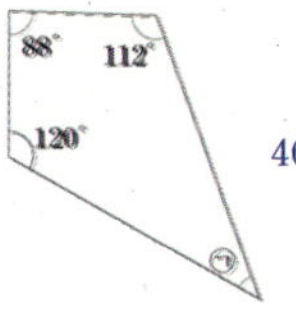
88° 112°
120°
40°

42 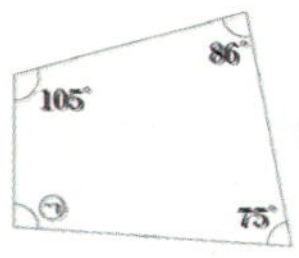
86°
105°
94°
75°

44 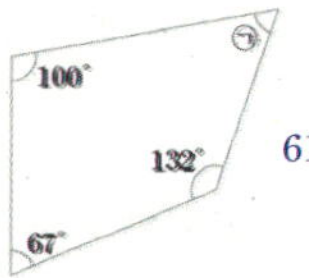
100°
132°
67°
61°

---

45 삼각형의 각 꼭짓점의 각도를 재보니 첫 번째 각이 21° 두 번째 각이 58°였습니다. 나머지 한 각의 크기는 몇 도일까요?

풀이과정
(1) 첫 번째 각은 21 °입니다.
(2) 두 번째 각은 58 °입니다.
(3) 나머지 한 각의 크기는 180 ° − 21 ° − 58 ° = 101 °입니다.

[46~49] 위와 같은 방법으로 문제를 풀어보세요.

46 한별이가 삼각형의 양쪽 각도를 재보니 각각 65°였습니다. 나머지 한 각은 몇 도일까요?
풀이 180° − 65° − 65° = 50°
답 50°

48 삼각형 모양 쿠키의 두 각의 크기가 50°, 50°입니다. 나머지 한 각의 크기는 몇 도일까요?
풀이 180° − 50° − 50° = 80°
답 80°

47 사각형 모양의 아크릴판을 세 각이 115°, 115°, 100°가 되도록 잘랐습니다. 나머지 한 각의 크기는 몇 도일까요?
풀이 360° − 115° − 115° − 100° = 30°
답 30°

49 꼭지각이 80°, 100°, 90°인 사각형을 만들었습니다. 나머지 한 각의 크기는 몇 도일까요?
풀이 360° − 80° − 100° − 90° = 90°
답 90°

연마 Check 칭찬이나 노력할 점을 써 주세요.

맞힌 개수	지도 의견	확인란
개	나의 생각	

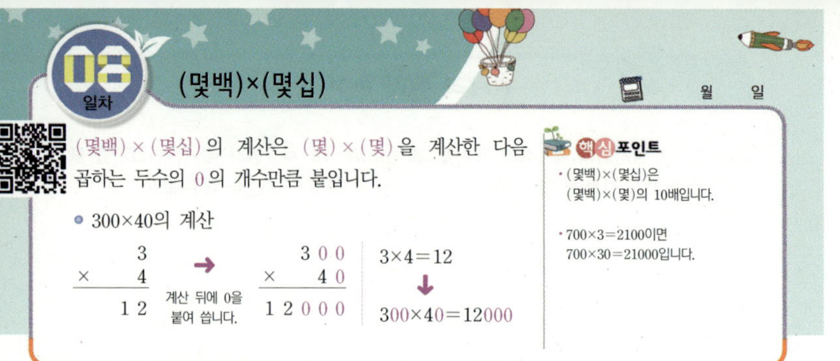

(몇백)×(몇십)의 계산은 (몇)×(몇)을 계산한 다음 곱하는 두 수의 0의 개수만큼 붙입니다.

핵심포인트
- (몇백)×(몇십)은 (몇백)×(몇)의 10배입니다.
- 700×3=2100이면 700×30=21000입니다.

● 300×40의 계산

$$
\begin{array}{r} 3 \\ \times\ 4 \\ \hline 1\,2 \end{array}
\quad\rightarrow\quad
\begin{array}{r} 3\,0\,0 \\ \times\ \ 4\,0 \\ \hline 1\,2\,0\,0\,0 \end{array}
$$
계산 뒤에 0을 붙여 씁니다.

$3×4=12$
↓
$300×40=12000$

01
$$\begin{array}{r} 7 \\ \times\ 9 \\ \hline 63 \end{array} \rightarrow \begin{array}{r} 7\,0\,0 \\ \times\ \ 9\,0 \\ \hline 63\,000 \end{array}$$

02
$$\begin{array}{r} 6 \\ \times\ 3 \\ \hline 18 \end{array} \rightarrow \begin{array}{r} 6\,0\,0 \\ \times\ \ 3\,0 \\ \hline 18000 \end{array}$$

03
$$\begin{array}{r} 3 \\ \times\ 8 \\ \hline 24 \end{array} \rightarrow \begin{array}{r} 3\,0\,0 \\ \times\ \ 8\,0 \\ \hline 24000 \end{array}$$

04
$$\begin{array}{r} 1 \\ \times\ 7 \\ \hline 7 \end{array} \rightarrow \begin{array}{r} 1\,0\,0 \\ \times\ \ 7\,0 \\ \hline 7000 \end{array}$$

05
$$\begin{array}{r} 9 \\ \times\ 9 \\ \hline 81 \end{array} \rightarrow \begin{array}{r} 9\,0\,0 \\ \times\ \ 9\,0 \\ \hline 81000 \end{array}$$

06 $3×4=\boxed{12}$
↓
$300×40=\boxed{12000}$

07 $5×2=\boxed{10}$
↓
$500×20=\boxed{10000}$

08 $9×4=\boxed{36}$
↓
$900×40=\boxed{36000}$

09 $5×5=\boxed{25}$
↓
$500×50=\boxed{25000}$

10 $2×4=\boxed{8}$
↓
$200×40=\boxed{8000}$

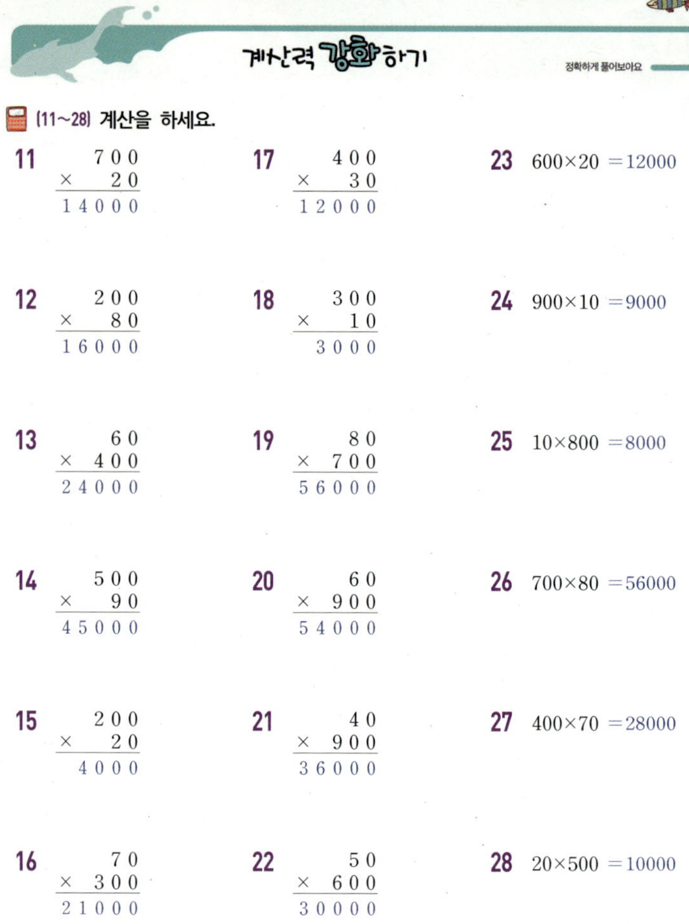

(11~28) 계산을 하세요.

11
$$\begin{array}{r} 7\,0\,0 \\ \times\ \ \ 2\,0 \\ \hline 1\,4\,0\,0\,0 \end{array}$$

12
$$\begin{array}{r} 2\,0\,0 \\ \times\ \ \ 8\,0 \\ \hline 1\,6\,0\,0\,0 \end{array}$$

13
$$\begin{array}{r} 6\,0 \\ \times\ 4\,0\,0 \\ \hline 2\,4\,0\,0\,0 \end{array}$$

14
$$\begin{array}{r} 5\,0\,0 \\ \times\ \ \ 9\,0 \\ \hline 4\,5\,0\,0\,0 \end{array}$$

15
$$\begin{array}{r} 2\,0\,0 \\ \times\ \ \ 2\,0 \\ \hline 4\,0\,0\,0 \end{array}$$

16
$$\begin{array}{r} 7\,0 \\ \times\ 3\,0\,0 \\ \hline 2\,1\,0\,0\,0 \end{array}$$

17
$$\begin{array}{r} 4\,0\,0 \\ \times\ \ \ 3\,0 \\ \hline 1\,2\,0\,0\,0 \end{array}$$

18
$$\begin{array}{r} 3\,0\,0 \\ \times\ \ \ 1\,0 \\ \hline 3\,0\,0\,0 \end{array}$$

19
$$\begin{array}{r} 8\,0 \\ \times\ 7\,0\,0 \\ \hline 5\,6\,0\,0\,0 \end{array}$$

20
$$\begin{array}{r} 6\,0 \\ \times\ 9\,0\,0 \\ \hline 5\,4\,0\,0\,0 \end{array}$$

21
$$\begin{array}{r} 4\,0 \\ \times\ 9\,0\,0 \\ \hline 3\,6\,0\,0\,0 \end{array}$$

22
$$\begin{array}{r} 5\,0 \\ \times\ 6\,0\,0 \\ \hline 3\,0\,0\,0\,0 \end{array}$$

23 $600×20=12000$

24 $900×10=9000$

25 $10×800=8000$

26 $700×80=56000$

27 $400×70=28000$

28 $20×500=10000$

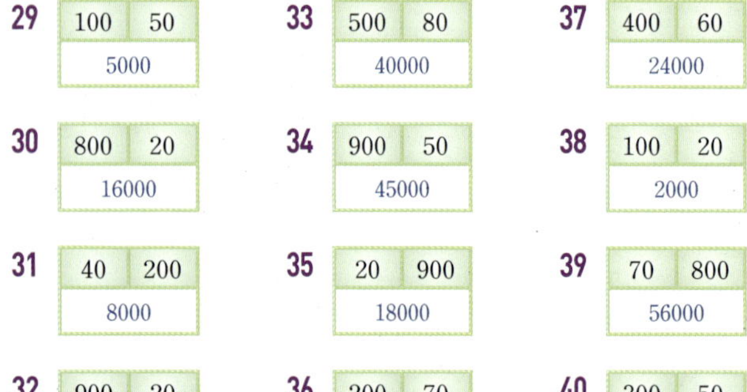

(29~40) 두 수의 곱을 빈칸에 쓰세요.

29 | 100 | 50 | → 5000

33 | 500 | 80 | → 40000

37 | 400 | 60 | → 24000

30 | 800 | 20 | → 16000

34 | 900 | 50 | → 45000

38 | 100 | 20 | → 2000

31 | 40 | 200 | → 8000

35 | 20 | 900 | → 18000

39 | 70 | 800 | → 56000

32 | 900 | 20 | → 18000

36 | 200 | 70 | → 14000

40 | 300 | 50 | → 15000

(41~49) 빈칸에 알맞은 수를 쓰세요.

41 $500 \xrightarrow{×20} 10000$

44 $20 \xrightarrow{×300} 6000$

47 $10 \xrightarrow{×100} 1000$

42 $400 \xrightarrow{×50} 20000$

45 $90 \xrightarrow{×900} 81000$

48 $70 \xrightarrow{×500} 35000$

43 $400 \xrightarrow{×60} 24000$

46 $90 \xrightarrow{×400} 36000$

49 $60 \xrightarrow{×200} 12000$

---

50 한 개에 300 g인 상자 60개의 무게는 모두 몇 g일까요?

풀이과정
(1) 상자 1개의 무게는 $\boxed{300}$ g입니다.
(2) 상자는 $\boxed{60}$ 개 있습니다.
(3) 상자 60개의 무게는 $\boxed{300} × \boxed{60} = \boxed{18000}$ g입니다.

$300 \xrightarrow{×60} 18000$

(51~54) 풀이과정을 쓰고 답을 구하세요.

51 상자 1개에 사과가 100개 들어있습니다. 상자가 40개라면 사과는 모두 몇 개일까요?

풀이 $100×40=4000$

답   4000 개

53 수아는 매일 200번의 줄넘기를 90일 동안 했습니다. 모두 몇 번의 줄넘기를 넘었을까요?

풀이 $200×90=18000$

답   18000 번

52 한 판에 30개씩 들어있는 달걀이 500판 있습니다. 모두 몇 개의 달걀이 있을까요?

풀이 $30×500=15000$

답   15000 개

54 아빠가 팔굽혀펴기를 60번씩 500일을 했습니다. 아빠는 모두 몇 번의 팔굽혀펴기를 했을까요?

풀이 $60×500$

답   30000 번

연마 Check   칭찬이나 노력할 점을 써 주세요.

맞힌 개수	지도 의견	
개	나의 생각	확인란

09 일차

(몇백 몇십)×(몇십)

월 일

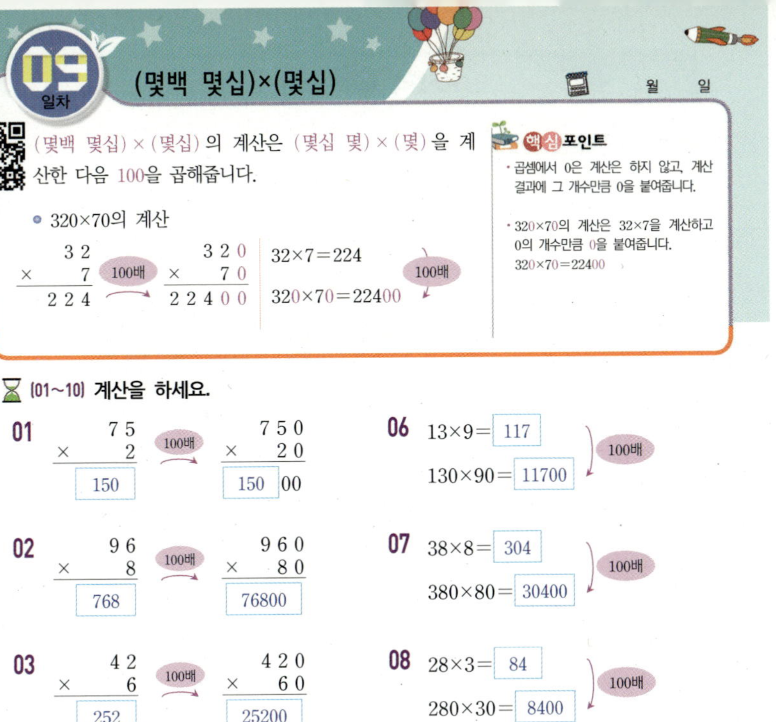

(몇백 몇십)×(몇십)의 계산은 (몇십 몇)×(몇)을 계산한 다음 100을 곱해줍니다.

- 320×70의 계산

32 × 7 = 224	100배 →	320 × 70 = 22400

32×7=224 → (100배) 320×70=22400

핵심 포인트

- 곱셈에서 0은 계산은 하지 않고, 계산 결과에 그 개수만큼 0을 붙여줍니다.
- 320×70의 계산은 32×7을 계산하고 0의 개수만큼 0을 붙여줍니다. 320×70=22400

[01~10] 계산을 하세요.

01 75×2 = 150 → (100배) 750×20 = 150 00

02 96×8 = 768 → (100배) 960×80 = 76800

03 42×6 = 252 → (100배) 420×60 = 25200

04 35×4 = 140 → (100배) 350×40 = 14000

05 29×5 = 145 → (100배) 290×50 = 14500

06 13×9= 117 → (100배) 130×90= 11700

07 38×8= 304 → (100배) 380×80= 30400

08 28×3= 84 → (100배) 280×30= 8400

09 53×4= 212 → (100배) 530×40= 21200

10 71×8= 568 → (100배) 710×80= 56800

계산력 강화하기

정확하게 풀어보아요

[11~28] 계산을 하세요.

11 380×10 = 3800

12 230×40 = 9200

13 50×910 = 45500

14 960×20 = 19200

15 630×20 = 12600

16 90×270 = 24300

17 640×70 = 44800

18 160×40 = 6400

19 30×190 = 5700

20 30×160 = 4800

21 40×140 = 5600

22 30×120 = 3600

23 130×70 =9100

24 840×50 =42000

25 20×150 =3000

26 90×190 =17100

27 370×70 =25900

28 160×50 =8000

사고력 확장

구조화 하기

구조화 하기를 연습하면 서술형도 쉽게 풀어요

[29~46] 빈 칸에 알맞은 수를 쓰세요.

29 560 (×20) 11200

30 850 (×20) 17000

31 850 (×30) 25500

32 190 (×80) 15200

33 810 (×30) 24300

34 70 (×240) 16800

35 470 (×80) 37600

36 260 (×40) 10400

37 560 (×50) 28000

38 570 (×50) 28500

39 450 (×90) 40500

40 10 (×790) 7900

41 670 (×40) 26800

42 570 (×60) 34200

43 830 (×60) 49800

44 670 (×30) 20100

45 230 (×10) 2300

46 50 (×480) 24000

사고력 확장

서술형 풀어보기

구조화 해서 풀어보아요

47 소연이는 매일 450 mL의 우유를 마셨습니다. 70일 동안 우유를 마셨다면 모두 몇 mL의 우유를 마셨을까요?

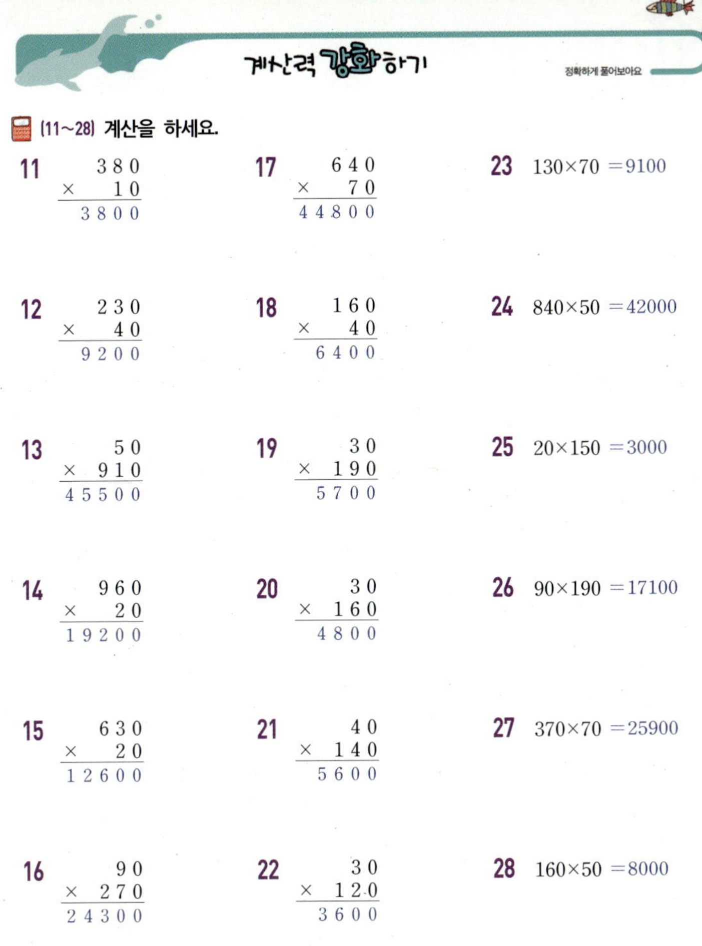

풀이과정

(1) 소연이가 하루에 마신 우유는 450 mL입니다.

(2) 소연이는 70 일 동안 우유를 마셨습니다.

(3) 소연이가 마신 우유는 모두 450 × 70 = 31500 mL입니다.

45×7=315 → (100배) 450×70=31500

[48~51] 풀이과정을 쓰고 답을 구하세요.

48 사과농장에서 사과를 한 상자에 250개씩 담아 50상자를 팔았습니다. 모두 몇 개의 사과를 팔았을까요?

풀이 250×50=12500

답 12500 개

49 문구점에서 570원 하는 연필을 30개 샀다면 연필값으로 모두 몇 원을 냈을까요?

풀이 570×30=17100

답 17100 원

50 흰둥이는 둘레가 340 m인 공원을 50일 동안 매일 산책했습니다. 흰둥이가 산책한 거리는 모두 몇 m일까요?

풀이 340×50=17000

답 17000 m

51 한 상자에 과자가 140개 들어있습니다. 상자가 90개라면 과자는 모두 몇 개 있을까요?

풀이 140×90=12600

답 12600 개

엄마 Check 칭찬이나 노력할 점을 써 주세요.

맞힌 개수	지도 의견		확인란
개	나의 생각		

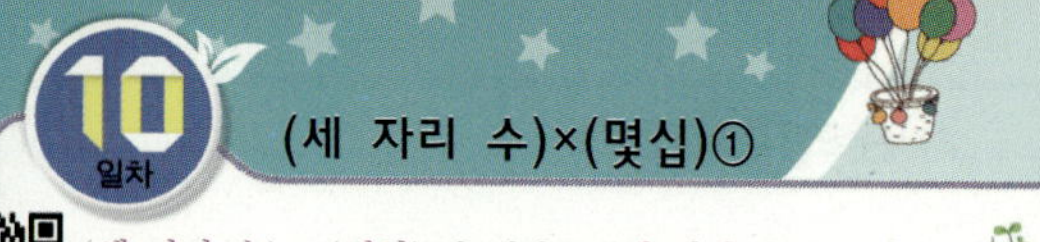

(세 자리 수)×(몇십)의 계산은 (세 자리 수)×(몇)을 계산한 다음 10을 곱해줍니다.

핵심포인트
- 256×40의 계산은 256×4를 계산하고 0을 붙여줍니다.
  256×40=10240
- 50×319의 계산은 5×319를 계산하고 0을 붙여줍니다.
  50×319=15950

- 256×40의 계산

256		256
× 4	10배	× 40
1024		10240

- 50×319의 계산

5		50
× 319	10배	× 319
1595		15950

[01~10] 계산을 하세요.

01.
```
  347        347
×   4  10배  ×  40
 1388       13880
```

02.
```
  471        471
×   5  10배  ×  50
 2355       23550
```

03.
```
  463        463
×   6  10배  ×  60
 2778       27780
```

04.
```
  548        548
×   7  10배  ×  70
 3836       38360
```

05.
```
  643        643
×   3  10배  ×  30
 1929       19290
```

06.
```
  199        199
×   9  10배  ×  90
 1791       17910
```

07.
```
  597        597
×   7  10배  ×  70
 4179       41790
```

08.
```
  716        716
×   3  10배  ×  30
 2148       21480
```

09.
```
  358        358
×   6  10배  ×  60
 2148       21480
```

10.
```
  215        215
×   9  10배  ×  90
 1935       19350
```

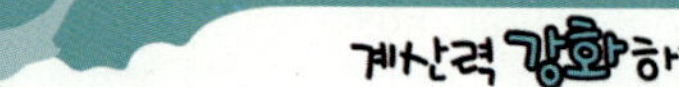

계산력 강화하기

정확하게 풀어보아요

[11~31] 계산을 하세요.

11.
```
  218
×  60
13080
```

12.
```
  517
×  50
25850
```

13.
```
   30
× 109
 3270
```

14.
```
  329
×  30
 9870
```

15.
```
  681
×  70
47670
```

16.
```
   80
× 488
39040
```

17.
```
  942
×  30
28260
```

18.
```
  325
×  70
22750
```

19.
```
   20
× 591
11820
```

20.
```
  585
×  60
35100
```

21.
```
  274
×  80
21920
```

22.
```
  194
×  70
13580
```

23.
```
  562
×  30
16860
```

24.
```
  395
×  30
11850
```

25.
```
   20
× 227
 4540
```

26.
```
   30
× 694
20820
```

27.
```
   40
× 924
36960
```

28.
```
  814
×  30
24420
```

29.
```
   40
× 594
23760
```

30.
```
   70
× 707
49490
```

31.
```
  627
×  30
18810
```

[32~41] 빈칸에 알맞은 수를 쓰세요.

32.
```
627  70  43890
 30
18810
```

33.
```
391  40  15640
 20
 7820
```

34.
```
362  60  21720
 30
10860
```

35.
```
294  50  14700
 70
20580
```

36.
```
567  20  11340
 80
45360
```

37.
```
149  20  2980
 50
7450
```

38.
```
194  50  9700
 70
13580
```

39.
```
884  20  17680
 70
61880
```

40.
```
493  40  19720
 90
44370
```

41.
```
953  10  9530
 50
47650
```

서술형 풀어보기

42 김치공장 기계는 1분에 김치를 391 kg 만듭니다. 40분 동안 몇 kg의 김치를 만들 수 있을까요?

풀이과정

(1) 1분에 만드는 김치는 **391** kg입니다.

(2) **40** 분 동안 만들었습니다.

(3) 기계가 40분 동안 만든 김치는
391 × **40** = **15640** kg입니다.

```
  391        391
×   4  10배  ×  40
 1564       15640
```

[43~46] 풀이과정을 쓰고 답을 구하세요.

43 나는 매일 60분씩 365일 동안 TV를 보았습니다. 나는 모두 몇 분 동안 TV를 봤을까요?

풀이 60×365=21900

답 **21900** 분

44 40분을 충전해야 한 번 사용할 수 있는 배터리를 125번 사용하려면 모두 몇 분을 충전해야 할까요?

풀이 40×125=5000

답 **5000** 분

45 도희는 매일 발레학원에 가서 30분씩 발레를 합니다. 발레학원을 258일 다닌다면 도희는 발레를 모두 몇 분 하게 될까요?

풀이 30×258=7740

답 **7740** 분

46 한 개에 무게가 415 g인 버터를 30개 샀습니다. 버터는 모두 몇 g일까요?

풀이 415×30=12450

답 **12450** g

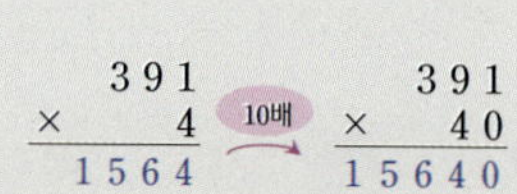

연마 Check 칭찬이나 노력할 점을 써 주세요.

맞힌 개수	지도 의견	
		확인란
개	나의 생각	

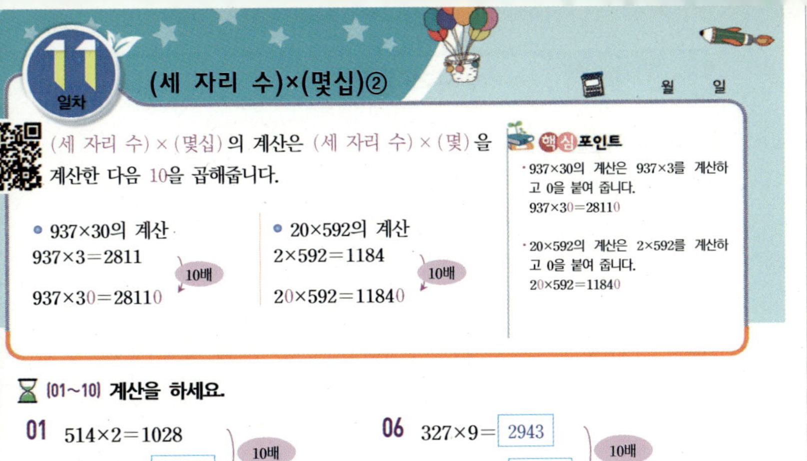

(세 자리 수)×(몇십)의 계산은 (세 자리 수)×(몇)을 계산한 다음 10을 곱해줍니다.

● 937×30의 계산
937×3=2811
937×30=28110 (10배)

● 20×592의 계산
2×592=1184
20×592=11840 (10배)

핵심 포인트
· 937×30의 계산은 937×3을 계산하고 0을 붙여 줍니다.
937×30=28110
· 20×592의 계산은 2×592를 계산하고 0을 붙여 줍니다.
20×592=11840

[01~10] 계산을 하세요.

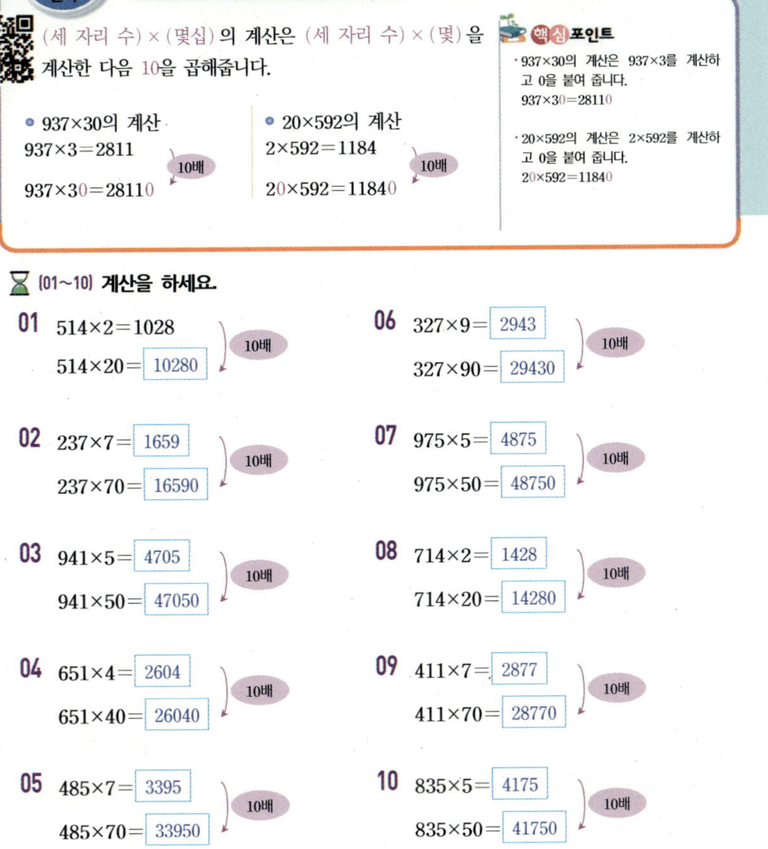

01　514×2=1028
　　514×20= 10280 (10배)

02　237×7= 1659
　　237×70= 16590 (10배)

03　941×5= 4705
　　941×50= 47050 (10배)

04　651×4= 2604
　　651×40= 26040 (10배)

05　485×7= 3395
　　485×70= 33950 (10배)

06　327×9= 2943
　　327×90= 29430 (10배)

07　975×5= 4875
　　975×50= 48750 (10배)

08　714×2= 1428
　　714×20= 14280 (10배)

09　411×7= 2877
　　411×70= 28770 (10배)

10　835×5= 4175
　　835×50= 41750 (10배)

계산력 강화하기

정확하게 풀어보아요

[11~31] 계산을 하세요.

11　155×80=12400
12　901×40=36040
13　40×313=12520
14　882×70=61740
15　291×90=26190
16　20×977=19540
17　127×50=6350

18　715×40=28600
19　80×473=37840
20　391×80=31280
21　891×60=53460
22　829×30=24870
23　732×20=14640
24　639×60=38340

25　341×90=30690
26　622×50=31100
27　80×552=44160
28　30×912=27360
29　254×50=12700
30　149×20=2980
31　50×215=10750

구조화 하기

구조화 하기를 연습하면 서술형도 쉽게 풀어요

[32~49] 두 수를 곱하여 빈칸에 알맞은 수를 써넣으세요.

32	692	80
	55360	

38	342	70
	23940	

44	172	20
	3440	

33	831	60
	49860	

39	728	20
	14560	

45	273	80
	21840	

34	267	70
	18690	

40	533	40
	21320	

46	184	30
	5520	

35	529	50
	26450	

41	573	90
	51570	

47	758	60
	45480	

36	306	40
	12240	

42	50	375
	18750	

48	20	667
	13340	

37	80	506
	40480	

43	60	924
	55440	

49	50	707
	35350	

서술형 풀어보기

구조화 해서 풀어보아요

50 김밥집에서 김밥을 1시간에 50개씩 팝니다. 431시간을 판다면 팔린 김밥은 몇 개일까요?

풀이과정
(1) 1시간에 김밥집에서 파는 김밥 개수는 50 개입니다.
(2) 431 시간 동안 김밥을 팔았습니다.
(3) 431시간 동안 판 김밥의 개수는
50 × 431 = 21550 개입니다.

431	50
21550	

[51~54] 풀이과정을 쓰고 답을 구하세요.

51 1시간에 40개씩 인형을 만드는 공장이 있습니다. 879시간 동안 몇 개의 인형을 만들 수 있을까요?

풀이　40×879=35160

답　35160　개

52 수도꼭지에서 물이 1분에 70방울씩 떨어지고 있습니다. 물이 136분 동안 떨어진다면 몇 방울이 떨어질까요?

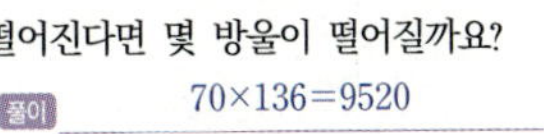

풀이　70×136=9520

답　9520　방울

53 건전지 하나로 20 m를 움직일 수 있는 장난감이 있습니다. 744개의 건전지로 몇 m를 갈 수 있을까요?

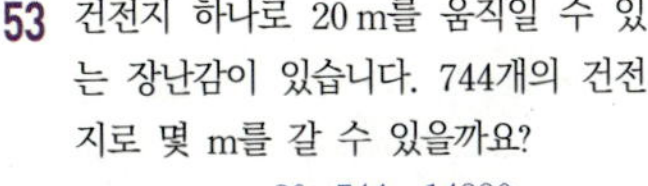

풀이　20×744=14880

답　14880　m

54 한 권에 468쪽인 책이 30권 있습니다. 모두 합하면 몇 쪽일까요?

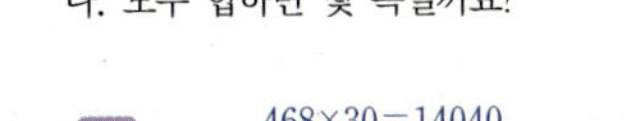

풀이　468×30=14040

답　14040　쪽

연마 Check 칭찬이나 노력할 점을 써 주세요.

맞힌 개수	지도 의견		확인란
개	나의 생각		

12일차

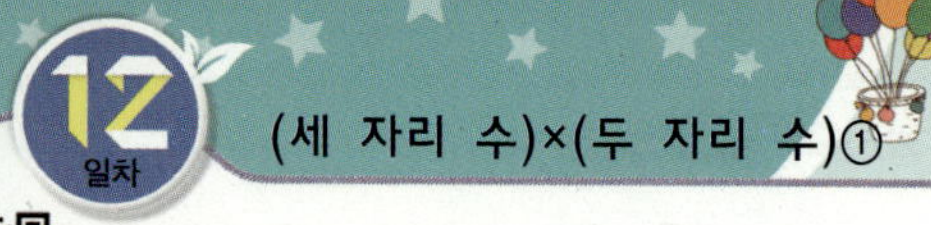
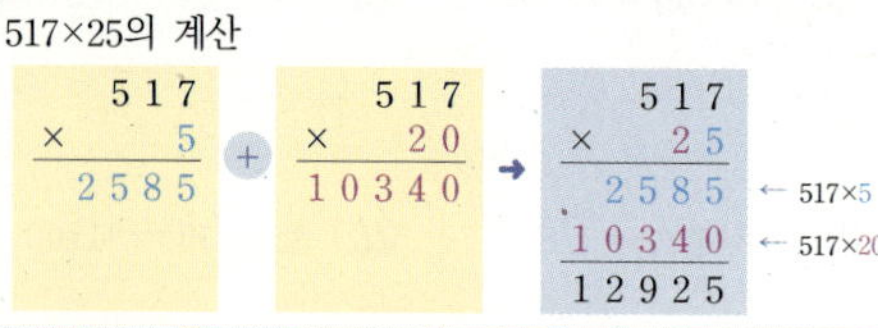

(세 자리 수)×(두 자리 수)①

월   일

(세 자리 수)×(두 자리 수)의 계산은 (세 자리 수)×(몇)을
계산한 다음 (세 자리 수)×(몇십)을 계산하여 더해줍니다.

● 517×25의 계산

핵심 포인트
517에 25를 곱할 때에는 25를 20과 5
의 합으로 생각하고 517×5와 517×20
을 각각 계산한 후에 더합니다.

$$\begin{array}{r} 517 \\ \times\ \ 5 \\ \hline 2585 \end{array} + \begin{array}{r} 517 \\ \times\ 20 \\ \hline 10340 \end{array} \rightarrow \begin{array}{r} 517 \\ \times\ 25 \\ \hline 2585 \\ 10340 \\ \hline 12925 \end{array}$$
← 517×5
← 517×20

[01~06] 빈칸에 알맞은 수를 써넣으세요.

01
$$\begin{array}{r} 245 \\ \times\ 62 \\ \hline 490 \\ 14700 \\ \hline 15190 \end{array}$$
← 245× [2]
← 245× [60]

02
$$\begin{array}{r} 881 \\ \times\ 37 \\ \hline 6167 \\ 26430 \\ \hline 32597 \end{array}$$
← 881× [7]
← 881× [30]

03
$$\begin{array}{r} 132 \\ \times\ 49 \\ \hline 1188 \\ 5280 \\ \hline 6468 \end{array}$$
← 132× [9]
← 132× [40]

04
$$\begin{array}{r} 548 \\ \times\ 83 \\ \hline 1644 \\ 43840 \\ \hline 45484 \end{array}$$
← 548× [3]
← 548× [80]

05
$$\begin{array}{r} 411 \\ \times\ 35 \\ \hline 2055 \\ 12330 \\ \hline 14385 \end{array}$$
← 411× [5]
← 411× [30]

06
$$\begin{array}{r} 857 \\ \times\ 73 \\ \hline 2571 \\ 59990 \\ \hline 62561 \end{array}$$
← 857× [3]
← 857× [70]

계산력 강화하기

정확하게 풀어보아요

[07~21] 계산을 하세요.

07
$$\begin{array}{r} 258 \\ \times\ 38 \\ \hline 9804 \end{array}$$

08
$$\begin{array}{r} 268 \\ \times\ 21 \\ \hline 5628 \end{array}$$

09
$$\begin{array}{r} 189 \\ \times\ 55 \\ \hline 10395 \end{array}$$

10
$$\begin{array}{r} 573 \\ \times\ 88 \\ \hline 50424 \end{array}$$

11
$$\begin{array}{r} 185 \\ \times\ 94 \\ \hline 17390 \end{array}$$

12
$$\begin{array}{r} 706 \\ \times\ 21 \\ \hline 14826 \end{array}$$

13
$$\begin{array}{r} 329 \\ \times\ 52 \\ \hline 17108 \end{array}$$

14
$$\begin{array}{r} 384 \\ \times\ 68 \\ \hline 26112 \end{array}$$

15
$$\begin{array}{r} 374 \\ \times\ 61 \\ \hline 22814 \end{array}$$

16
$$\begin{array}{r} 246 \\ \times\ 53 \\ \hline 13038 \end{array}$$

17
$$\begin{array}{r} 472 \\ \times\ 51 \\ \hline 24072 \end{array}$$

18
$$\begin{array}{r} 438 \\ \times\ 27 \\ \hline 11826 \end{array}$$

19
$$\begin{array}{r} 971 \\ \times\ 45 \\ \hline 43695 \end{array}$$

20
$$\begin{array}{r} 516 \\ \times\ 84 \\ \hline 43344 \end{array}$$

21
$$\begin{array}{r} 886 \\ \times\ 17 \\ \hline 15062 \end{array}$$

구조화 하기

사고력 확장

구조화 하기를 연습하면 서술형도 쉽게 풀어요

[22~39] 빈 칸에 알맞은 수를 쓰세요.

22 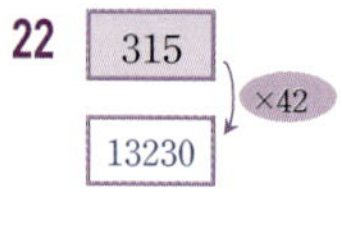 315 →(×42)→ 13230

23 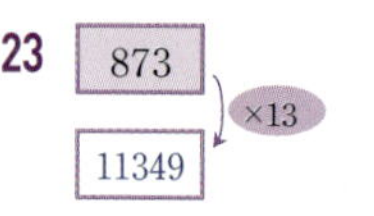 873 →(×13)→ 11349

24 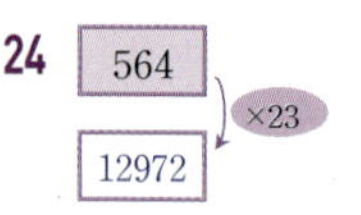 564 →(×23)→ 12972

25 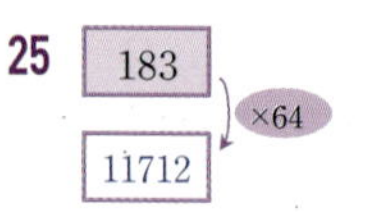 183 →(×64)→ 11712

26 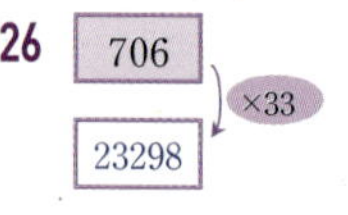 706 →(×33)→ 23298

27 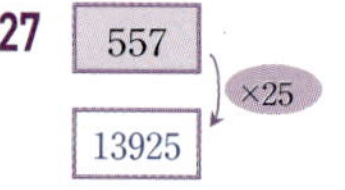 557 →(×25)→ 13925

28 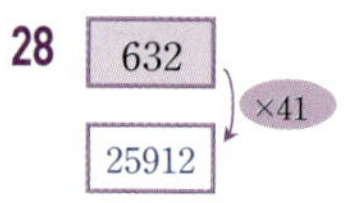 632 →(×41)→ 25912

29 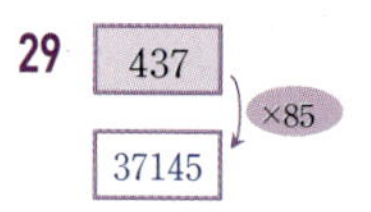 437 →(×85)→ 37145

30 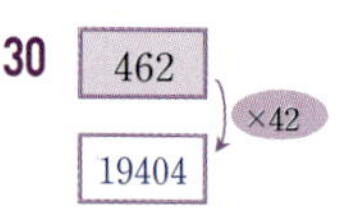 462 →(×42)→ 19404

31 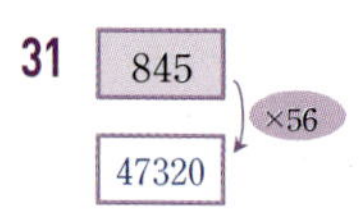 845 →(×56)→ 47320

32 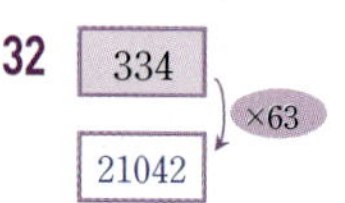 334 →(×63)→ 21042

33 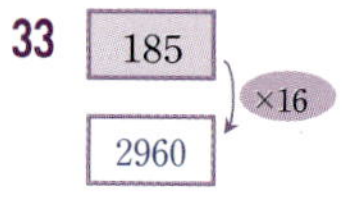 185 →(×16)→ 2960

34 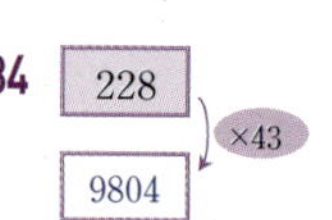 228 →(×43)→ 9804

35 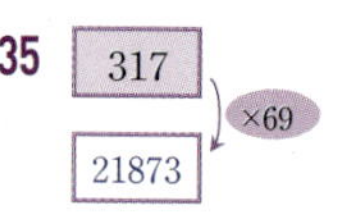 317 →(×69)→ 21873

36 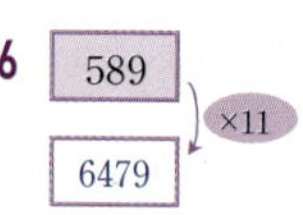 589 →(×11)→ 6479

37 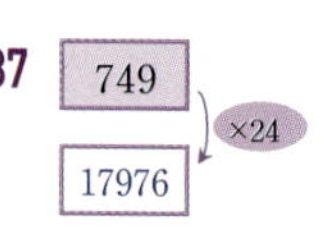 749 →(×24)→ 17976

38 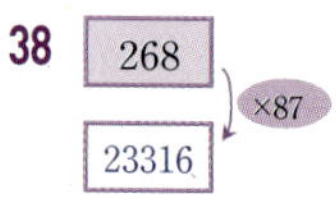 268 →(×87)→ 23316

39  359 →(×41)→ 14719

서술형 풀어보기

사고력 확장

구조화 해서 풀어보아요

40 한 개를 만드는데 454 g의 설탕이 필요한 케이크를 58개 만들 때 필요한 설탕은 몇 g
일까요?

풀이과정

(1) 케이크 하나에 [454] g의 설탕이 필요합니다.

(2) 케이크를 [58] 개 만듭니다.

(3) 58개의 케이크를 만드는데 필요한 설탕은
[454] × [58] = [26332] g입니다.

454 →(×58)→ 26332

[41~44] 풀이과정을 쓰고 답을 구하세요.

41 558원에 파는 연필을 23개 사려고 합니
다. 얼마의 돈이 필요할까요?

풀이   558×23=12834

답   12834   원

42 상자 267개를 실은 트럭이 34대 있습
니다. 트럭에 실린 상자는 모두 몇 개
일까요?

풀이   267×34=9078

답   9078   개

43 한 병에 394 mL가 들어갈 수 있는
물병 25개에 물을 가득 채우려면 몇
mL의 물이 필요할까요?

풀이   394×25=9850

답   9850   mL

44 836 m의 터널을 42번 지나간 자동차
가 있습니다. 이 자동차가 지나간 터
널의 거리는 모두 몇 m일까요?

풀이   836×42=35112

답   35112   m

연마 Check   칭찬이나 노력할 점을 써 주세요.

맞힌 개수	지도 의견	확인란
개	나의 생각	

(세 자리 수) × (두 자리 수)의 계산은 (세 자리 수) × (몇십)을 계산한 다음 (세 자리 수) × (몇)을 계산하여 더해줍니다.

● 208×79의 계산

$208×79=$ 208×70 $+$ 208×9
$=14560+1872=16432$

→ 208×79의 계산은 (208×70)+(208×9)의 계산과 같습니다.

핵심 포인트
- 208에 79를 곱할 때에는 208×9와 208×70을 각각 계산한 후 더합니다.
- 가로셈일 때는 (208×70)+(208×9)로 하면 더 편리합니다.

[01~10] 빈칸에 알맞은 수를 써넣으세요.

01 $447×25=$ 447×20 $+$ 447×5
$=$ 8940 $+$ 2235 $=$ 11175

06 $548×83=548×$ 80 $+548×$ 3
$=43840+1644=45484$

02 $864×77=864×$ 70 $+864×$ 7
$=60480+6048=66528$

07 $478×22=478×$ 20 $+478×$ 2
$=9560+956=10516$

03 $852×31=852×$ 30 $+852×$ 1
$=25560+852=26412$

08 $393×36=393×$ 30 $+393×$ 6
$=11790+2358=14148$

04 $428×64=428×$ 60 $+428×$ 4
$=25680+1712=27392$

09 $885×33=885×$ 30 $+885×$ 3
$=26550+2655=29205$

05 $193×27=193×$ 20 $+193×$ 7
$=3860+1351=5211$

10 $356×86=356×$ 80 $+356×$ 6
$=28480+2136=30616$

계산력 강화하기
정확하게 풀어보아요

[11~31] 계산을 하세요.

11 $749×51=38199$
18 $981×34=33354$
25 $117×46=5382$

12 $351×54=18954$
19 $546×21=11466$
26 $837×91=76167$

13 $536×14=7504$
20 $449×51=22899$
27 $231×22=5082$

14 $647×23=14881$
21 $531×26=13806$
28 $893×35=31255$

15 $157×86=13502$
22 $361×72=25992$
29 $485×51=24735$

16 $392×37=14504$
23 $594×27=16038$
30 $812×64=51968$

17 $945×21=19845$
24 $794×57=45258$
31 $348×11=3828$

계산력 강화하기
정확하게 풀어보아요

[32~41] 빈칸에 알맞은 수를 쓰세요.

32
963	47	45261
12		
11556		

37
234	49	11466
71		
16614		

33
362	52	18824
43		
15566		

38
523	41	21443
36		
18828		

34
124	63	7812
81		
10044		

39
489	34	16626
52		
25428		

35
105	76	7980
98		
10290		

40
584	21	12264
36		
21024		

36
863	41	35383
55		
47465		

41
608	53	32224
19		
11552		

사고력 확장 서술형 풀어보기
구조화 해서 풀어보아요

42 한 상자에 224개의 성냥개비가 들어있는 상자가 91개 있습니다. 성냥개비는 모두 몇 개일까요?

풀이과정

(1) 한 상자에 들어있는 성냥개비는 224 개 입니다.

(2) 성냥개비 상자가 모두 91 상자가 있습니다.

(3) 성냥개비는 모두 224 × 91 $=20384$ 개입니다.

$224×91=224×$ 90 $+224×$ 1
$=20160+224$
$=20384$

[43~46] 풀이과정을 쓰고 답을 구하세요.

43 어떤 가구를 조립하는데 34개의 못이 필요합니다. 625개의 가구를 조립하려면 모두 몇 개의 못이 필요할까요?

풀이　$625×34=21250$
답　21250 개

44 나는 751 m의 산을 31번 올라갔습니다. 내가 올라간 산의 길이는 모두 몇 m일까요?

풀이　$751×31=23281$
답　23281 m

45 현석이는 문구점에서 한 상자에 12개의 연필이 들어있는 연필 상자를 338 상자 샀습니다. 모두 몇 개의 연필을 샀을까요?

풀이　$338×12=4056$
답　4056 개

46 백화점에 오는 손님이 하루에 418명일 때 84일 동안에 몇 명의 손님이 백화점에 올까요?

풀이　$418×84=35112$
답　35112 명

연마 Check 칭찬이나 노력할 점을 써 주세요.

맞힌 개수	지도 의견	
개	나의 생각	확인란

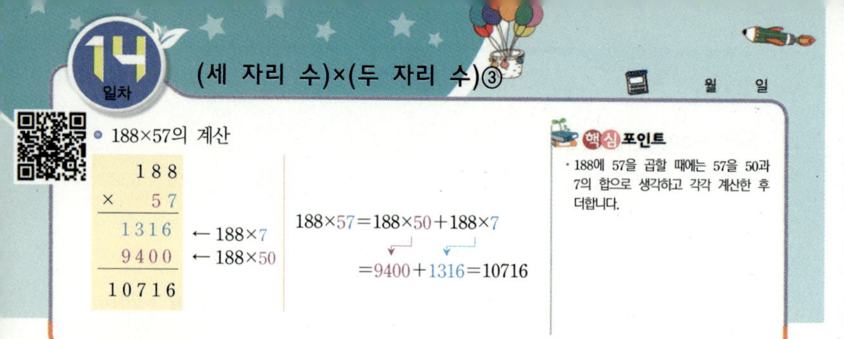

188×57의 계산

$$
\begin{array}{r}
1\,8\,8 \\
\times\ \ 5\,7 \\
\hline
1\,3\,1\,6 \\
9\,4\,0\,0 \\
\hline
1\,0\,7\,1\,6
\end{array}
$$

←188×7
←188×50

$188×57=188×50+188×7$

$=9400+1316=10716$

핵심 포인트
· 188에 57을 곱할 때에는 57을 50과 7의 합으로 생각하고 각각 계산한 후 더합니다.

[01~07] 빈칸에 알맞은 수를 써넣으세요.

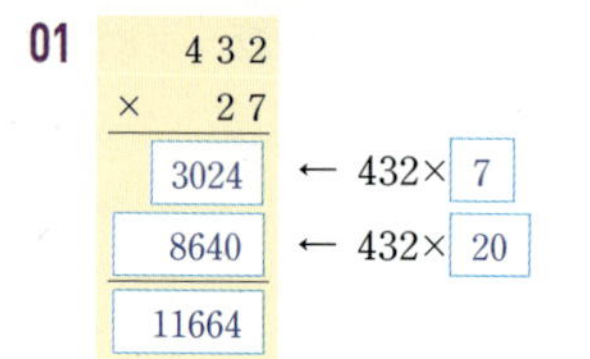

01
$$
\begin{array}{r}
4\,3\,2 \\
\times\ \ 2\,7 \\
\hline
3024 \\
8640 \\
\hline
11664
\end{array}
$$
←432× 7
←432× 20

04 $167×46=167×\boxed{40}+167×\boxed{6}$
$=\boxed{6680}+\boxed{1002}=\boxed{7682}$

05 $646×92=646×\boxed{90}+646×\boxed{2}$
$=\boxed{58140}+\boxed{1292}=\boxed{59432}$

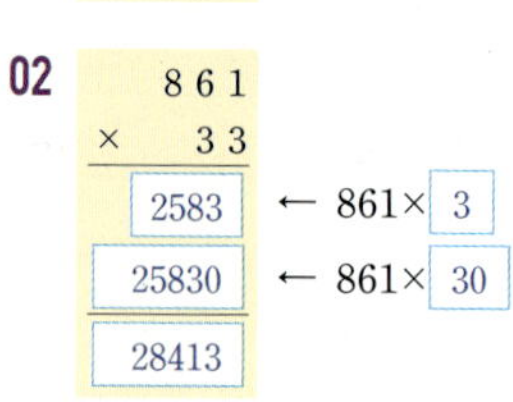

02
$$
\begin{array}{r}
8\,6\,1 \\
\times\ \ 3\,3 \\
\hline
2583 \\
25830 \\
\hline
28413
\end{array}
$$
←861× 3
←861× 30

06 $342×21=342×\boxed{20}+342×\boxed{1}$
$=\boxed{6840}+\boxed{342}=\boxed{7182}$

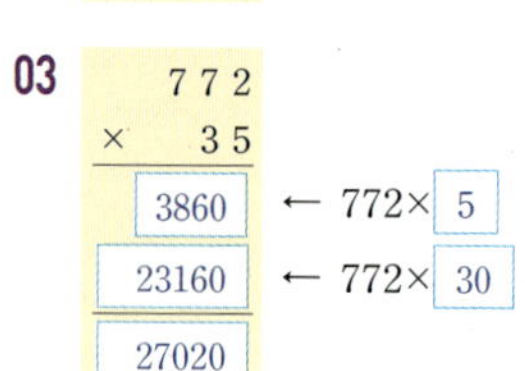

03
$$
\begin{array}{r}
7\,7\,2 \\
\times\ \ 3\,5 \\
\hline
3860 \\
23160 \\
\hline
27020
\end{array}
$$
←772× 5
←772× 30

07 $615×61=615×\boxed{60}+615×\boxed{1}$
$=\boxed{36900}+\boxed{615}=\boxed{37515}$

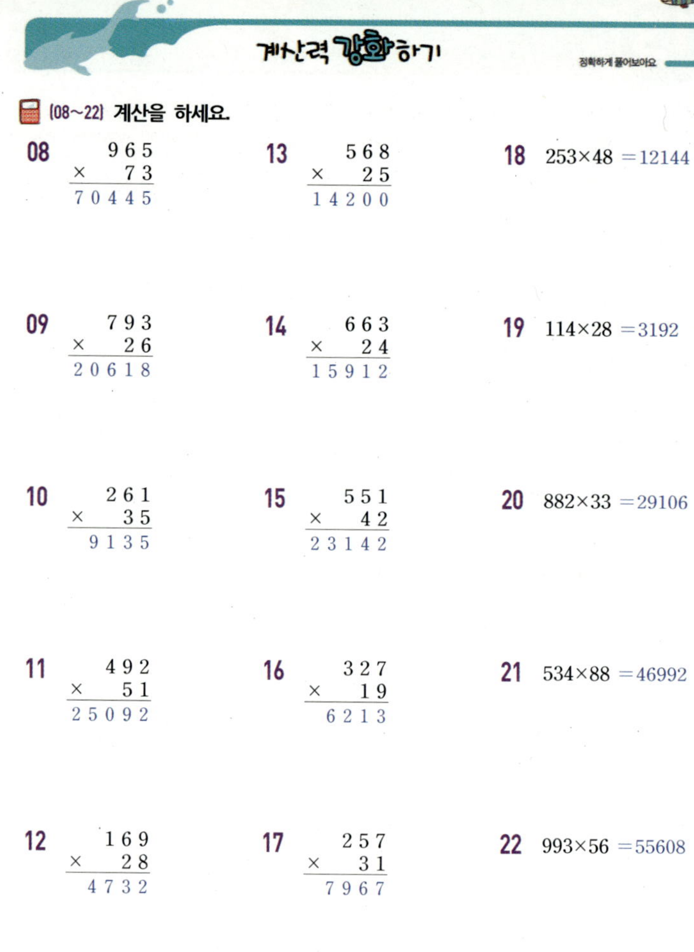

계산력 강화하기

정확하게 풀어보아요

[08~22] 계산을 하세요.

08
$$
\begin{array}{r}
9\,6\,5 \\
\times\ \ 7\,3 \\
\hline
7\,0\,4\,4\,5
\end{array}
$$

13
$$
\begin{array}{r}
5\,6\,8 \\
\times\ \ 2\,5 \\
\hline
1\,4\,2\,0\,0
\end{array}
$$

18 $253×48=12144$

09
$$
\begin{array}{r}
7\,9\,3 \\
\times\ \ 2\,6 \\
\hline
2\,0\,6\,1\,8
\end{array}
$$

14
$$
\begin{array}{r}
6\,6\,3 \\
\times\ \ 2\,4 \\
\hline
1\,5\,9\,1\,2
\end{array}
$$

19 $114×28=3192$

10
$$
\begin{array}{r}
2\,6\,1 \\
\times\ \ 3\,5 \\
\hline
9\,1\,3\,5
\end{array}
$$

15
$$
\begin{array}{r}
5\,5\,1 \\
\times\ \ 4\,2 \\
\hline
2\,3\,1\,4\,2
\end{array}
$$

20 $882×33=29106$

11
$$
\begin{array}{r}
4\,9\,2 \\
\times\ \ 5\,1 \\
\hline
2\,5\,0\,9\,2
\end{array}
$$

16
$$
\begin{array}{r}
3\,2\,7 \\
\times\ \ 1\,9 \\
\hline
6\,2\,1\,3
\end{array}
$$

21 $534×88=46992$

12
$$
\begin{array}{r}
1\,6\,9 \\
\times\ \ 2\,8 \\
\hline
4\,7\,3\,2
\end{array}
$$

17
$$
\begin{array}{r}
2\,5\,7 \\
\times\ \ 3\,1 \\
\hline
7\,9\,6\,7
\end{array}
$$

22 $993×56=55608$

사고력 확장

구조화 하기

구조화 하기를 연습하면 서술형도 쉽게 풀어요

[23~40] 두 수의 곱을 빈칸에 쓰세요.

23
172	31
5332	

29
428	41
17548	

35
937	41
38417	

24
951	15
14265	

30
825	16
13200	

36
331	84
27804	

25
138	72
9936	

31
447	52
23244	

37
947	38
35986	

26
578	19
10982	

32
169	36
6084	

38
374	92
34408	

27
758	14
10612	

33
897	54
48438	

39
574	52
29848	

28
962	19
18278	

34
151	95
14345	

40
461	34
15674	

사고력 확장

서술형 풀어보기

구조화 해서 풀어보아요

41 한 상자에 33개의 고구마가 들어있는 상자 346개가 있습니다. 고구마는 모두 몇 개일까요?

풀이과정

(1) 한 상자에 $\boxed{33}$ 개의 고구마가 들어 있습니다.

(2) $\boxed{346}$ 상자가 있습니다.

(3) 고구마는 모두 $\boxed{346}×\boxed{33}=\boxed{11418}$ 개입니다.

346	33
11418	

[42~45] 풀이과정을 쓰고 답을 구하세요.

42 하루에 새 모이를 45 g씩 주는데 484일을 주려면 새 모이는 몇 g 필요할까요?

풀이 $484×45=21780$

답 21780 g

43 28개의 장식이 달린 리본을 808개 만들기 위해서 모두 몇 개의 장식이 필요할까요?

풀이 $28×808=22624$

답 22624 개

44 714 L로 한번 비행할 수 있는 비행기가 53번 비행을 하려면 몇 L의 연료가 필요할까요?

풀이 $714×53=37842$

답 37842 L

45 한 통을 사용하여 912 m의 줄을 그릴 수 있는 페인트가 13통 있습니다. 13통을 모두 사용하면 몇 m의 줄을 그릴 수 있을까요?

풀이 $912×13=11856$

답 11856 m

연마 Check 칭찬이나 노력할 점을 써 주세요.

맞힌 개수	지도 의견	
개	나의 생각	확인란

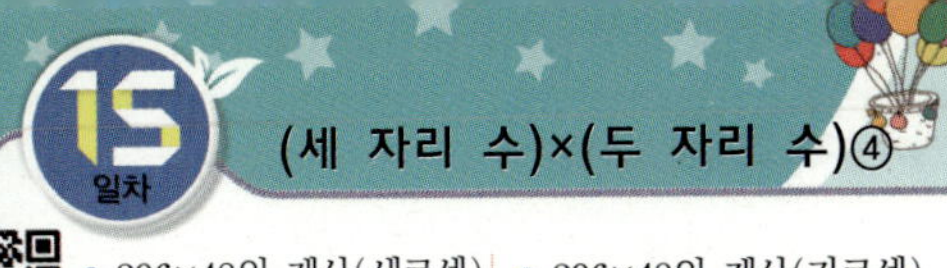

(세 자리 수)×(두 자리 수)④

월 일

● 296×48의 계산(세로셈)

```
      2 9 6
  ×     4 8
    2 3 6 8
  1 1 8 4 0
  1 4 2 0 8
```

● 296×48의 계산(가로셈)

296×48
=296×40+296×8
=11840+2368
=14208

핵심 포인트
· 세로셈에서 (세 자리 수)×(두 자리 수)의 계산은 일의 자리를 먼저 계산하고, 그리고 십의 자리의 수를 계산합니다.
· 가로셈에서의 계산은 십의 자리의 수를 먼저 계산하고, 그리고 일의 자리의 수를 계산하여 더하는 것이 편리합니다.

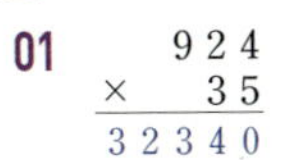 **[01~12] 계산을 하세요.**

01 924 × 35 = 32340	05 748 × 25 = 18700	09 736 × 42 = 30912
02 537 × 19 = 10203	06 201 × 77 = 15477	10 483 × 34 = 16422
03 158 × 27 = 4266	07 648 × 71 = 46008	11 122 × 87 = 10614
04 982 × 58 = 56956	08 137 × 29 = 3973	12 528 × 39 = 20592

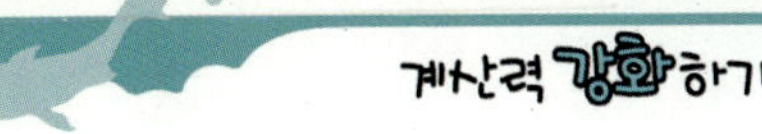

계산력 강화하기

정확하게 풀어보아요

[13~33] 계산을 하세요.

13 142×83 = 11786	20 691×37 = 25567	27 324×51 = 16524
14 667×34 = 22678	21 252×16 = 4032	28 884×52 = 45968
15 531×49 = 26019	22 319×86 = 27434	29 214×15 = 3210
16 609×18 = 10962	23 732×69 = 50508	30 231×61 = 14091
17 118×24 = 2832	24 554×28 = 15512	31 791×27 = 21357
18 207×64 = 13248	25 689×17 = 11713	32 193×33 = 6369
19 926×22 = 20372	26 369×96 = 35424	33 847×21 = 17787

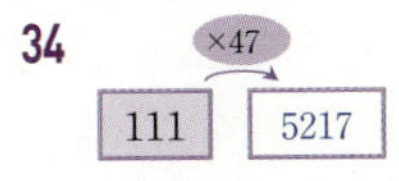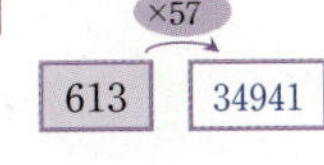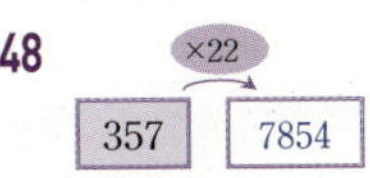

구조화 하기

구조화 하기를 연습하면 서술형도 쉽게 풀어요

[34~54] 두 수의 곱을 빈칸에 쓰세요.

34 ×47 111 → 5217	41 ×57 613 → 34941	48 ×22 357 → 7854
35 ×72 141 → 10152	42 ×35 891 → 31185	49 ×39 284 → 11076
36 ×45 671 → 30195	43 ×37 824 → 30488	50 ×28 134 → 3752
37 ×32 761 → 24352	44 ×27 599 → 16173	51 ×72 276 → 19872
38 ×61 354 → 21594	45 ×24 713 → 17112	52 ×15 239 → 3585
39 ×81 123 → 9963	46 ×37 225 → 8325	53 ×74 593 → 43882
40 ×48 513 → 24624	47 ×25 184 → 4600	54 ×38 693 → 26334

서술형 풀어보기

구조화 해서 풀어보아요

55 한 상자에 35마리의 연어가 들어있는 상자 592개를 판매했습니다. 모두 몇 마리의 연어를 판매했을까요?

풀이과정

(1) 한 상자에 들어있는 연어는 [35] 마리입니다.
(2) [592] 상자를 판매했습니다.
(3) 판매한 연어는 모두 [592] × [35] = [20720] 마리입니다.

×35
592 → 20720

[56~59] 풀이과정을 쓰고 답을 구하세요.

56 바나나 한 개의 가격이 336원이라면 54개의 가격을 얼마일까요?

풀이   336×54=18144
답   18144 원

57 장난감공장에서 38개의 바퀴가 들어가는 기차를 만들었습니다. 모두 174대의 기차를 만들려면 몇 개의 바퀴가 필요할까요?

풀이   174×38=6612
답   6612 개

58 한 상자에 39개의 구슬이 들어있는 상자 471개가 창고에 있습니다. 창고에는 모두 몇 개의 구슬이 있을까요?

풀이   471×39=18369
답   18369 개

59 한 명이 13마리의 새우를 먹는다면 956명이 먹을 새우는 몇 마리일까요?

풀이   956×13=12428
답   12428 마리

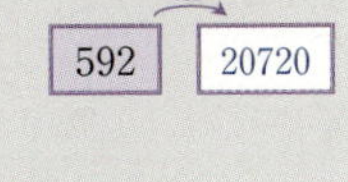 **연마 Check**   칭찬이나 노력할 점을 써 주세요.

맞힌 개수	지도 의견	
개	나의 생각	확인란

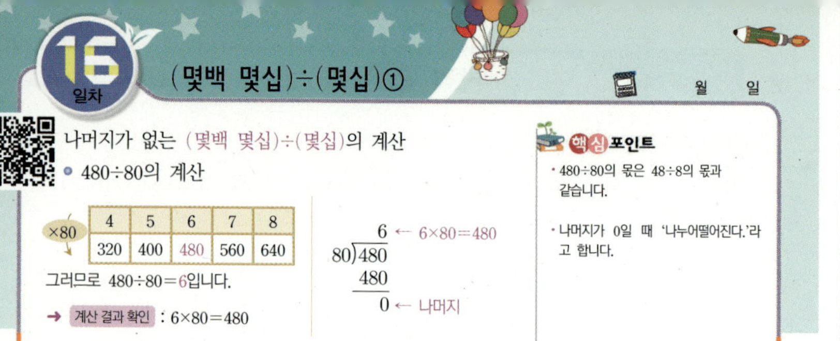

나머지가 없는 (몇백 몇십)÷(몇십)의 계산

● 480÷80의 계산

×80	4	5	6	7	8
	320	400	480	560	640

$$6 \leftarrow 6×80=480$$
$$80)\overline{480}$$
$$\underline{480}$$
$$0 \leftarrow 나머지$$

그러므로 480÷80=6입니다.

→ 계산 결과 확인 : 6×80=480

핵심포인트
· 480÷80의 몫은 48÷8의 몫과 같습니다.
· 나머지가 0일 때 '나누어떨어진다.'라고 합니다.

[01~06] 빈칸을 채워 나눗셈의 몫을 구하세요.

01 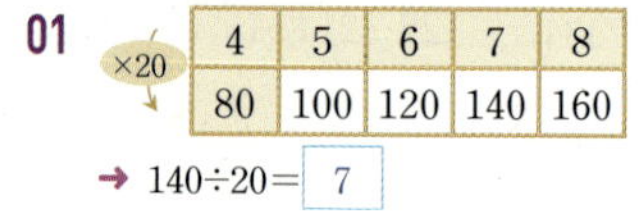

×20	4	5	6	7	8
	80	100	120	140	160

→ 140÷20= 7

계산 결과 확인 : 7 ×20=140

04 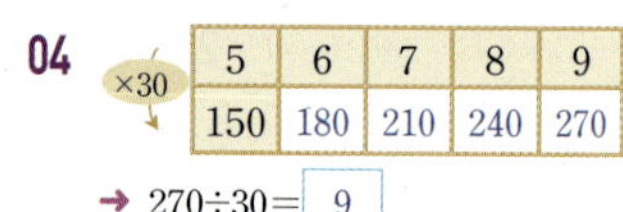

×30	5	6	7	8	9
	150	180	210	240	270

→ 270÷30= 9

계산 결과 확인 : 9 ×30=270

02 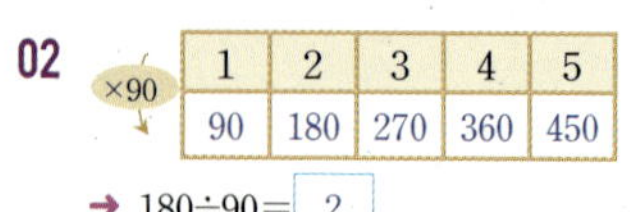

×90	1	2	3	4	5
	90	180	270	360	450

→ 180÷90= 2

계산 결과 확인 : 2 ×90=180

05 

×50	5	6	7	8	9
	250	300	350	400	450

→ 400÷50= 8

계산 결과 확인 : 8 ×50=400

03 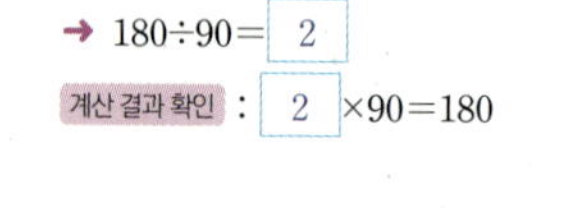

×70	2	3	4	5	6
	140	210	280	350	420

→ 350÷70= 5

계산 결과 확인 : 5 ×70=350

06 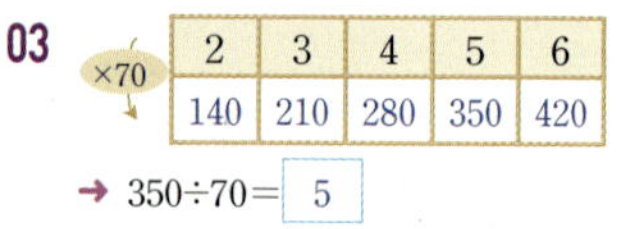

×30	1	2	3	4	5
	30	60	90	120	150

→ 150÷30= 5

계산 결과 확인 : 5 ×30=150

계산력 강화하기

정확하게 풀어보아요

[07~24] 계산을 하세요.

07 30)240　몫 8

13 20)180　몫 9

19 40)280　몫 7

08 80)400　몫 5

14 40)360　몫 9

20 60)480　몫 8

09 60)180　몫 3

15 90)720　몫 8

21 20)120　몫 6

10 30)210　몫 7

16 80)160　몫 2

22 50)200　몫 4

11 40)320　몫 8

17 50)350　몫 7

23 70)420　몫 6

12 90)810　몫 9

18 90)450　몫 5

24 80)320　몫 4

[25~34] 빈칸에 알맞은 수를 쓰세요.

25
270	90	3
30		
9		

30
720	80	9
90		
8		

26
160	20	8
40		
4		

31
450	50	9
90		
5		

27
560	70	8
80		
7		

32
540	60	9
90		
6		

28
360	90	4
60		
6		

33
630	70	9
90		
7		

29
120	30	4
60		
2		

34
240	80	3
40		
6		

서술형 풀어보기

사고력 확장　구조화 해서 풀어보아요

35 120개의 빵을 40명에게 똑같이 나누어 주려고 합니다. 한 명에게 몇 개를 줄 수 있을까요?

풀이과정

(1) 120 개의 빵이 있습니다.

(2) 40 명에게 똑같이 나누어 주려고 합니다.

(3) 한 명당 120 ÷ 40 = 3 개씩 나누어 줄 수 있습니다.

×40	1	2	3	4	5
	40	80	120	160	200

→120÷40= 3

계산 결과 확인 : 3 ×40=120

[36~39] 풀이과정을 쓰고 답을 구하세요.

36 180명의 학생을 30명씩 줄을 세우려고 한다면, 몇 줄로 세울 수 있을까요?

풀이　180÷30=6

답　6　줄

38 140개의 사탕을 14개씩 나눠서 상자에 넣으려고 합니다. 모두 몇 개의 상자가 필요할까요?

풀이　140÷14=10

답　10　개

37 300개의 달걀을 한 상자에 60개씩 묶어 포장하려고 합니다. 몇 개의 상자로 포장할 수 있을까요?

풀이　300÷60=5

답　5　개

39 240명의 학생이 40명씩 버스를 타고 소풍을 가려고 합니다. 모두 몇 대의 버스가 필요할까요?

풀이　240÷40=6

답　6　대

연마 Check　칭찬이나 노력할 점을 써 주세요.

맞힌 개수	지도 의견	
개	나의 생각	확인란

나머지가 있는 (몇백 몇십)÷(몇십)의 계산

● 360÷50의 계산

$$360 \div 50 = 7 \cdots 10$$

$$50 \overline{)360}$$ ← 몫
$$\underline{350}$$
$$10$$ ← 나머지

계산 결과 확인 $50 \times 7 + 10 = 360$
(나누는 수)(몫)(나머지)

핵심 포인트

· 나머지는 항상 나누는 수보다 작아야 합니다.

· 360÷50에서 몫이 6이면 나머지가 60으로, 나누는 수 50보다 크기 때문에 몫이 될 수 없습니다.

어림하기
$50 \times 6 = 300$ (×)
$50 \times 7 = 350$ (○)
$50 \times 8 = 400$ (×)

· 360÷50에서 몫이 8이면 360보다 큰 400이 되므로 몫이 될 수 없습니다.

[01~06] 빈칸에 알맞은 수를 써넣으세요.

01

×90	1	2	3	4	5
	90	180	270	360	450

$90 \overline{)190}$ 몫 2, 180, 나머지 10

계산 결과 확인
→ $90 \times 2 + 10 = 190$

02

×60	4	5	6	7	8
	240	300	360	420	480

$60 \overline{)470}$ 몫 7, 420, 나머지 50

계산 결과 확인
→ $60 \times 7 + 50 = 470$

03

×70	5	6	7	8	9
	350	420	490	560	630

$70 \overline{)510}$ 몫 7, 490, 나머지 20

계산 결과 확인
→ $70 \times 7 + 20 = 510$

04

×80	5	6	7	8	9
	400	480	560	640	720

$80 \overline{)760}$ 몫 9, 720, 나머지 40

계산 결과 확인
→ $80 \times 9 + 40 = 760$

05

×50	1	2	3	4	5
	50	100	150	200	250

$50 \overline{)110}$ 몫 2, 100, 나머지 10

계산 결과 확인
→ $50 \times 2 + 10 = 110$

06

×20	4	5	6	7	8
	80	100	120	140	160

$20 \overline{)150}$ 몫 7, 140, 나머지 10

계산 결과 확인
→ $20 \times 7 + 10 = 150$

계산력 강화하기

정확하게 풀어보아요

[07~15] 몫과 나머지를 구하고, 계산 결과를 확인해 보세요.

07 $40 \overline{)170}$
몫 4, 나머지 10
계산 결과 확인 $40 \times 4 + 10 = 170$

10 $60 \overline{)350}$
몫 5, 나머지 50
계산 결과 확인 $60 \times 5 + 50 = 350$

13 $80 \overline{)380}$
몫 4, 나머지 60
계산 결과 확인 $80 \times 4 + 60 = 380$

08 $20 \overline{)170}$
몫 8, 나머지 10
계산 결과 확인 $20 \times 8 + 10 = 170$

11 $70 \overline{)150}$
몫 2, 나머지 10
계산 결과 확인 $70 \times 2 + 10 = 150$

14 $90 \overline{)400}$
몫 4, 나머지 40
계산 결과 확인 $90 \times 4 + 40 = 400$

09 $50 \overline{)310}$
몫 6, 나머지 10
계산 결과 확인 $50 \times 6 + 10 = 310$

12 $80 \overline{)520}$
몫 6, 나머지 40
계산 결과 확인 $80 \times 6 + 40 = 520$

15 $90 \overline{)820}$
몫 9, 나머지 10
계산 결과 확인 $90 \times 9 + 10 = 820$

구조화 하기

사고력 확장   구조화 하기를 연습하면 서술형도 쉽게 풀어요

[16~23] 어림하여 몫으로 가장 적절한 것에 ○표 하세요.

16 $110 \div 40$ 1 ② 3 4

17 $470 \div 50$ 6 7 8 ⑨

18 $220 \div 30$ 6 ⑦ 8 9

19 $610 \div 70$ 6 7 ⑧ 9

20 $500 \div 60$ 6 7 ⑧ 9

21 $130 \div 20$ 4 5 ⑥ 7

22 $110 \div 40$ 1 ② 3 4

23 $560 \div 60$ 6 7 8 ⑨

[24~29] 빈칸에 알맞은 수를 써넣으세요.

24 $260 \div 40$ 몫 6   나머지 20

25 $710 \div 90$ 몫 7   나머지 80

26 $380 \div 40$ 몫 9   나머지 20

27 $390 \div 80$ 몫 4   나머지 70

28 $470 \div 50$ 몫 9   나머지 20

29 $330 \div 40$ 몫 8   나머지 10

서술형 풀어보기

사고력 확장   구조화 해서 풀어보아요

30 550개의 인형을 70개씩 상자에 담으려고 합니다. 필요한 상자의 개수는 몇 개일까요?

풀이과정

(1) 550 개의 인형이 있습니다.

(2) 한 상자에 70 개씩 나누어 담습니다.

(3) 550 ÷ 70 = 7 개의 상자가 필요하고, 남은 인형이 60 개입니다.

$550 \div 70$ 몫 7   나머지 60

[31~34] 풀이과정을 쓰고 답을 구하세요.

31 사과를 한 상자에 60개씩 담으려고 합니다. 사과가 310개라면 필요한 상자는 몇 개일까요?

풀이 $310 \div 6$, 몫: 5, 나머지: 10

답 5 개

32 어느 야구대회에서 40번의 안타를 치면 주는 안타 상이 있습니다. 300번의 안타를 치면 몇 개의 안타 상을 받을까요?

풀이 $300 \div 40$, 몫: 7, 나머지: 20

답 7 개

33 330개의 사탕을 80명이 똑같이 나누려고 합니다. 나누지 못하고 남은 사탕은 몇 개일까요?

풀이 $330 \div 80$, 몫:4, 나머지:10

답 10 개

34 170개의 달걀은 30개씩 나눠서 포장하려고 합니다. 포장하지 못한 달걀은 몇 개일까요?

풀이 $170 \div 30$, 몫: 5, 나머지: 20

답 20 개

연마 Check

칭찬이나 노력할 점을 써 주세요.

맞힌 개수	지도 의견	확인란
개	나의 생각	

18 일차 (두 자리 수)÷(두 자리 수)

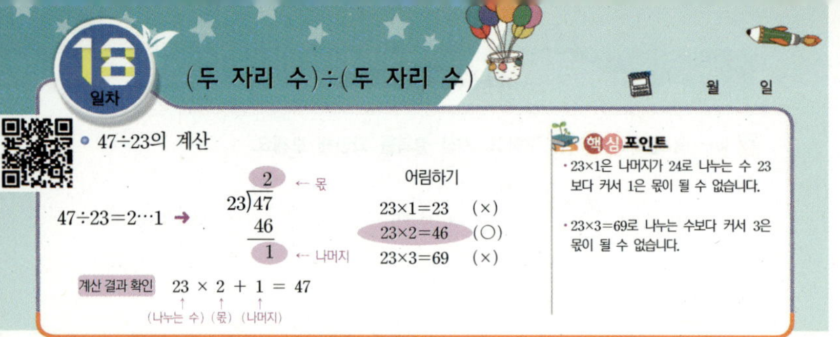

● 47÷23의 계산

$$47÷23=2\cdots1$$

$$23\overline{)47}$$ ← 몫
$$\underline{46}$$
$$1$$ ← 나머지

어림하기
23×1=23 (×)
23×2=46 (○)
23×3=69 (×)

계산 결과 확인 23 × 2 + 1 = 47
(나누는 수) (몫) (나머지)

핵심 포인트
· 23×1은 나머지가 24로 나누는 수 23보다 커서 1은 몫이 될 수 없습니다.
· 23×3=69로 나누는 수보다 커서 3은 몫이 될 수 없습니다.

[01~06] 빈칸에 알맞은 수를 써넣으세요.

01 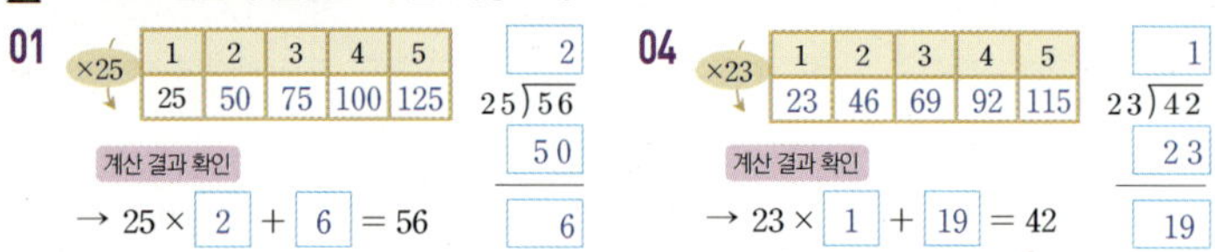

×25	1	2	3	4	5
	25	50	75	100	125

$$25\overline{)56}$$ 2
$$\underline{50}$$
$$6$$

계산 결과 확인
→ 25 × 2 + 6 = 56

04

×23	1	2	3	4	5
	23	46	69	92	115

$$23\overline{)42}$$ 1
$$\underline{23}$$
$$19$$

계산 결과 확인
→ 23 × 1 + 19 = 42

02 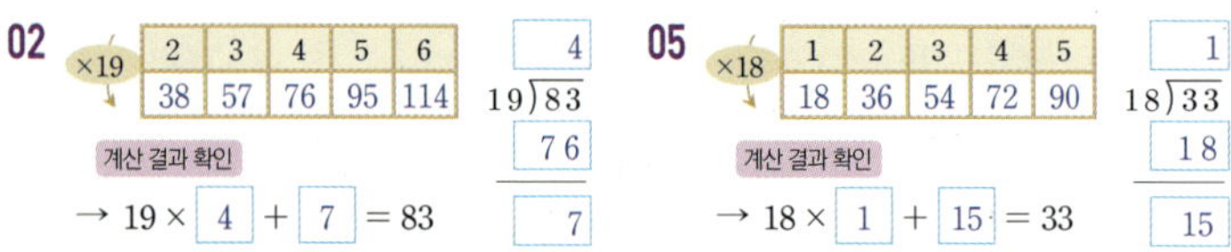

×19	2	3	4	5	6
	38	57	76	95	114

$$19\overline{)83}$$ 4
$$\underline{76}$$
$$7$$

계산 결과 확인
→ 19 × 4 + 7 = 83

05

×18	1	2	3	4	5
	18	36	54	72	90

$$18\overline{)33}$$ 1
$$\underline{18}$$
$$15$$

계산 결과 확인
→ 18 × 1 + 15 = 33

03 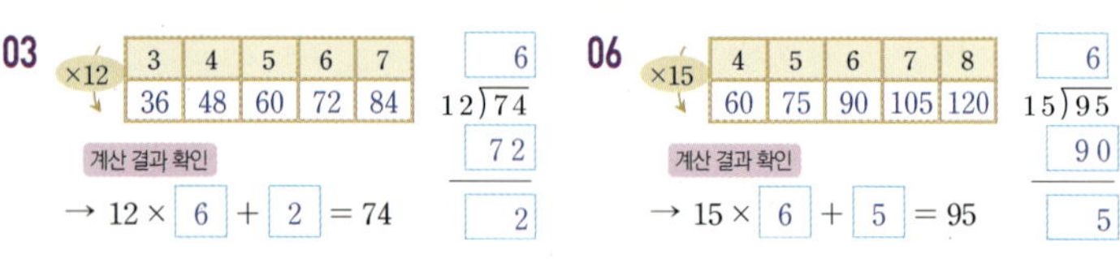

×12	3	4	5	6	7
	36	48	60	72	84

$$12\overline{)74}$$ 6
$$\underline{72}$$
$$2$$

계산 결과 확인
→ 12 × 6 + 2 = 74

06

×15	4	5	6	7	8
	60	75	90	105	120

$$15\overline{)95}$$ 6
$$\underline{90}$$
$$5$$

계산 결과 확인
→ 15 × 6 + 5 = 95

계산력 강화하기

정확하게 풀어보요

[07~15] 몫과 나머지를 구하고, 계산 결과를 확인해 보세요.

07 $$17\overline{)91}$$
몫 5 나머지 6
계산 결과 확인 17×5+6=91

10 $$44\overline{)89}$$
몫 2 나머지 1
계산 결과 확인 44×2+1=89

13 $$22\overline{)76}$$
몫 3 나머지 10
계산 결과 확인 22×3+10=76

08 $$17\overline{)55}$$
몫 3 나머지 4
계산 결과 확인 17×3+4=55

11 $$42\overline{)72}$$
몫 1 나머지 30
계산 결과 확인 42×1+30=72

14 $$48\overline{)82}$$
몫 1 나머지 34
계산 결과 확인 48×1+34=82

09 $$23\overline{)63}$$
몫 2 나머지 17
계산 결과 확인 23×2+17=63

12 $$90\overline{)99}$$
몫 1 나머지 9
계산 결과 확인 90×1+9=99

15 $$12\overline{)19}$$
몫 1 나머지 7
계산 결과 확인 12×1+7=19

사고력 확장 구조화 하기

구조화 하기를 연습하면 서술형도 쉽게 풀어요

[16~23] 어림하여 몫으로 가장 적절한 것에 ○표 하세요.

16 92÷12   6 (7) 8 9

17 73÷13   4 (5) 6 7

18 24÷21   (1) 2 3 4

19 61÷21   1 (2) 3 4

20 79÷54   (1) 2 3 4

21 37÷15   1 (2) 3 4

22 85÷12   6 (7) 8 9

23 98÷32   1 2 (3) 4

[24~29] 빈칸에 알맞은 수를 써넣으세요.

24 몫
57÷14   4   1
나머지

25 몫
23÷13   1   10
나머지

26 몫
94÷16   5   14
나머지

27 몫
35÷11   3   2
나머지

28 몫
78÷12   6   6
나머지

29 몫
65÷22   2   21
나머지

사고력 확장 서술형 풀어보기

구조화 해서 풀어보아요

30 93개의 풍선으로 장식물을 만들려고 합니다. 하나의 장식물을 만들기 위해 13개의 풍선이 필요하다면 몇 개의 장식물을 만들 수 있을까요? 그리고 몇 개의 풍선이 남을까요?

풀이과정
(1) 93 개의 풍선이 있습니다.
(2) 하나의 장식물을 만들기 위해 13 개의 풍선이 필요합니다.
(3) 93 ÷ 13 = 7 … 2 이므로 7 개의 장식을 만들고 풍선은 2 개가 남습니다.

몫
93÷13   7   2
나머지

[31~34] 풀이과정을 쓰고 답을 구하세요.

31 성냥개비 11개로 자동차 모형 한 개를 만들었습니다. 52개의 성냥개비로 몇 개의 자동차 모형을 만들 수 있을까요?
풀이 52÷11=4…8
답 4 개

33 81장의 색종이가 있습니다. 23장씩 친구들에게 똑같이 나누어 주려고 합니다. 나눠주고 몇 장의 색종이가 남을까요?
풀이 81÷23=3…12
답 12 장

32 66개의 고구마를 1봉지에 15개씩 포장했습니다. 포장하지 못한 고구마는 몇 개일까요?
풀이 66÷15=4…6
답 6 개

34 팥알을 17개씩 사용해서 팥떡을 만들려고 합니다. 94개의 팥알이 있다면 몇 개의 팥떡을 만들 수 있을까요?
풀이 94÷17=5…9
답 5 개

연마 Check 칭찬이나 노력할 점을 써 주세요.

맞힌 개수	지도 의견		확인란
개	나의 생각		

239÷30의 계산

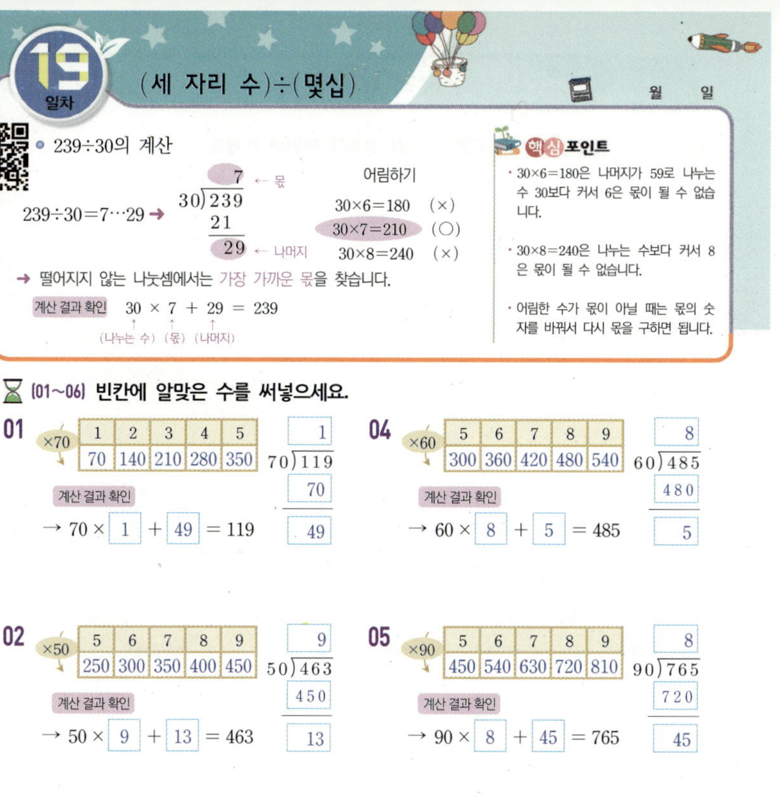

$239÷30=7\cdots29$

→ 떨어지지 않는 나눗셈에서는 가장 가까운 몫을 찾습니다.

계산 결과 확인　$30 × 7 + 29 = 239$
　　　　　　　(나누는 수) (몫) (나머지)

어림하기
$30×6=180$　(×)
$30×7=210$　(○)
$30×8=240$　(×)

핵심 포인트
- $30×6=180$은 나머지가 59로 나누는 수 30보다 커서 6은 몫이 될 수 없습니다.
- $30×8=240$은 나누는 수보다 커서 8은 몫이 될 수 없습니다.
- 어림한 수가 몫이 아닐 때는 몫의 숫자를 바꿔서 다시 몫을 구하면 됩니다.

[01~06] 빈칸에 알맞은 수를 써넣으세요.

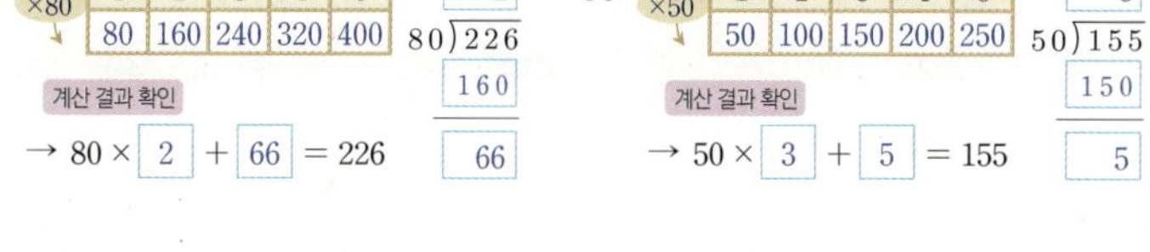

01

×70	1	2	3	4	5
	70	140	210	280	350

$70\overline{)119}$ → 1, 70, 49

계산 결과 확인 → $70 × 1 + 49 = 119$

04

×60	5	6	7	8	9
	300	360	420	480	540

$60\overline{)485}$ → 8, 480, 5

계산 결과 확인 → $60 × 8 + 5 = 485$

02

×50	5	6	7	8	9
	250	300	350	400	450

$50\overline{)463}$ → 9, 450, 13

계산 결과 확인 → $50 × 9 + 13 = 463$

05

×90	5	6	7	8	9
	450	540	630	720	810

$90\overline{)765}$ → 8, 720, 45

계산 결과 확인 → $90 × 8 + 45 = 765$

03

×80	1	2	3	4	5
	80	160	240	320	400

$80\overline{)226}$ → 2, 160, 66

계산 결과 확인 → $80 × 2 + 66 = 226$

06

×50	1	2	3	4	5
	50	100	150	200	250

$50\overline{)155}$ → 3, 150, 5

계산 결과 확인 → $50 × 3 + 5 = 155$

계산력 강화하기

정확하게 풀어보아요

[07~15] 몫과 나머지를 구하고, 계산 결과를 확인해 보세요.

07　$90\overline{)244}$
몫 2　나머지 64
계산 결과 확인 $90×2+64=244$

10　$80\overline{)441}$
몫 5　나머지 41
계산 결과 확인 $80×5+41=441$

13　$70\overline{)338}$
몫 4　나머지 58
계산 결과 확인 $70×4+58=338$

08　$80\overline{)653}$
몫 8　나머지 13
계산 결과 확인 $80×8+13=653$

11　$70\overline{)253}$
몫 3　나머지 43
계산 결과 확인 $70×3+43=253$

14　$30\overline{)172}$
몫 5　나머지 22
계산 결과 확인 $30×5+22=172$

09　$90\overline{)609}$
몫 6　나머지 69
계산 결과 확인 $90×6+69=609$

12　$80\overline{)732}$
몫 9　나머지 12
계산 결과 확인 $80×9+12=732$

15　$40\overline{)104}$
몫 2　나머지 24
계산 결과 확인 $40×2+24=104$

사고력 확장

구조화 하기

구조화 하기를 연습하면 서술형도 쉽게 풀어요

[16~23] 어림하여 몫으로 가장 적절한 것에 ○표 하세요.

16　$512÷60$　6　7　(8)　9

17　$507÷80$　4　5　(6)　7

18　$145÷40$　1　2　(3)　4

19　$384÷60$　5　(6)　7　8

20　$641÷70$　6　7　8　(9)

21　$271÷60$　3　(4)　5　6

22　$776÷90$　6　7　(8)　9

23　$454÷90$　3　4　(5)　6

[24~29] 빈칸에 알맞은 수를 써넣으세요.

24　$298÷60$ → 몫 4, 나머지 58

25　$415÷70$ → 몫 5, 나머지 65

26　$189÷20$ → 몫 9, 나머지 9

27　$454÷90$ → 몫 5, 나머지 4

28　$165÷50$ → 몫 3, 나머지 15

29　$526÷70$ → 몫 7, 나머지 36

사고력 확장

서술형 풀어보기

구조화 해서 풀어보아요

30 353 cm의 끈을 잘라서 선물을 포장하려고 합니다. 한 개의 선물을 포장하는데 90 cm의 끈이 필요하다면 몇 개의 선물을 포장할 수 있을까요? 그리고 남은 끈은 몇 cm일까요?

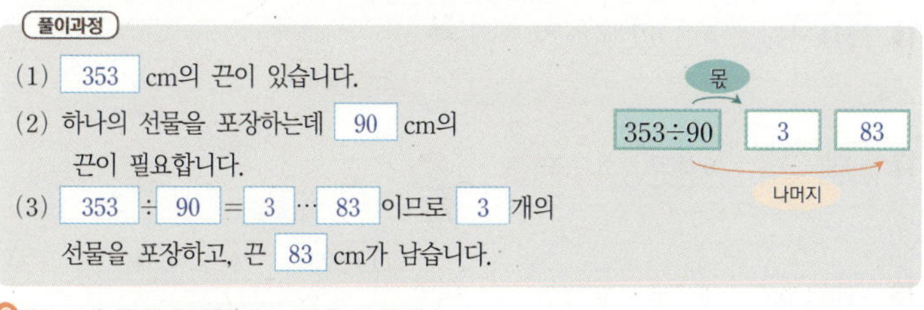

풀이과정

(1) 353 cm의 끈이 있습니다.

(2) 하나의 선물을 포장하는데 90 cm의 끈이 필요합니다.

(3) $353 ÷ 90 = 3 \cdots 83$ 이므로 3 개의 선물을 포장하고, 끈 83 cm가 남습니다.

$353÷90$ → 몫 3, 나머지 83

[31~34] 풀이과정을 쓰고 답을 구하세요.

31 209쪽인 책을 하루에 20쪽씩 읽을 때, 마지막 날 읽게 되는 양은 몇 쪽일까요?

풀이　$209÷20=10\cdots9$

답　9　쪽

32 어느 행사장에서 559개의 기념품을 80명에게 똑같이 나누어 주려고 합니다. 한 명당 몇 개씩 주면 될까요?

풀이　$559÷80=6\cdots79$

답　6　개

33 406개의 나무막대기로 모형비행기를 만들려고 합니다. 한 대를 만드는데 50개의 나무막대기가 필요하다면 몇 대의 모형비행기를 만들 수 있을까요?

풀이　$406÷50=8\cdots6$

답　8　대

34 20명까지 탈 수 있는 보트가 있습니다. 194명이 섬에서 보트를 타고 육지에 가는데 20명씩 채워서 출발합니다. 마지막 보트는 20명을 다 채우지 못하고 출발하게 됩니다. 마지막 보트에는 몇 명이 타게 될까요?

풀이　$194÷20=9\cdots14$

답　14　명

연마 Check　칭찬이나 노력할 점을 써 주세요.

맞힌 개수	지도 의견	확인란
개	나의 생각	

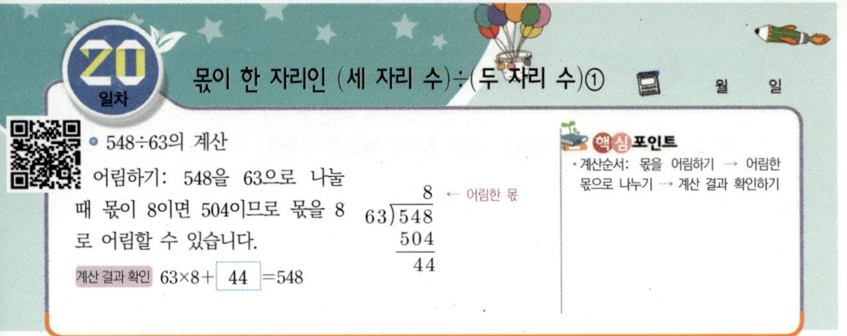

몫이 한 자리인 (세 자리 수)÷(두 자리 수) ①

월 일

● 548÷63의 계산

어림하기: 548을 63으로 나눌 때 몫이 8이면 504이므로 몫을 8 로 어림할 수 있습니다.

$$\begin{array}{r} 8 \leftarrow \text{어림한 몫} \\ 63\overline{)548} \\ 504 \\ \hline 44 \end{array}$$

핵심 포인트
• 계산순서: 몫을 어림하기 → 어림한 몫으로 나누기 → 계산 결과 확인하기

계산 결과 확인 63×8+ 44 =548

[01~06] 빈칸에 알맞은 수를 써넣으세요.

01 785를 83으로 나눌 때 몫이 9 이면 747 이므로 몫을 9 로 어림할 수 있습니다.

$$\begin{array}{r} 9 \\ 83\overline{)785} \\ 747 \\ \hline 38 \end{array}$$

계산 결과 확인 83× 9 + 38 =785

02 213을 92로 나눌 때 몫이 2 이면 184 이므로 몫을 2 로 어림할 수 있습니다.

$$\begin{array}{r} 2 \\ 92\overline{)213} \\ 184 \\ \hline 29 \end{array}$$

계산 결과 확인 92× 2 + 29 =213

03 921을 94로 나눌 때 몫이 9 이면 846 이므로 몫을 9 로 어림할 수 있습니다.

$$\begin{array}{r} 9 \\ 94\overline{)921} \\ 846 \\ \hline 75 \end{array}$$

계산 결과 확인 94× 9 + 75 =921

04 442를 51로 나눌 때 몫이 8 이면 408 이므로 몫을 8 로 어림할 수 있습니다.

$$\begin{array}{r} 8 \\ 51\overline{)442} \\ 408 \\ \hline 34 \end{array}$$

계산 결과 확인 51× 8 + 34 =442

05 196을 54로 나눌 때 몫이 3 이면 162 이므로 몫을 3 으로 어림할 수 있습니다.

$$\begin{array}{r} 3 \\ 54\overline{)196} \\ 162 \\ \hline 34 \end{array}$$

계산 결과 확인 54× 3 + 34 =196

06 836을 85로 나눌 때 몫이 9 이면 765 이므로 몫을 9 로 어림할 수 있습니다.

$$\begin{array}{r} 9 \\ 85\overline{)836} \\ 765 \\ \hline 71 \end{array}$$

계산 결과 확인 85× 9 + 71 =836

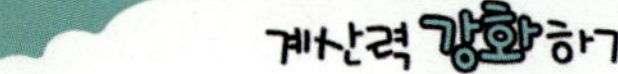

계산력 강화하기

정확하게 풀어보아요

[07~15] 몫과 나머지를 구하고, 계산 결과를 확인해 보세요.

07
$$95\overline{)163}$$
몫 1 나머지 68
계산 결과 확인 95×1+68=163

10
$$37\overline{)142}$$
몫 3 나머지 31
계산 결과 확인 37×3+31=142

13
$$64\overline{)587}$$
몫 9 나머지 11
계산 결과 확인 64×9+11=587

08
$$88\overline{)573}$$
몫 6 나머지 45
계산 결과 확인 88×6+45=573

11
$$69\overline{)475}$$
몫 6 나머지 61
계산 결과 확인 69×6+61=475

14
$$87\overline{)715}$$
몫 8 나머지 19
계산 결과 확인 87×8+19=715

09
$$81\overline{)615}$$
몫 7 나머지 48
계산 결과 확인 81×7+48=615

12
$$73\overline{)129}$$
몫 1 나머지 56
계산 결과 확인 73×1+56=129

15
$$83\overline{)569}$$
몫 6 나머지 71
계산 결과 확인 83×6+71=569

구조화 하기

구조화 하기를 연습하면 서술형도 쉽게 풀어요

[16~23] 어림하여 몫으로 가장 적절한 것에 ○표 하세요.

16 514÷84   5 (6) 7 8

17 432÷57   6 (7) 8 9

18 293÷51   4 (5) 6 7

19 662÷82   6 7 (8) 9

20 684÷72   6 7 8 (9)

21 238÷66   (3) 4 5 6

22 118÷19   (6) 7 8 9

23 535÷82   3 4 5 (6)

[24~29] 빈칸에 알맞은 수를 써넣으세요.

24
395÷46 몫 8 나머지 27
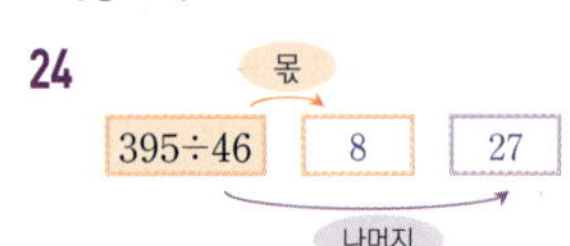

25
114÷25 몫 4 나머지 14
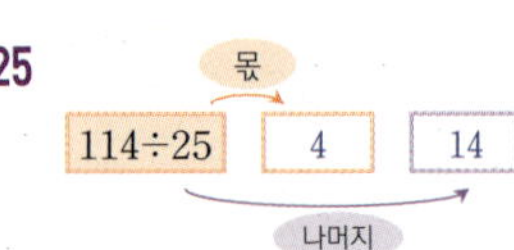

26
378÷44 몫 8 나머지 26
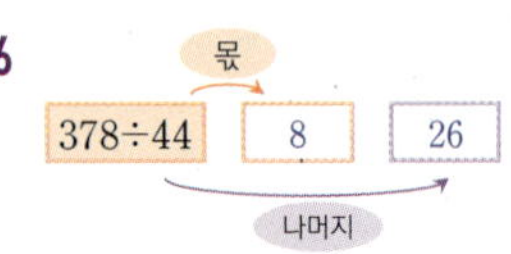

27
369÷49 몫 7 나머지 26
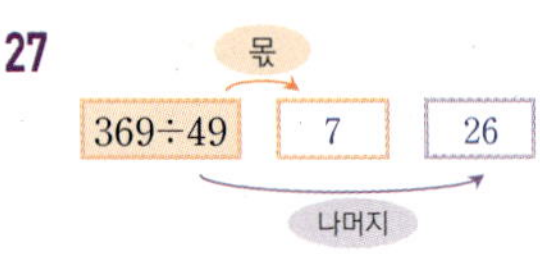

28
181÷36 몫 5 나머지 1
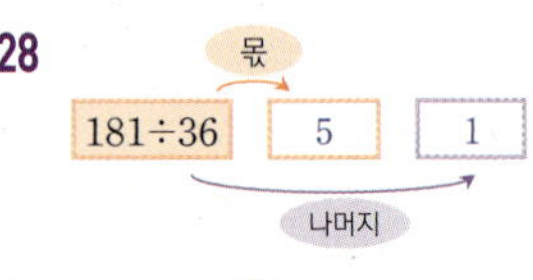

29
251÷31 몫 8 나머지 3
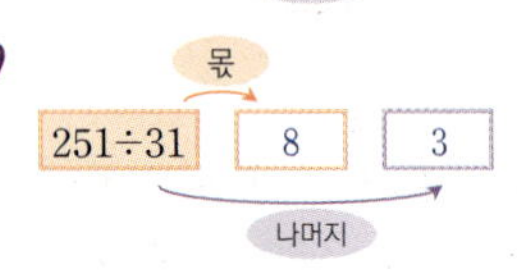

서술형 풀어보기

구조화 해서 풀어보아요

30 331 mL의 용액을 96 mL의 컵에 가득 담으려고 합니다. 몇 개의 컵이 필요할까요? 그리고 남은 용액은 몇 mL일까요?

풀이과정

(1) 용액이 331 mL가 있습니다.

(2) 96 mL의 컵에 가득 담아 나누어 담으려고 합니다.

(3) 331 ÷ 96 = 3 개의 컵이 필요하고, 43 mL의 용액이 남습니다.

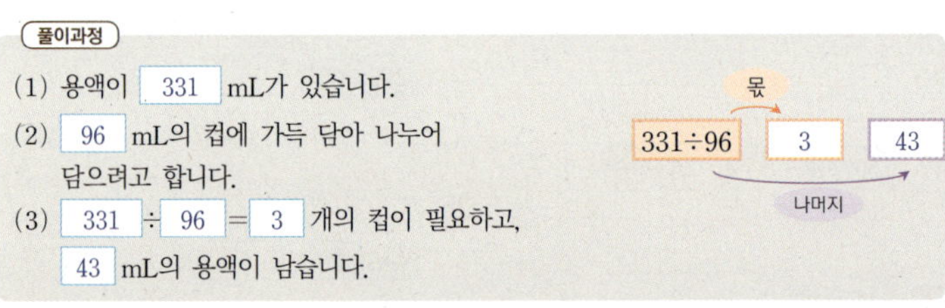

331÷96 몫 3 나머지 43

[31~34] 풀이과정을 쓰고 답을 구하세요.

31 37시간을 사용할 때마다 충전해야 하는 충전용 전등이 있습니다. 225시간을 사용하려면 몇 번을 충전해야 할까요?

풀이 225÷37=6…3

답 6 번

32 660개의 도토리를 73마리의 다람쥐에게 똑같이 나누어 주었을 때, 몇 개씩 나누어 줄 수 있을까요?

풀이 660÷73=9…3

답 9 개

33 562개의 사탕을 한 봉지에 62개씩 나누어 담으려고 합니다. 몇 봉지를 만들 수 있을까요? 그리고 남은 사탕은 몇 개일까요?

풀이 562÷62=9…4

답 9 봉지 4 개

34 현주는 매일 82쪽의 책을 읽으려고 합니다. 485쪽의 책을 읽으려면 마지막 날에는 몇 쪽을 읽어야 할까요?

풀이 485÷82=5…75

답 75 쪽

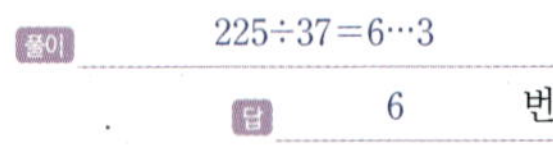

엄마 Check 칭찬이나 노력할 점을 써 주세요.

맞힌 개수	지도 의견	
개	나의 생각	확인란

몫이 한 자리인 (세 자리 수)÷(두 자리 수)②

월 일

- 나누는 수, 몫, 나머지를 이용하여 나눌 수를 구할 수 있습니다.

핵심포인트
- 계산 결과 확인은 '나누는 수×몫+나머지'가 '나뉠 수'와 같은지 확인하는 과정입니다.

□÷77=5…41일 때, 계산 결과를 확인하는 과정을 통해

77×5+41=□ 임을 알 수 있습니다.

그러므로 □=426입니다.

[01~12] 나뉠 수를 구하세요.

01 □176 ÷61=2…54
→ 61×2+54=□176

05 □704 ÷82=8…48
→ 82×8+48=□704

09 □554 ÷62=8…58
→ 62×8+58=□554

02 □581 ÷74=7…63
→ 74×7+63=□581

06 □543 ÷55=9…48
→ 55×9+48=□543

10 □485 ÷55=8…45
→ 55×8+45=□485

03 □441 ÷56=7…49
→ 56×7+49=□441

07 □636 ÷65=9…51
→ 65×9+51=□636

11 □641 ÷83=7…60
→ 83×7+60=□641

04 □289 ÷37=7…30
→ 37×7+30=□289

08 □372 ÷72=5…12
→ 72×5+12=□372

12 □114 ÷47=2…20
→ 47×2+20=□114

계산력 강화하기

정확하게 풀어보아요

[13~21] 나뉠 수를 구하세요.

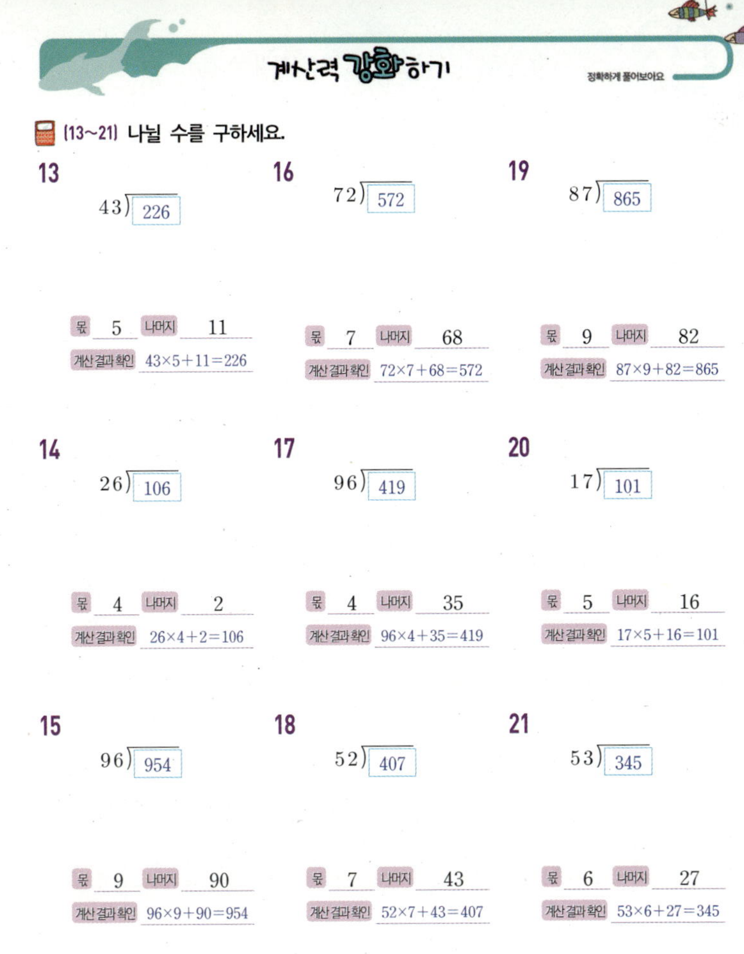

13 43)226
몫 5 나머지 11
계산 결과 확인 43×5+11=226

16 72)572
몫 7 나머지 68
계산 결과 확인 72×7+68=572

19 87)865
몫 9 나머지 82
계산 결과 확인 87×9+82=865

14 26)106
몫 4 나머지 2
계산 결과 확인 26×4+2=106

17 96)419
몫 4 나머지 35
계산 결과 확인 96×4+35=419

20 17)101
몫 5 나머지 16
계산 결과 확인 17×5+16=101

15 96)954
몫 9 나머지 90
계산 결과 확인 96×9+90=954

18 52)407
몫 7 나머지 43
계산 결과 확인 52×7+43=407

21 53)345
몫 6 나머지 27
계산 결과 확인 53×6+27=345

구조화 하기

구조화 하기를 연습하면 서술형도 쉽게 풀어요

[22~33] 나뉠 수를 구하세요.

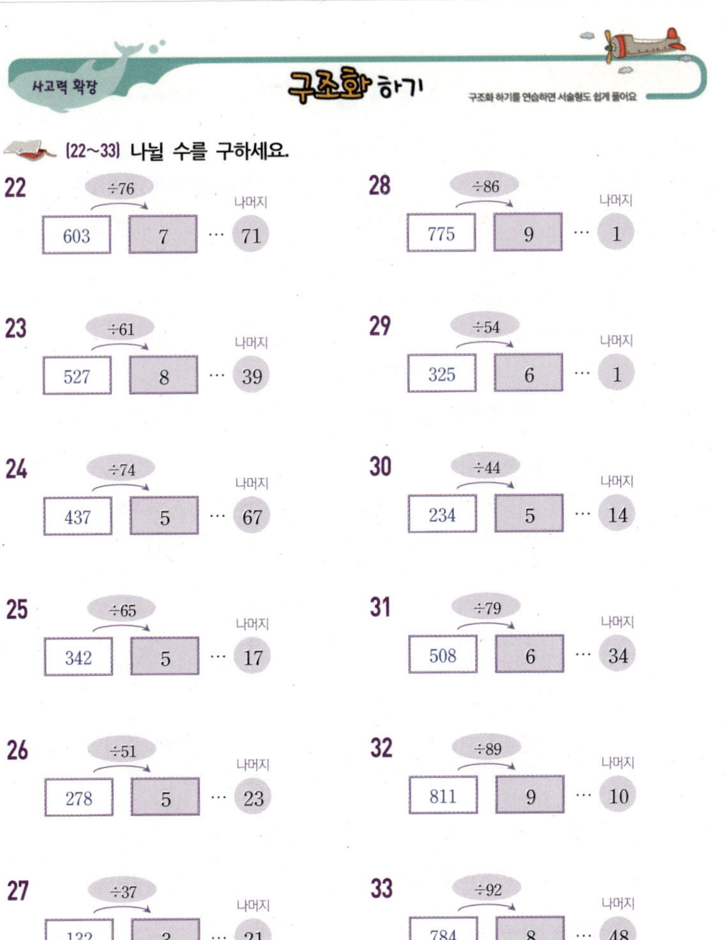

22 603 ÷76 7 … 나머지 71

28 775 ÷86 9 … 나머지 1

23 527 ÷61 8 … 나머지 39

29 325 ÷54 6 … 나머지 1

24 437 ÷74 5 … 나머지 67

30 234 ÷44 5 … 나머지 14

25 342 ÷65 5 … 나머지 17

31 508 ÷79 6 … 나머지 34

26 278 ÷51 5 … 나머지 23

32 811 ÷89 9 … 나머지 10

27 132 ÷37 3 … 나머지 21

33 784 ÷92 8 … 나머지 48

서술형 풀어보기

구조화 해서 풀어보아요

34 머리띠 한 개를 만드는데 리본이 66 cm가 필요합니다. □ cm의 리본을 사용했더니 머리띠가 6개 나오고 남은 리본의 길이가 59 cm였습니다. 처음 리본은 몇 cm였을까요?

풀이과정

(1) 머리띠 한 개를 만드는데 필요한 리본의 길이는 66 cm입니다.

(2) 남은 리본의 길이는 59 cm입니다.

(3) 처음 리본의 길이는 66 × 6 + 59 = 455 cm입니다.

455 ÷66=6…59
→ 66×6+59=455

[35~38] 풀이과정을 쓰고 답을 구하세요.

35 동전 96개를 모을 때마다 통 한 개에 담았습니다. 통이 6개가 모였고, 넣지 못한 동전이 20개가 있다면 모은 동전은 모두 몇 개일까요?

풀이 96×6+20=596

답 596 개

37 김을 55장씩 한 묶음을 만들 때, 6묶음을 만들고 남은 김이 34장이라면 처음 김은 몇 장일까요?

풀이 55×6+34=364

답 364 장

36 꽃 한 송이를 만드는데 95 cm의 색테이프가 필요합니다. 꽃을 8송이를 만들고 남은 색테이프가 65 cm라면, 처음 색테이프는 몇 cm였을까요?

풀이 95×8+65=825

답 825 cm

38 털실을 한 가닥에 76 cm씩 되도록 잘랐더니 9가닥이 나오고 70 cm가 남았습니다. 처음 털실은 몇 cm였을까요?

풀이 76×9+70=754

답 754 cm

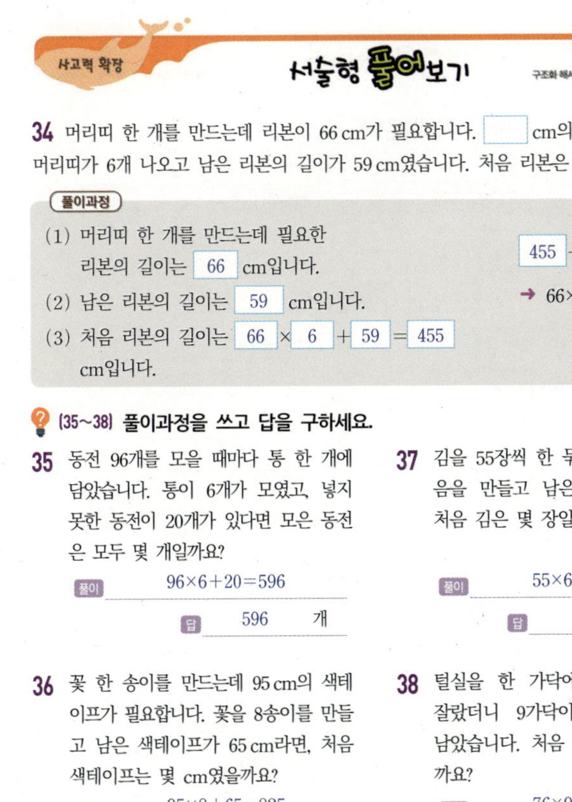

연마 Check 칭찬이나 노력할 점을 써 주세요.

맞힌 개수	지도 의견	
개	나의 생각	확인란

몫이 한 자리인 (세 자리 수)÷(두 자리 수) ③

월 일

291÷31의 계산

$$31\overline{)291}$$
$$\ \ \ 9$$
$$\ 279 \ \leftarrow ① \ 31×9$$
$$\ \ 12 \ \leftarrow ② \ 291-279$$

$291÷31=9\cdots12$

핵심포인트

- $291÷31=9\cdots12$
  → $31×9+12=291$
  ① $31×9=279$
  ② $291-①=291-279=12$

→ 나눗셈 과정에서 사용한 식을 알 수 있습니다.

[01~04] 빈칸에 알맞은 수를 써넣으세요.

01
$$72\overline{)138}$$ ... 1
$$\ \ 72 \ \leftarrow 72 × \boxed{1}$$
$$\ \ 66 \ \leftarrow 138 - \boxed{72}$$

$138÷72= \boxed{1} \cdots \boxed{66}$

→ $72× \boxed{1} + \boxed{66} =138$

02
$$94\overline{)872}$$ ... 9
$$\ 846 \ \leftarrow 94 × \boxed{9}$$
$$\ \ 26 \ \leftarrow 872 - \boxed{846}$$

$872÷94= \boxed{9} \cdots \boxed{26}$

→ $94× \boxed{9} + \boxed{26} =872$

03
$$39\overline{)238}$$ ... 6
$$\ 234 \ \leftarrow 39 × \boxed{6}$$
$$\ \ \ 4 \ \leftarrow \boxed{238} - \boxed{234}$$

$238÷39= \boxed{6} \cdots \boxed{4}$

→ $39× \boxed{6} + \boxed{4} =238$

04
$$41\overline{)383}$$ ... 9
$$\ 369 \ \leftarrow 41 × \boxed{9}$$
$$\ \ 14 \ \leftarrow \boxed{383} - \boxed{369}$$

$383÷41= \boxed{9} \cdots \boxed{14}$

→ $41× \boxed{9} + \boxed{14} =383$

[05~13] 몫과 나머지를 구하고, 계산 결과를 확인해 보세요.

05
$$32\overline{)218}$$
몫 6 나머지 26
계산 결과 확인 $32×6+26=218$

08
$$95\overline{)638}$$
몫 6 나머지 68
계산 결과 확인 $95×6+68=638$

11
$$89\overline{)518}$$
몫 5 나머지 73
계산 결과 확인 $89×5+73=518$

06
$$16\overline{)152}$$
몫 9 나머지 8
계산 결과 확인 $16×9+8=152$

09
$$86\overline{)859}$$
몫 9 나머지 85
계산 결과 확인 $86×9+85=859$

12
$$85\overline{)436}$$
몫 5 나머지 11
계산 결과 확인 $85×5+11=436$

07
$$85\overline{)779}$$
몫 9 나머지 14
계산 결과 확인 $85×9+14=779$

10
$$55\overline{)289}$$
몫 5 나머지 14
계산 결과 확인 $55×5+14=289$

13
$$81\overline{)707}$$
몫 8 나머지 59
계산 결과 확인 $81×8+59=707$

구조화 하기를 연습하면 서술형도 쉽게 풀어요

[14~25] 빈칸에 알맞은 수를 써넣으세요.

14 $745÷82$ → 몫 9 나머지 7

20 $375÷82$ → 몫 4 나머지 47

15 $208÷63$ → 몫 3 나머지 19

21 $192÷29$ → 몫 6 나머지 18

16 $682÷81$ → 몫 8 나머지 34

22 $329÷83$ → 몫 3 나머지 80

17 $254÷24$ → 몫 10 나머지 14

23 $308÷49$ → 몫 6 나머지 14

18 $362÷38$ → 몫 9 나머지 20

24 $463÷52$ → 몫 8 나머지 47

19 $247÷81$ → 몫 3 나머지 4

25 $159÷38$ → 몫 4 나머지 7

구조화 해서 풀어보아요

26 우리 동네 빵집은 62점을 적립하면 크림빵 1개를 무료로 줍니다. 334점이 적립되어 있다면 몇 개의 크림빵을 받을 수 있을까요? 그리고 남은 적립점수는 몇 점일까요?

풀이과정

(1) 총 $\boxed{334}$ 점의 적립점수가 있습니다.

(2) 크림빵 1개를 받으려면 $\boxed{62}$ 점의 적립점수가 필요합니다.

(3) $\boxed{334} ÷ \boxed{62} = \boxed{5}$ 개의 크림빵을 받을 수 있고, $\boxed{24}$ 점의 적립점수가 남습니다.

$334÷62= \boxed{5} \cdots \boxed{24}$

→ $62× \boxed{5} + \boxed{24} =334$

[27~30] 풀이과정을 쓰고 답을 구하세요.

27 547개의 구슬을 55개씩 상자에 나누어 담으려고 합니다. 상자는 모두 몇 상자가 될까요? 그리고 몇 개의 구슬이 남을까요?

풀이 $547÷55=9\cdots52$

답 9 상자 52 개

28 184개의 유리병이 있습니다. 한 상자에 39개씩 담아 포장을 한다면 모두 몇 개의 상자를 포장할 수 있을까요? 그리고 남은 유리병은 몇 개일까요?

풀이 $184÷39=4\cdots28$

답 4 상자 28 개

29 263개의 사탕을 74명에게 똑같이 나누어줄 때 한 사람당 몇 개의 사탕을 나눠줘야 할까요? 그리고 남은 사탕은 몇 개일까요?

풀이 $263÷74=3\cdots41$

답 3 개씩 41 개

30 국수 공장에서 715개의 국수 가닥을 뽑았습니다. 85개씩 묶어 포장할 때 몇 묶음을 만들 수 있을까요? 그리고 몇 개의 국수 가닥이 남을까요?

풀이 $715÷85=8\cdots35$

답 8 묶음 35 가닥

연마 Check 칭찬이나 노력할 점을 써 주세요.

맞힌 개수	지도 의견	
개	나의 생각	확인란

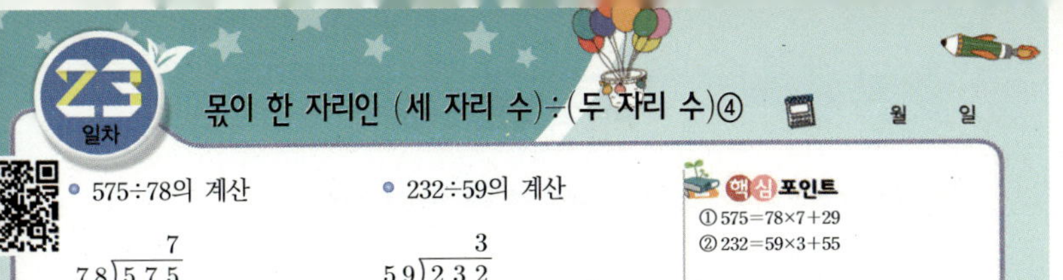

몫이 한 자리인 (세 자리 수)÷(두 자리 수)④

월 일

● 575÷78의 계산

```
        7
78)5 7 5
    5 4 6  ← 78×7
      2 9  ← 575−546
```

● 232÷59의 계산

```
        3
59)2 3 2
    1 7 7  ← 59×3
      5 5  ← 232−177
```

핵심 포인트
① 575=78×7+29
② 232=59×3+55

(01~06) 몫과 나머지를 구하고, 계산 결과를 확인해 보세요.

01
```
16)158
```
몫 9 나머지 14
계산 결과 확인 16×9+14=158

02
```
92)837
```
몫 9 나머지 9
계산 결과 확인 92×9+9=837

03
```
96)742
```
몫 7 나머지 70
계산 결과 확인 96×7+70=742

04
```
17)157
```
몫 9 나머지 4
계산 결과 확인 17×9+4=157

05
```
75)672
```
몫 8 나머지 72
계산 결과 확인 75×8+72=672

06
```
73)617
```
몫 8 나머지 33
계산 결과 확인 73×8+33=617

계산력 강화하기

정확하게 풀어보아요

(07~15) 몫과 나머지를 구하고, 계산 결과를 확인해 보세요.

07 854÷95
몫 8 나머지 94
계산 결과 확인 95×8+94=854

10 876÷91
몫 9 나머지 57
계산 결과 확인 91×9+57=876

13 569÷93
몫 6 나머지 11
계산 결과 확인 93×6+11=569

08 308÷38
몫 8 나머지 4
계산 결과 확인 38×8+4=308

11 149÷23
몫 6 나머지 11
계산 결과 확인 23×6+11=149

14 638÷71
몫 8 나머지 70
계산 결과 확인 71×8+70=638

09 273÷34
몫 8 나머지 1
계산 결과 확인 34×8+1=273

12 265÷57
몫 4 나머지 37
계산 결과 확인 57×4+37=265

15 863÷91
몫 9 나머지 44
계산 결과 확인 91×9+44=863

구조화 하기

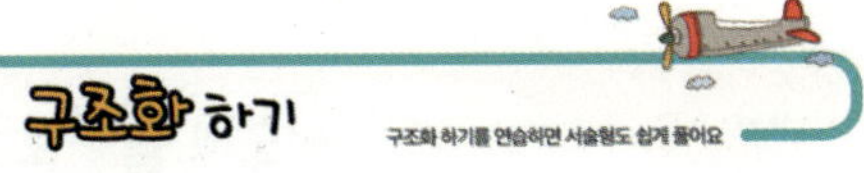

구조화 하기를 연습하면 서술형도 쉽게 풀어요

(16~27) 빈칸에 알맞은 수를 써넣으세요.

16
나누는 수	84
몫	8
나머지	53
나뉠 수	725

17
나누는 수	69
몫	6
나머지	62
나뉠 수	476

18
나누는 수	47
몫	4
나머지	37
나뉠 수	225

19
나누는 수	99
몫	8
나머지	54
나뉠 수	846

20
나누는 수	36
몫	5
나머지	4
나뉠 수	184

21
나누는 수	77
몫	8
나머지	42
나뉠 수	658

22
나누는 수	84
몫	8
나머지	44
나뉠 수	716

23
나누는 수	53
몫	6
나머지	36
나뉠 수	354

24
나누는 수	93
몫	8
나머지	81
나뉠 수	825

25
나누는 수	84
몫	9
나머지	59
나뉠 수	815

26
나누는 수	96
몫	7
나머지	42
나뉠 수	714

27
나누는 수	37
몫	5
나머지	22
나뉠 수	207

서술형 풀어보기

구조화 해서 풀어보아요

28 333개의 사과를 47개씩 상자에 담아 판매를 하려고 합니다. 몇 개의 상자에 나누어 담을 수 있을까요? 그리고 몇 개의 사과가 남을까요?

풀이과정

(1) 333 개의 사과가 있습니다.

(2) 한 상자에 47 개씩 사과를 담습니다.

(3) 7 상자에 사과를 나누어 담고, 4 개의 사과가 남습니다.

```
        7
47)3 3 3
    3 2 9
        4   → 333=47×7 + 4
```

(29~32) 풀이과정을 쓰고 답을 구하세요.

29 199 cm 의 끈을 38 cm 씩 잘라 리본을 만들려고 합니다. 몇 개의 리본을 만들 수 있을까요? 그리고 몇 cm의 끈이 남을까요?
풀이 199÷38=5 … 9
답 5 개 9 cm

30 나무상자를 만들기 위해 73개의 나무판이 필요합니다. 412개의 나무판이 있다면 몇 개의 상자를 만들 수 있을까요? 그리고 남은 나무판은 몇 개일까요?
풀이 412÷73=5 … 47
답 5 상자 47 개

31 매실을 96개씩 한 상자에 담았습니다. 처음 매실의 개수가 878개일 때, 몇 상자를 채울 수 있을까요? 그리고 상자에 넣지 못한 매실은 몇 개일까요?
풀이 878÷96=9 … 14
답 9 상자 14 개

32 김밥기계가 참치김밥을 1줄 만드는데 참치를 88 g을 사용합니다. 참치가 582 g이 있다면 몇 줄의 참치김밥을 만들 수 있을까요? 그리고 남은 참치는 몇 g일까요?
풀이 582÷88=6 … 54
답 6 줄 54 g

연마 Check 칭찬이나 노력할 점을 써 주세요.

맞힌 개수	지도 의견	
개	나의 생각	확인란

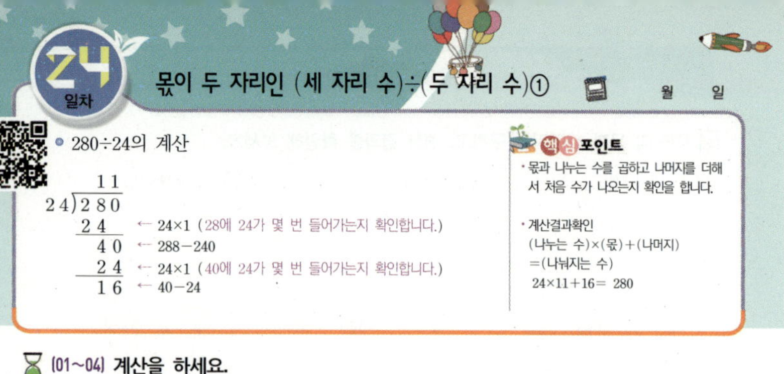

몫이 두 자리인 (세 자리 수)÷(두 자리 수) ①

월   일

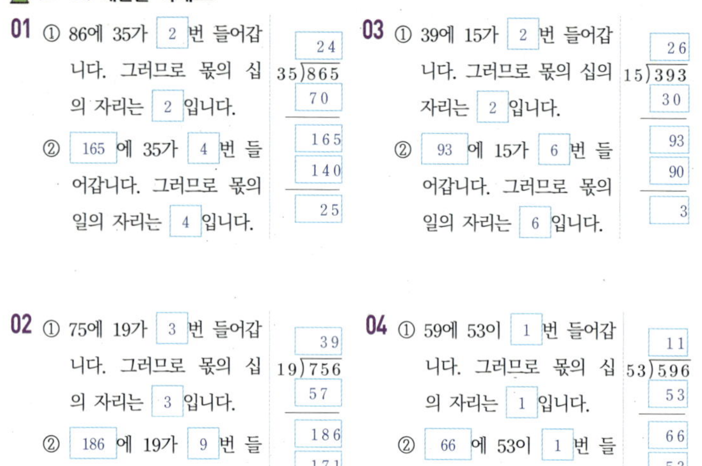

● 280÷24의 계산

```
        1 1
   24) 2 8 0
       2 4      ← 24×1 (28에 24가 몇 번 들어가는지 확인합니다.)
       ─────
         4 0    ← 288−240
         2 4    ← 24×1 (40에 24가 몇 번 들어가는지 확인합니다.)
       ─────
         1 6    ← 40−24
```

핵심포인트

· 몫과 나누는 수를 곱하고 나머지를 더해서 처음 수가 나오는지 확인을 합니다.

· 계산결과확인
(나누는 수)×(몫)+(나머지)
=(나눠지는 수)
24×11+16= 280

[01~04] 계산을 하세요.

01 ① 86에 35가 2 번 들어갑니다. 그러므로 몫의 십의 자리는 2 입니다.
② 165 에 35가 4 번 들어갑니다. 그러므로 몫의 일의 자리는 4 입니다.

```
         2 4
   35) 8 6 5
       7 0
       ─────
       1 6 5
       1 4 0
       ─────
           2 5
```

02 ① 75에 19가 3 번 들어갑니다. 그러므로 몫의 십의 자리는 3 입니다.
② 186 에 19가 9 번 들어갑니다. 그러므로 몫의 일의 자리는 9 입니다.

```
         3 9
   19) 7 5 6
       5 7
       ─────
       1 8 6
       1 7 1
       ─────
           1 5
```

03 ① 39에 15가 2 번 들어갑니다. 그러므로 몫의 십의 자리는 2 입니다.
② 93 에 15가 6 번 들어갑니다. 그러므로 몫의 일의 자리는 6 입니다.

```
         2 6
   15) 3 9 3
       3 0
       ─────
         9 3
         9 0
       ─────
           3
```

04 ① 59에 53이 1 번 들어갑니다. 그러므로 몫의 십의 자리는 1 입니다.
② 66 에 53이 1 번 들어갑니다. 그러므로 몫의 일의 자리는 1 입니다.

```
         1 1
   53) 5 9 6
       5 3
       ─────
         6 6
         5 3
       ─────
           1 3
```

계산력 강화하기

정확하게 풀어보아요

[05~13] 몫과 나머지를 구하고, 계산 결과를 확인해 보세요.

05 71)971
몫 13 나머지 48
계산 결과 확인 71×13+48=971

08 36)487
몫 13 나머지 19
계산 결과 확인 36×13+19=487

11 15)824
몫 54 나머지 14
계산 결과 확인 15×54+14=824

06 35)435
몫 12 나머지 15
계산 결과 확인 35×12+15=435

09 22)801
몫 36 나머지 9
계산 결과 확인 22×36+9=801

12 13)693
몫 53 나머지 4
계산 결과 확인 13×53+4=693

07 25)285
몫 11 나머지 10
계산 결과 확인 25×11+10=285

10 31)602
몫 19 나머지 13
계산 결과 확인 31×19+13=602

13 13)939
몫 72 나머지 3
계산 결과 확인 13×72+3=939

구조화 하기

구조화 하기를 연습하면 서술형도 쉽게 풀어요

[14~25] 몫과 나머지를 구하세요.

14 629 ÷16 → 39 … 나머지 5

20 281 ÷19 → 14 … 나머지 15

15 982 ÷31 → 31 … 나머지 21

21 316 ÷17 → 18 … 나머지 10

16 568 ÷24 → 23 … 나머지 16

22 754 ÷28 → 26 … 나머지 26

17 914 ÷35 → 26 … 나머지 4

23 458 ÷24 → 19 … 나머지 2

18 865 ÷16 → 54 … 나머지 1

24 275 ÷21 → 13 … 나머지 2

19 854 ÷27 → 31 … 나머지 17

25 772 ÷67 → 11 … 나머지 35

서술형 풀어보기

구조화 해서 풀어보아요

26 844개의 콩을 한 바구니에 36개씩 나누어 담으려고 합니다. 모두 몇 개의 바구니가 필요할까요? 그리고 몇 개의 콩이 남을까요?

풀이과정

(1) 844 개의 콩이 있습니다.

(2) 한 바구니에 콩을 36 개씩 나누어 담습니다.

(3) 23 개의 바구니가 필요하고, 16 개의 콩이 남습니다.

계산결과확인 → 36× 23 + 16 =844

① 84에 36이 2 번 들어갑니다. 그러므로 몫의 십의 자리는 2 입니다.
② 124 에 36가 3 번 들어갑니다. 그러므로 몫의 일의 자리는 3 입니다.

```
         2 3
   36) 8 4 4
       7 2
       ─────
       1 2 4
       1 0 8
       ─────
           1 6
```

[27~30] 풀이과정을 쓰고 답을 구하세요.

27 970개의 구슬을 한 상자에 88개씩 넣을 때 몇 개의 상자를 채울 수 있을까요?
풀이 970÷88=11…2
답 11 개

28 708개의 쿠키를 한 상자에 49개씩 포장하여 판다면 몇 개의 상자를 만들 수 있을까요?
풀이 708÷49=14…22
답 14 상자

29 분식집에서 떡볶이 1인분을 만드는데 25개의 떡을 사용합니다. 265개의 떡으로 몇 인분을 만들 수 있을까요?
풀이 265÷25=10…15
답 10 인분

30 닭이 344마리가 있습니다. 닭장 한 개에 14마리씩 넣었습니다. 닭장에 들어가지 못한 닭은 몇 마리일까요?
풀이 344÷14=24…8
답 8 마리

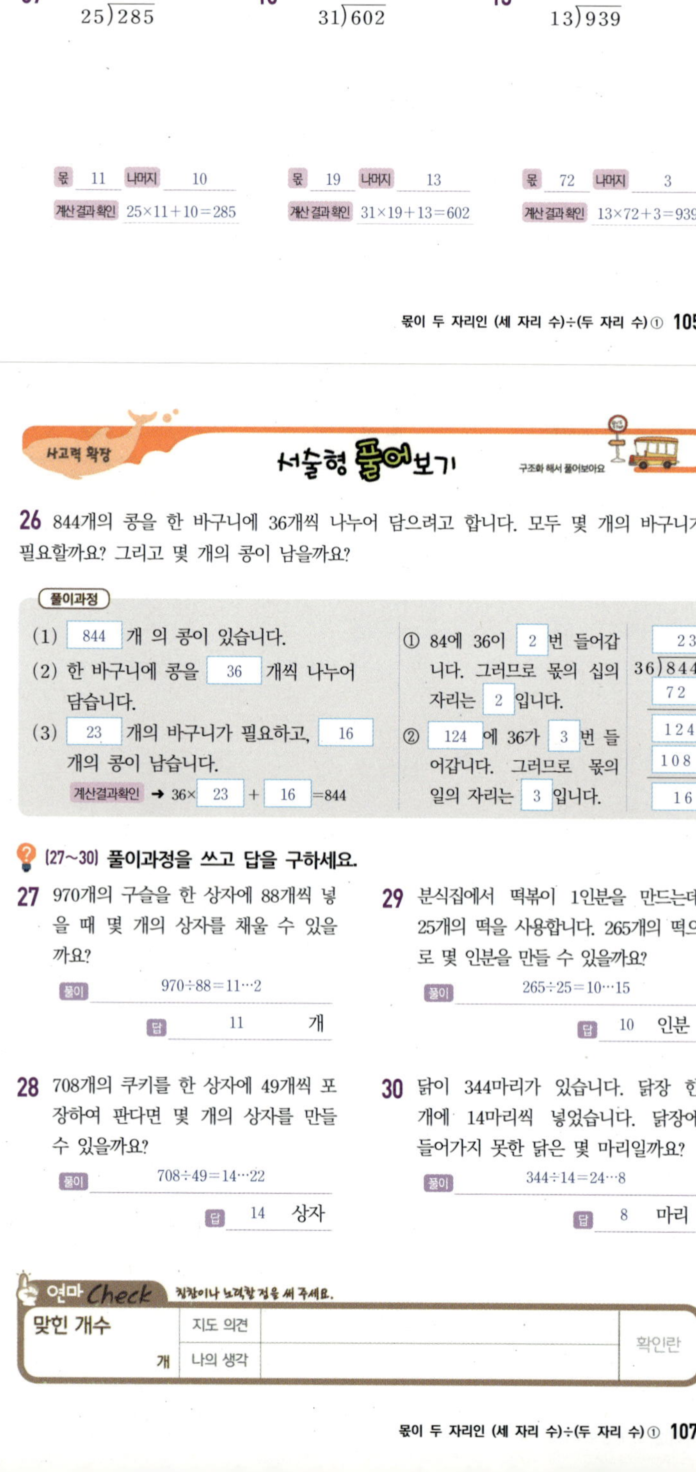

연마 Check 칭찬이나 노력할 점을 써 주세요.

맞힌 개수	지도 의견		확인란
개	나의 생각		

몫이 두 자리인 (세 자리 수)÷(두 자리 수) ②

월 일

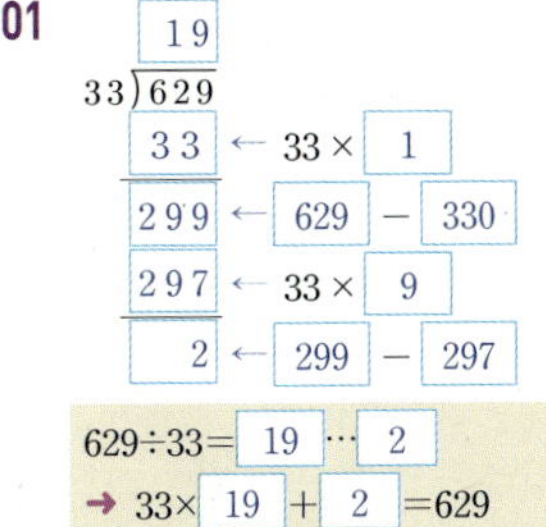

● 656÷46의 계산

```
        1 4
  4 6 ) 6 5 6
        4 6      ← 46×1
        1 9 6    ← 656−460
        1 8 4    ← 46×4
          1 2    ← 196−184
```

핵심 포인트
- (나누는 수)×(몫)+(나머지)
  =(나뉠 수)
  → 46×14+12 = 656

[01~04] 빈칸에 알맞은 수를 써넣으세요.

01
```
           1 9
  3 3 ) 6 2 9
        3 3      ← 33 × 1
        2 9 9    ← 629 − 330
        2 9 7    ← 33 × 9
            2    ← 299 − 297
```
629÷33= 19 … 2
→ 33× 19 + 2 =629

02
```
           2 0
  4 6 ) 9 2 4
        9 2      ← 46 × 2
          4      ← 924 − 920
          0      ← 46 × 0
          4      ← 4 − 0
```
924÷46= 20 … 4
→ 46× 20 + 4 =924

03
```
           2 5
  1 3 ) 3 2 7
        2 6      ← 13 × 2
        6 7      ← 327 − 260
        6 5      ← 13 × 5
          2      ← 67 − 65
```
327÷13= 25 … 2
→ 13× 25 + 2 =327

04
```
           3 4
  1 6 ) 5 4 9
        4 8      ← 16 × 3
        6 9      ← 549 − 480
        6 4      ← 16 × 4
          5      ← 69 − 64
```
549÷16= 34 … 5
→ 16× 34 + 5 =549

계산력 강화하기

정확하게 풀어보아요

[05~13] 몫과 나머지를 구하고, 계산 결과를 확인해 보세요.

05 382÷28
몫 13 나머지 18
계산 결과 확인 28×13+18=382

08 492÷45
몫 10 나머지 42
계산 결과 확인 45×10+42=492

11 854÷42
몫 20 나머지 14
계산 결과 확인 42×20+14=854

06 554÷24
몫 23 나머지 2
계산 결과 확인 24×23+2=554

09 826÷57
몫 14 나머지 28
계산 결과 확인 57×14+28=826

12 942÷27
몫 34 나머지 24
계산 결과 확인 27×34+24=942

07 686÷63
몫 10 나머지 56
계산 결과 확인 63×10+56=686

10 953÷37
몫 25 나머지 28
계산 결과 확인 37×25+28=953

13 268÷11
몫 24 나머지 4
계산 결과 확인 11×24+4=268

구조화 하기

사고력 확장

구조화 하기를 연습하면 서술형도 쉽게 풀어요

[14~25] 몫과 나머지를 구하세요.

14 725 ÷35 → 20 … 나머지 25

15 825 ÷36 → 22 … 나머지 33

16 660 ÷14 → 47 … 나머지 2

17 232 ÷15 → 15 … 나머지 7

18 714 ÷23 → 31 … 나머지 1

19 354 ÷26 → 13 … 나머지 16

20 184 ÷15 → 12 … 나머지 4

21 476 ÷39 → 12 … 나머지 8

22 873 ÷74 → 11 … 나머지 59

23 716 ÷56 → 12 … 나머지 44

24 846 ÷23 → 36 … 나머지 18

25 207 ÷13 → 15 … 나머지 12

서술형 풀어보기

사고력 확장

구조화 해서 풀어보아요

26 793개의 토마토를 41명에게 똑같이 나누어주려고 합니다. 한 사람에게 토마토를 몇 개씩 줄 수 있을까요? 그리고 몇 개의 토마토가 남을까요?

풀이과정

(1) 793 개의 토마토가 있습니다.

(2) 41 명의 사람들에게 토마토를 똑같이 나누어주려고 합니다.

(3) 한 사람에게 토마토를 19 개씩 나누어 줄 수 있습니다. 그리고 14 개의 토마토가 남습니다.

```
           1 9
  4 1 ) 7 9 3
        4 1      ← 41 × 1
        3 8 3    ← 793 − 410
        3 6 9    ← 41 × 9
          1 4    ← 383 − 369
```

[27~30] 풀이과정을 쓰고 답을 구하세요.

27 946그루의 나무가 있습니다. 51그루씩 심을 수 있는 날은 며칠일까요? 그리고 심지 못한 나무는 몇 그루일까요?
풀이 946÷51=18…28
답 18 일 28 그루

28 감자 835개를 67명에게 똑같이 나누어 주려고 합니다. 한 사람당 감자를 몇 개씩 나눠줘야 할까요? 그리고 남은 감자는 몇 개일까요?
풀이 835÷67=12…31
답 12 개씩 31 개

29 246개의 색연필이 있습니다. 22개씩 묶어서 포장하려고 할 때 몇 묶음의 색연필을 포장할 수 있을까요? 그리고 포장하지 못한 색연필은 몇 자루 일까요?
풀이 246÷22=11…4
답 11 묶음 4 자루

30 초콜릿 442개를 매일 36명이 한 개씩 먹는다면 며칠 동안 먹을 수 있을까요? 그리고 몇 개의 초콜릿이 남을까요?
풀이 442÷36=12…10
답 12 일 10 개

연마 Check 칭찬이나 노력할점을 써 주세요.

맞힌 개수	지도 의견	
개	나의 생각	확인란

몫이 두 자리인 (세 자리 수)÷(두 자리 수) ③

월 일

• 254÷17의 계산

$$
\begin{array}{r}
14 \\
17\overline{)254} \\
17 \quad \leftarrow 17\times1 \\
\overline{84} \quad \leftarrow 254-170 \\
68 \quad \leftarrow 17\times4 \\
\overline{16} \quad \leftarrow 84-68
\end{array}
$$

→ 가로셈으로 나누기 어려울 때 세로셈으로 고쳐서 계산합니다.

핵심 포인트
• 몫과 나누는 수를 곱하고 나머지를 더해서 나눌 수가 나오는지 확인을 합니다.
• 계산결과확인
(나누는 수)×(몫)+(나머지)
=(나눌 수)
24×11+16 = 280

[01~06] 몫과 나머지를 구하세요.

01 637÷33

몫	19	나머지	10

계산 결과 확인 33×19+10=637

02 551÷35

몫	15	나머지	26

계산 결과 확인 35×15+26=551

03 251÷14

몫	17	나머지	13

계산 결과 확인 14×17+13=251

04 843÷56

몫	15	나머지	3

계산 결과 확인 56×15+3=843

05 964÷72

몫	13	나머지	28

계산 결과 확인 72×13+28=964

06 416÷36

몫	11	나머지	20

계산 결과 확인 36×11+20=416

계산력 강화하기

정확하게 풀어봐요

[07~15] 몫과 나머지를 구하고, 계산 결과를 확인해 보세요.

07 576÷17

몫	33	나머지	15

계산 결과 확인 17×33+15=576

08 908÷46

몫	19	나머지	34

계산 결과 확인 46×19+34=908

09 739÷13

몫	56	나머지	11

계산 결과 확인 13×56+11=739

10 197÷11

몫	17	나머지	10

계산 결과 확인 11×17+10=197

11 364÷22

몫	16	나머지	12

계산 결과 확인 22×16+12=364

12 439÷13

몫	33	나머지	10

계산 결과 확인 13×33+10=439

13 753÷48

몫	15	나머지	33

계산 결과 확인 48×15+33=753

14 219÷14

몫	15	나머지	9

계산 결과 확인 14×15+9=219

15 526÷23

몫	22	나머지	20

계산 결과 확인 23×22+20=526

구조화 하기

사고력 확장

구조화 하기를 연습하면 서술형도 쉽게 풀어요

[16~27] 빈칸에 알맞은 수를 써넣으세요.

16 745÷35 → 몫 21 → 10   나머지

17 208÷17 → 몫 12 → 4   나머지

18 682÷18 → 몫 37 → 16   나머지

19 254÷24 → 몫 10 → 14   나머지

20 362÷21 → 몫 17 → 5   나머지

21 247÷16 → 몫 15 → 7   나머지

22 375÷28 → 몫 13 → 11   나머지

23 192÷13 → 몫 14 → 10   나머지

24 329÷11 → 몫 29 → 10   나머지

25 308÷24 → 몫 12 → 20   나머지

26 463÷32 → 몫 14 → 15   나머지

27 125÷12 → 몫 10 → 5   나머지

서술형 풀어보기

사고력 확장

구조화 해서 풀어보아요

28 727개의 복숭아를 27개씩 상자에 담아 판매하려고 합니다. 몇 개의 상자를 만들 수 있을까요? 그리고 남은 복숭아는 몇 개일까요?

풀이과정

(1) 727 개의 복숭아가 있습니다.

(2) 한 상자에 27 개씩 나누어 담습니다.

(3) 26 개의 상자를 만들 수 있고, 25 개의 복숭아가 남습니다.

727÷27 → 몫 26 → 25   나머지

[29~32] 풀이과정을 쓰고 답을 구하세요.

29 어떤 동물원에서는 36시간마다 원숭이 우리를 청소합니다. 507시간 동안 우리 청소는 몇 번하게 될까요?

풀이 507÷36=14 … 3

답 14 번

30 239개의 구슬을 18개씩 나누어 주머니에 담으려고 합니다. 몇 개의 주머니에 담을 수 있을까요? 그리고 담지 못한 구슬은 몇 개일까요?

풀이 239÷18=13 … 5

답 13 주머니 5 개

31 건물을 하나 짓는데 15개의 기둥이 필요합니다. 305의 기둥으로 몇 개의 건물을 지을 수 있을까요? 그리고 기둥은 몇 개가 남을까요?

풀이 305÷15=20 … 5

답 20 건물 5 개

32 671개의 도토리를 57개씩 가방에 담으려고 합니다. 몇 개의 가방이 필요할까요? 그리고 몇 개의 도토리가 남을까요?

풀이 671÷57=11 … 44

답 11 가방 44 개

연마 Check 칭찬이나 노력할 점을 써 주세요.

맞힌 개수	지도 의견	
개	나의 생각	확인란

몫이 두 자리인 (세 자리 수)÷(두 자리 수)④

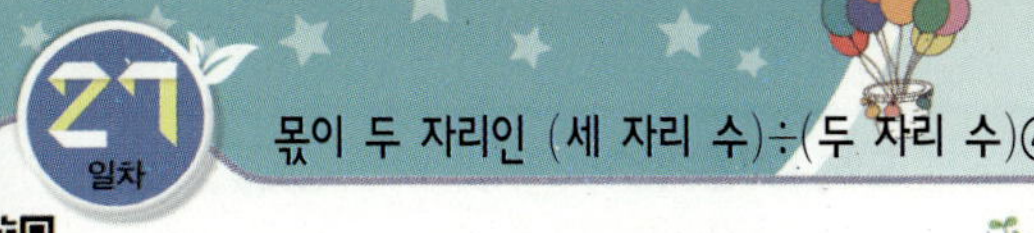

월 일

369÷15의 계산

```
      2 4
15) 3 6 9
    3 0      ← 15×2
    6 9      ← 369-300
    6 0      ← 15×4
      9      ← 69-60
```

452÷34의 계산

```
      1 3
34) 4 5 2
    3 4      ← 34×1
    1 1 2    ← 452-340
    1 0 2    ← 34×3
      1 0    ← 112-102
```

핵심포인트
· 계산 결과 확인
① 15×24＋9＝369
② 34×13＋10＝452

[01~06] 몫과 나머지를 구하고, 계산 결과를 확인해 보세요.

01
```
43) 5 1 8
```
몫 12 나머지 2
계산 결과 확인 43×12＋2＝518

02
```
11) 9 1 1
```
몫 82 나머지 9
계산 결과 확인 11×82＋9＝911

03
```
11) 2 7 4
```
몫 24 나머지 10
계산 결과 확인 11×24＋10＝274

04
```
14) 9 3 2
```
몫 66 나머지 8
계산 결과 확인 14×66＋8＝932

05
```
44) 7 7 4
```
몫 17 나머지 26
계산 결과 확인 44×17＋26＝774

06
```
13) 2 3 1
```
몫 17 나머지 10
계산 결과 확인 13×17＋10＝231

계산력 강화하기

정확하게 풀어봐요

[07~15] 몫과 나머지를 구하고, 계산 결과를 확인해 보세요.

07 734÷41
몫 17 나머지 37
계산 결과 확인 41×17＋37＝734

08 274÷11
몫 24 나머지 10
계산 결과 확인 11×24＋10＝274

09 317÷28
몫 11 나머지 9
계산 결과 확인 28×11＋9＝317

10 519÷25
몫 20 나머지 19
계산 결과 확인 25×20＋19＝519

11 582÷22
몫 26 나머지 10
계산 결과 확인 22×26＋10＝582

12 382÷14
몫 27 나머지 4
계산 결과 확인 14×27＋4＝382

13 762÷32
몫 23 나머지 26
계산 결과 확인 32×23＋26＝762

14 614÷52
몫 11 나머지 42
계산 결과 확인 52×11＋42＝614

15 881÷17
몫 51 나머지 14
계산 결과 확인 17×51＋14＝881

구조화 하기

사고력 확장

구조화 하기를 연습하면 서술형도 쉽게 풀어요

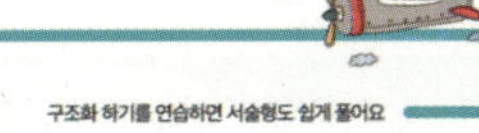

[16~27] 빈칸에 알맞은 수를 써넣으세요.

16
나누는 수	34
몫	16
나머지	18
나뉠 수	562

17
나누는 수	21
몫	14
나머지	13
나뉠 수	307

18
나누는 수	28
몫	19
나머지	23
나뉠 수	555

19
나누는 수	11
몫	14
나머지	1
나뉠 수	155

20
나누는 수	17
몫	13
나머지	5
나뉠 수	226

21
나누는 수	74
몫	13
나머지	14
나뉠 수	976

22
나누는 수	67
몫	13
나머지	34
나뉠 수	905

23
나누는 수	33
몫	14
나머지	10
나뉠 수	472

24
나누는 수	53
몫	14
나머지	49
나뉠 수	791

25
나누는 수	32
몫	14
나머지	14
나뉠 수	462

26
나누는 수	51
몫	15
나머지	39
나뉠 수	804

27
나누는 수	47
몫	12
나머지	45
나뉠 수	609

서술형 풀어보기

사고력 확장

구조화 해서 풀어보아요

28 성냥개비 16개를 사용해서 장난감 1개를 만들었습니다. 284개의 성냥개비로 모두 몇 개의 장난감을 만들 수 있는지 구하세요. 그리고 몇 개의 성냥개비가 남을까요?

풀이과정
(1) 성냥개비는 284 개 있습니다.
(2) 장난감 1개를 만들기 위해서는 16 개의 성냥개비가 필요합니다.
(3) 17 개의 장난감을 만들 수 있고, 12 개의 성냥개비가 남습니다.

```
      1 7
16) 2 8 4
    1 6      ← 16×1
    1 2 4    ← 284-160
    1 1 2    ← 16×7
      1 2    ← 124-112
```

[29~32] 풀이과정을 쓰고 답을 구하세요.

29 184 cm의 끈을 17 cm씩 자르려고 합니다. 17 cm 길이의 끈을 몇 개 얻을 수 있을까요? 그리고 남은 끈은 몇 cm일까요?
풀이 184÷17＝10…14
답 10 개 14 cm

30 참외 405개를 11명에게 똑같이 나누어 주려고 합니다. 참외를 몇 개씩 나누어 줄 수 있을까요? 그리고 몇 개의 참외가 남을까요?
풀이 405÷11＝36…9
답 36 개씩 9 개

31 딸기를 33개씩 상자에 담아 30 상자를 만들고 딸기가 3개 남았습니다. 처음 딸기는 몇 개 있었을까요?
풀이 33×30＋3＝993
답 993 개

32 37개의 벽돌로 굴뚝 한 개를 만들 수 있습니다. 굴뚝을 14개 만들고 벽돌이 6개 남았다면 처음 있던 벽돌의 개수는 모두 몇 개일까요?
풀이 37×14＋6＝524
답 524 개

맞힌 개수	지도 의견	
개	나의 생각	확인란

평면도형 밀기, 뒤집기, 돌리기

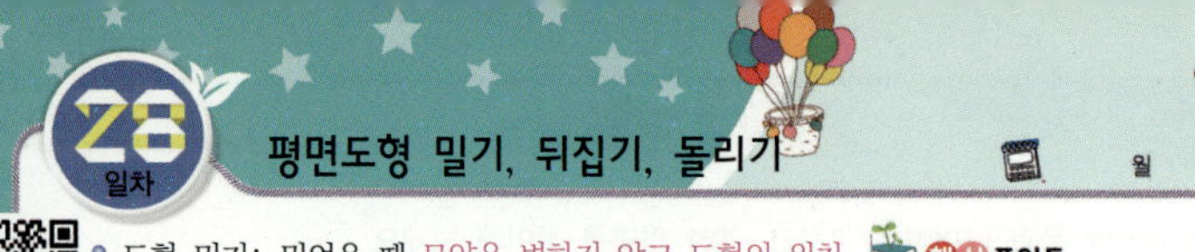

월   일

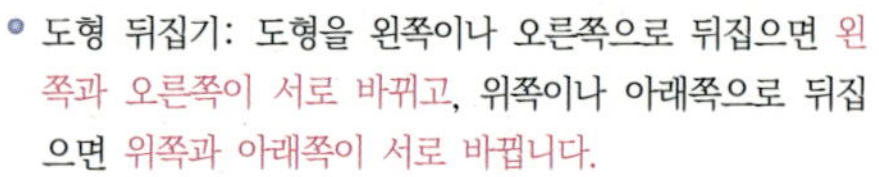

- 도형 밀기: 밀었을 때 모양은 변하지 않고 도형의 위치만 바뀝니다.

- 도형 뒤집기: 도형을 왼쪽이나 오른쪽으로 뒤집으면 왼쪽과 오른쪽이 서로 바뀌고, 위쪽이나 아래쪽으로 뒤집으면 위쪽과 아래쪽이 서로 바뀝니다.

- 도형 돌리기: 도형을 돌리면 방향이 바뀝니다.

핵심 포인트
- 도형 뒤집기
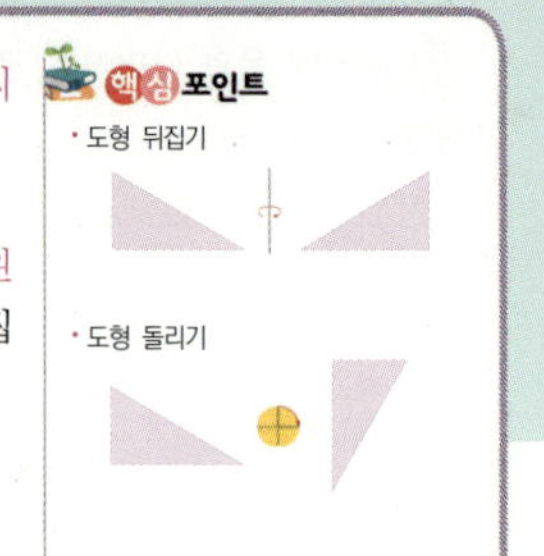
- 도형 돌리기

[01~06] 도형을 주어진 방향으로 한 칸 밀었을 때의 도형을 그려 보세요.

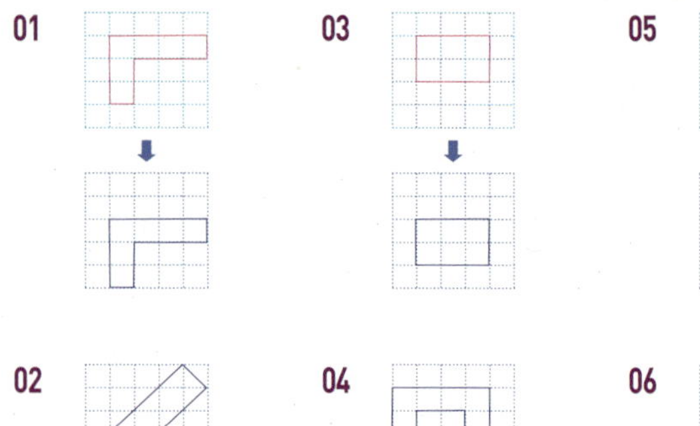

[07~18] 도형을 주어진 방향으로 뒤집었을 때의 도형을 그려 보세요.

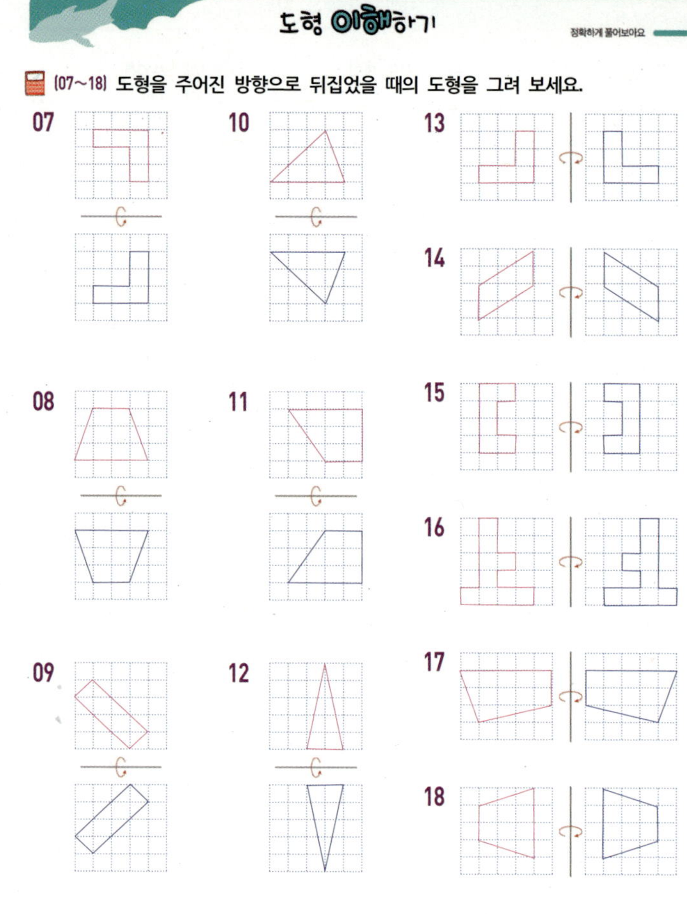

도형 이해하기

정확하게 풀어보아요

[19~30] 도형을 주어진 방향으로 돌렸을 때의 도형을 그려 보세요.

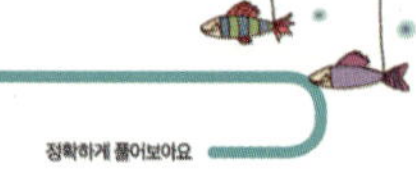
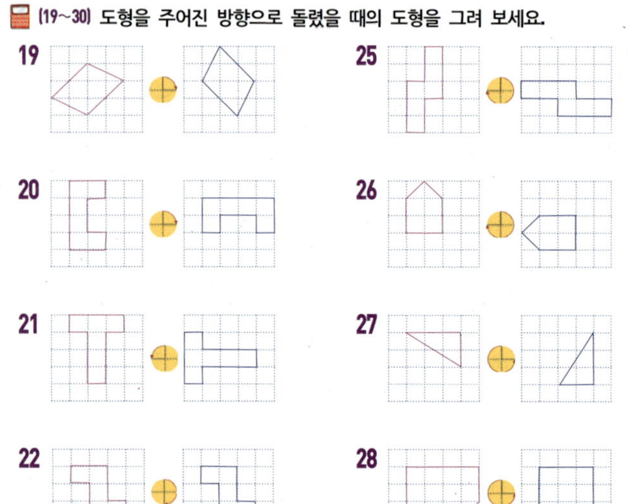
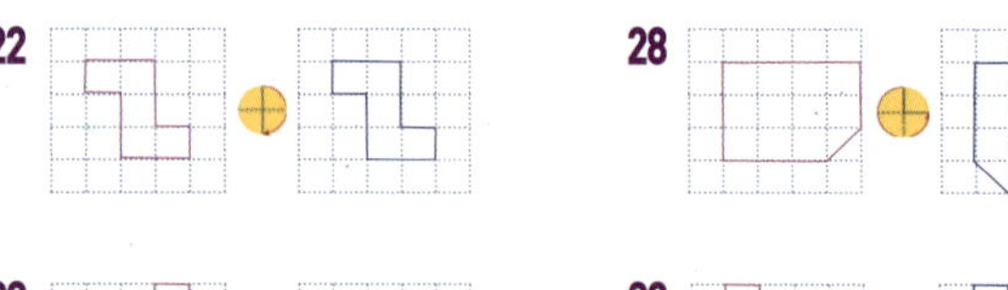
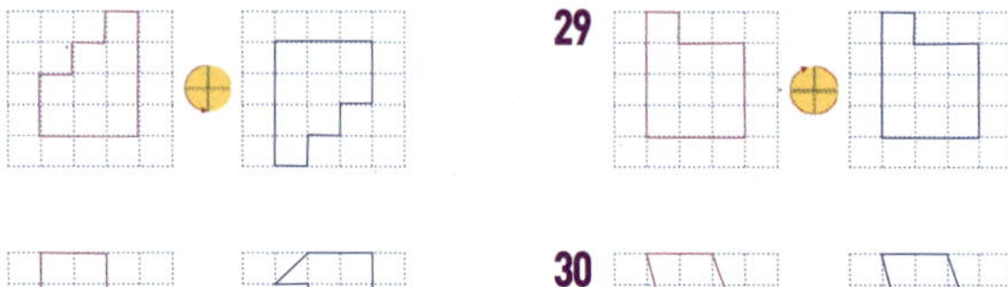
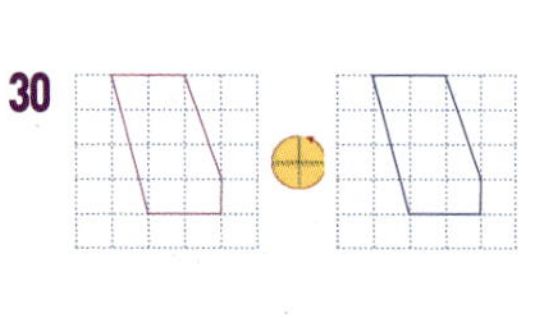

도형 이해하기

정확하게 풀어보아요

[31~34] 주어진 조건에 맞게 도형을 그려 보세요.

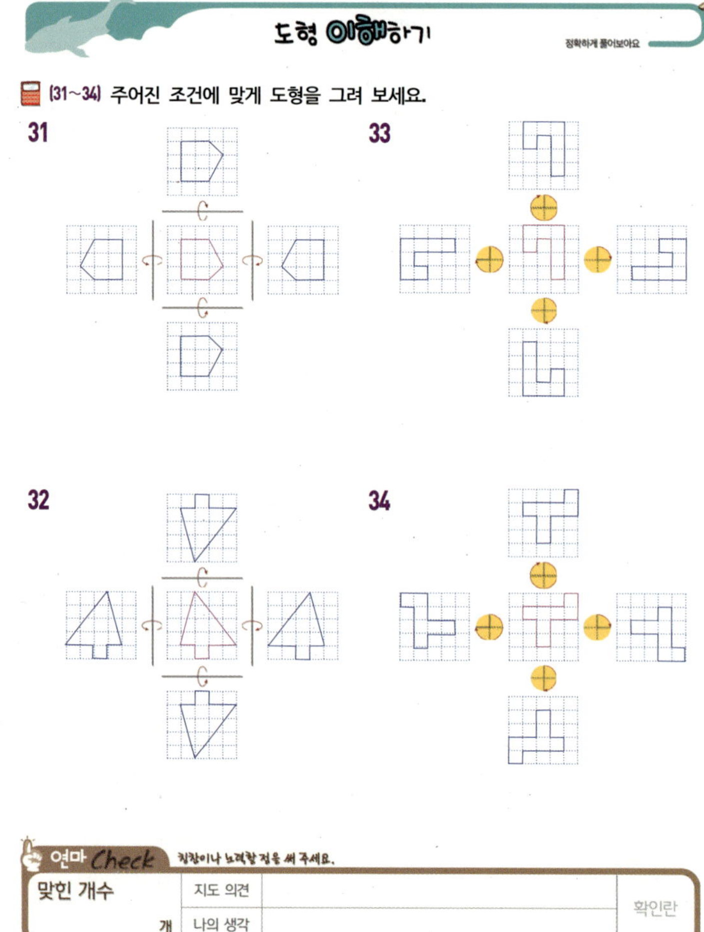

연마 Check 칭찬이나 노력할 점을 써 주세요.

맞힌 개수	지도 의견	
개	나의 생각	확인란

평면도형 뒤집고, 돌리기

월   일

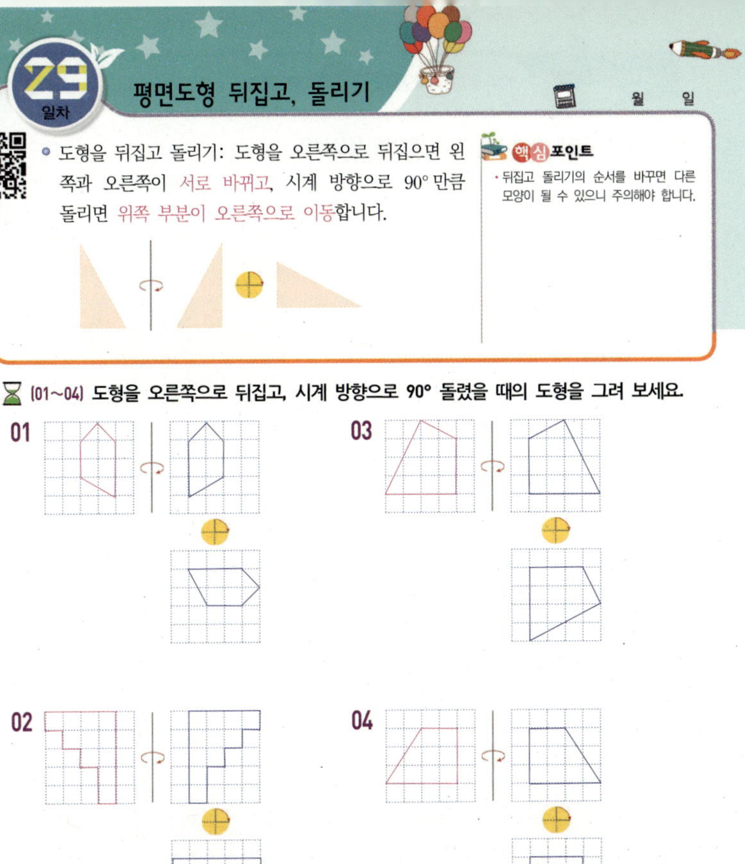

[05~16] 도형을 주어진 방향으로 뒤집고, 돌렸을 때의 도형을 그려 보세요.

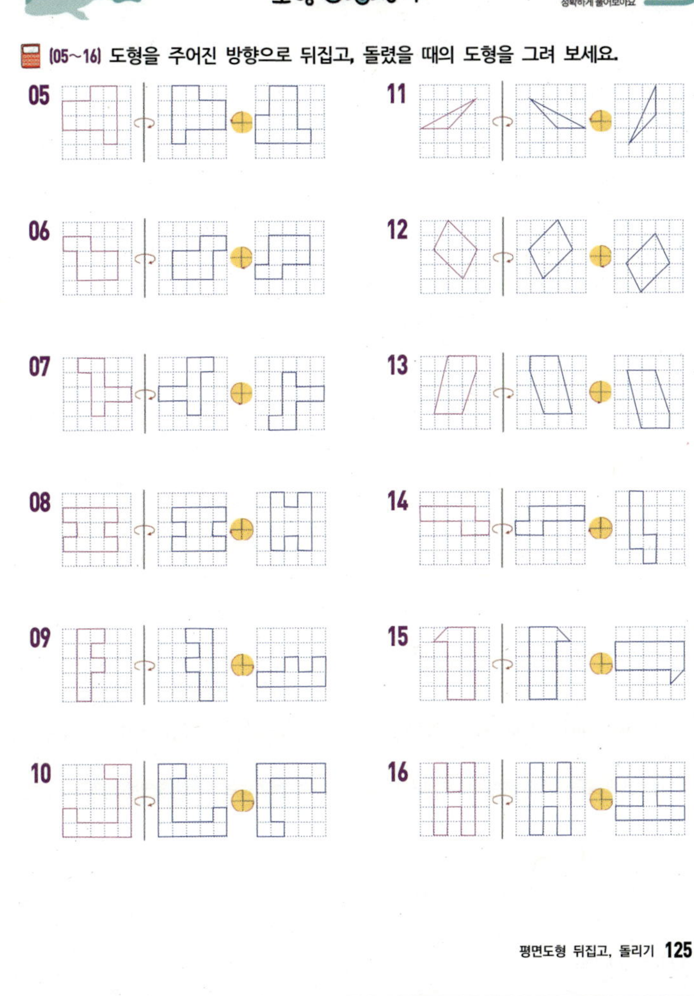

[17~28] 도형을 주어진 방향으로 돌리고, 뒤집었을 때의 도형을 그려 보세요.

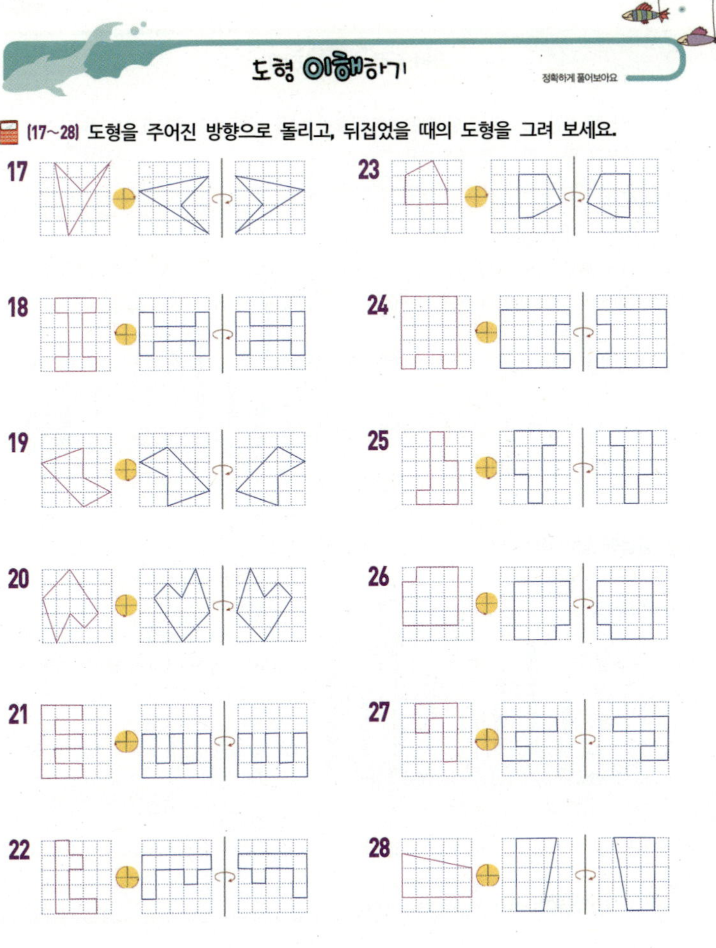

[29~38] 도형을 주어진 방향으로 돌리고, 뒤집었을 때의 도형을 그려 보세요.

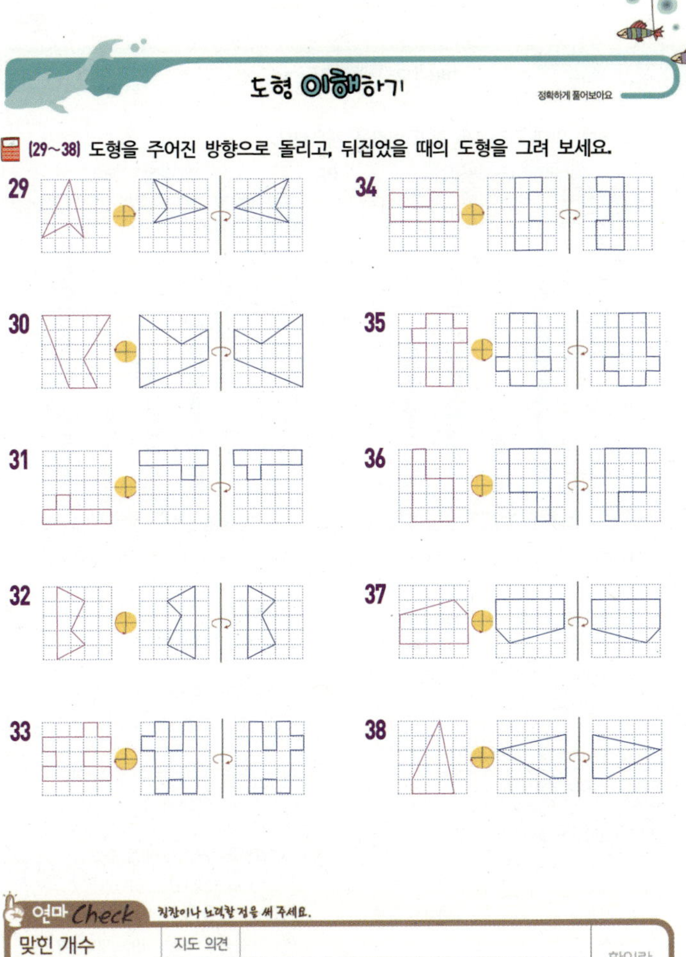

연마 Check   칭찬이나 노력할 점을 써 주세요.

맞힌 개수	지도 의견	
개	나의 생각	확인란

막대그래프 알아보기

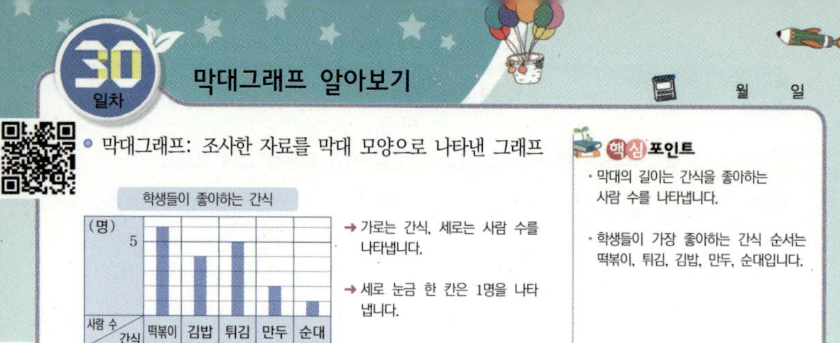

• 막대그래프: 조사한 자료를 막대 모양으로 나타낸 그래프

핵심 포인트
• 막대의 길이는 간식을 좋아하는 사람 수를 나타냅니다.
• 학생들이 가장 좋아하는 간식 순서는 떡볶이, 튀김, 김밥, 만두, 순대입니다.

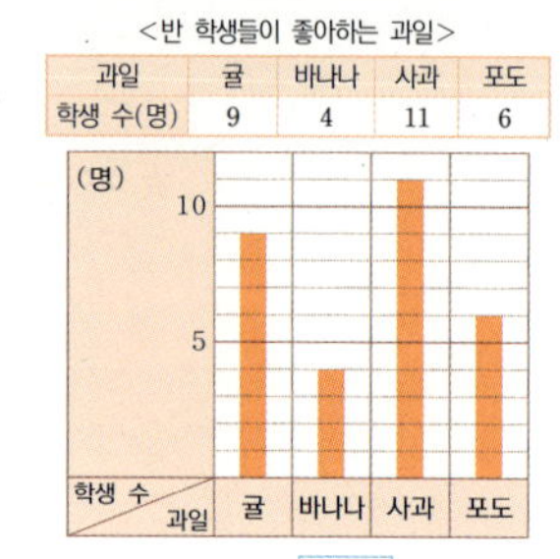

학생들이 좋아하는 간식

→ 가로는 간식, 세로는 사람 수를 나타냅니다.
→ 세로 눈금 한 칸은 1명을 나타냅니다.

[01~02] 막대 그래프를 보고 빈칸을 채우세요.

01 <반 학생들이 좋아하는 과일>

과일	귤	바나나	사과	포도
학생 수(명)	9	4	11	6

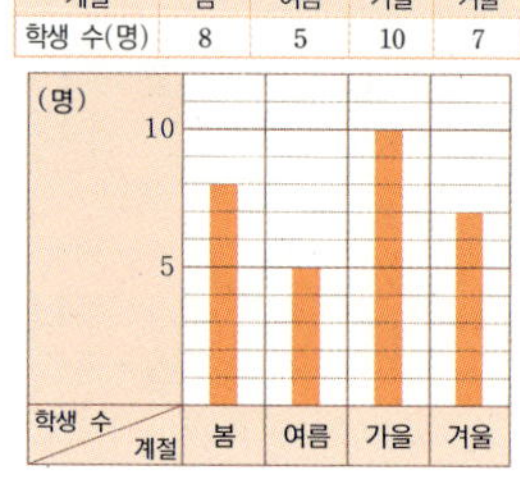

(1) 전체 학생 수는 **30** 명입니다.

(2) 가로는 **좋아하는 과일** 을 나타냅니다.

(3) 막대의 길이는 **학생 수** 를 나타냅니다.

(4) 가장 많은 학생이 좋아하는 과일은 **사과** 입니다.

02 <반 학생들이 좋아하는 계절>

계절	봄	여름	가을	겨울
학생 수(명)	8	5	10	7

(1) 전체 학생 수는 **30** 명입니다.

(2) 가로는 **좋아하는 계절** 을 나타냅니다.

(3) 막대의 길이는 **학생 수** 를 나타냅니다.

(4) 가장 많은 학생이 좋아하는 계절은 **가을** 입니다.

[03~06] 막대 그래프를 보고 빈칸을 채우세요.

03 장래희망 직업

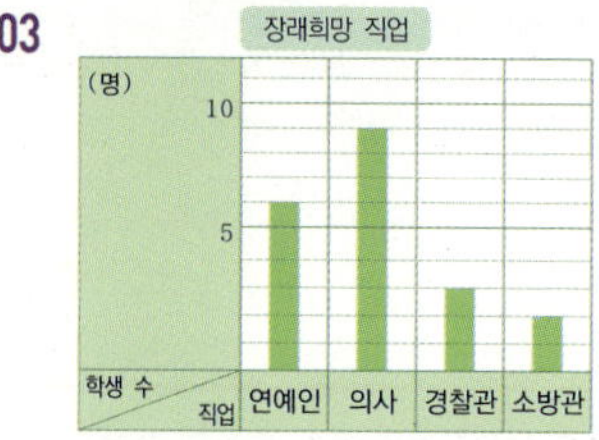

(1) 전체 학생 수는 **20** 명입니다.

(2) 가장 많은 학생이 희망하는 직업은 **의사** 입니다

(3) 막대의 길이는 **학생 수** 를 나타냅니다.

(4) 가장 적은 학생이 희망하는 장래 직업은 **소방관** 입니다.

04 여행 가고 싶은 나라

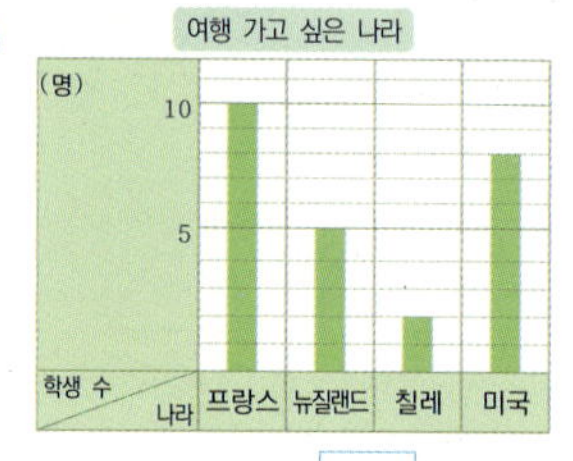

(1) 전체 학생 수는 **25** 명입니다.

(2) 가고 싶어 하는 나라 중에서 학생 수가 가장 많은 나라와 가장 적은 나라의 차이는 **8** 명입니다.

05 좋아하는 운동

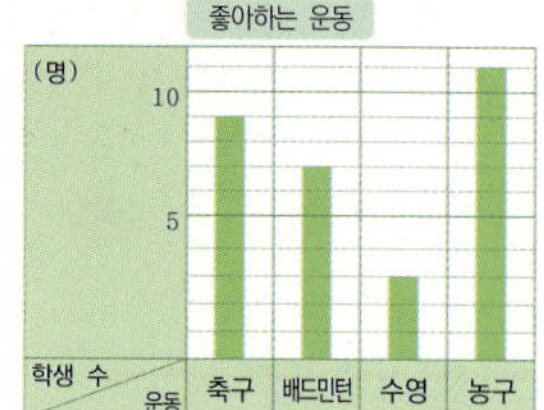

(1) 전체 학생 수는 **30** 명입니다.

(2) 가장 많은 학생이 좋아하는 운동은 **농구** 입니다

(3) 막대의 길이는 **학생 수** 를 나타냅니다.

(4) 가장 적은 학생이 좋아하는 운동은 **수영** 입니다.

06 배우고 싶은 악기

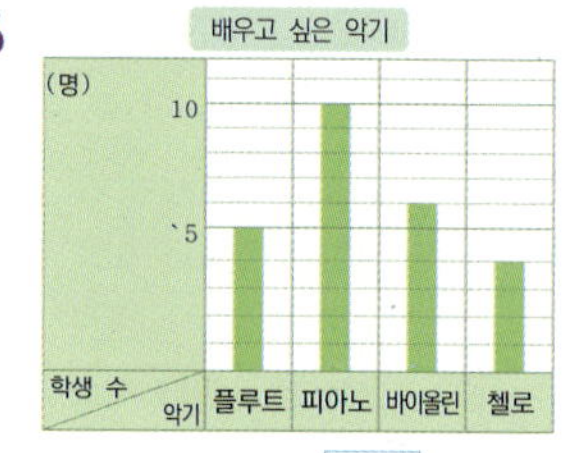

(1) 전체 학생 수는 **25** 명입니다.

(2) 배우고 싶은 악기 중에서 학생 수가 가장 많은 악기와 가장 적은 악기의 차이는 **6** 명입니다.

[07~08] 막대 그래프를 보고 빈칸을 채우세요.

07 학생들이 좋아하는 산

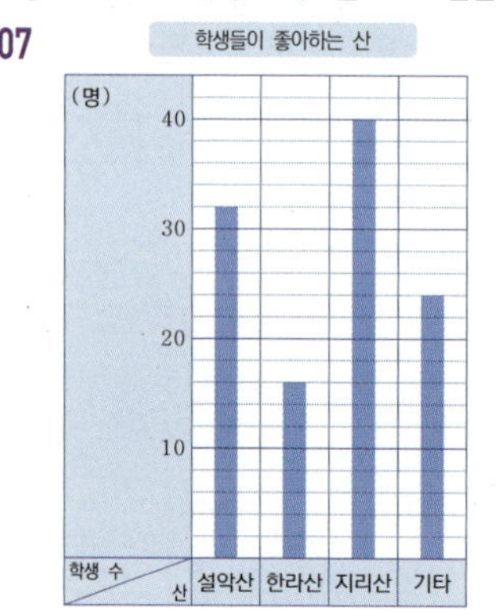

(1) 세로 눈금 1칸은 **2** 명입니다.

(2) 학생 수는 모두 **112** 명입니다.

(3) 지리산을 좋아하는 학생 수는 **40** 명입니다.

(4) 설악산을 좋아하는 학생 수는 **32** 명입니다.

(5) 한라산을 좋아하는 학생 수는 **16** 명입니다.

(6) 설악산 또는 지리산을 좋아하는 학생 수는 **72** 명입니다.

08 학생들이 좋아하는 음식

(1) 세로 눈금 1칸은 **10** 명입니다.

(2) 돈가스를 좋아하는 학생 수는 **130** 명입니다.

(3) 햄버거를 좋아하는 학생 수는 **100** 명입니다.

(4) 스파게티를 좋아하는 학생 수는 **70** 명입니다.

(5) 김밥을 좋아하는 학생 수는 **190** 명입니다.

(6) 전체 학생 수는 **490** 명입니다.

---

09 어느 해 6월~8월의 월별 맑은 날과 흐린 날을 나타낸 막대그래프입니다. 맑은 날이 흐린 날보다 많은 달은 몇 월일까요?

풀이과정

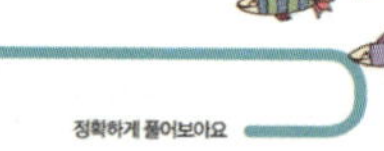

(1) 6월에는 맑은 날과 흐린 날이 각각 **18** 일과 **6** 일입니다.

(2) 7월에는 맑은 날과 흐린 날이 각각 **8** 일과 **14** 일입니다.

(3) 8월에는 맑은 날과 흐린 날이 각각 **14** 일과 **12** 일입니다.

(4) 맑은 날이 흐린 날 보다 많은 달은 **6** 월과 **8** 월입니다.

물음에 답하세요.

10

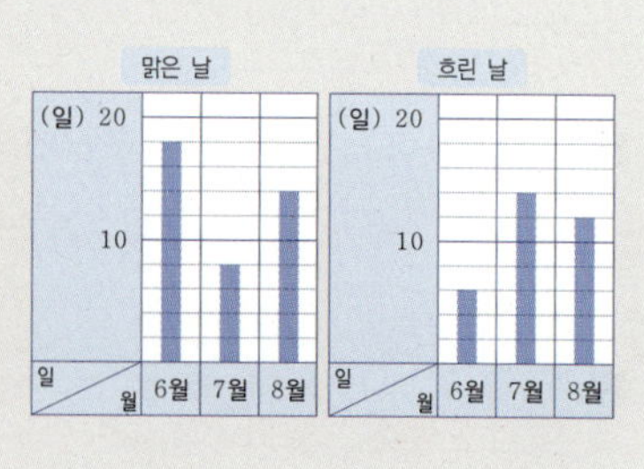

(1) 전철 탄 날이 가장 많았던 달은 몇 월일까요?
7월

(2) 6월, 7월, 8월에 버스 탄 날은 모두 며칠일까요?
42일

(3) 버스보다 전철을 많이 탄 달은 몇 월일까요?
7월

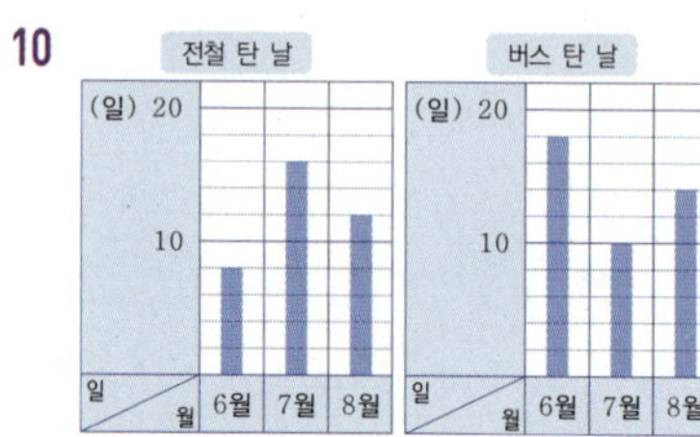

연마 Check 칭찬이나 노력할 점을 써 주세요.

맞힌 개수		지도 의견	
	개	나의 생각	확인란

막대그래프 그리기

월 일

● 막대그래프 그리는 순서

① 가로와 세로 중 어느 쪽에 조사한 수를 나타낼 것인가를 정합니다.
② 눈금 한 칸의 크기를 정하고, 조사한 수 중 가장 큰 수를 나타낼 수 있도록 눈금의 수를 정합니다.
③ 조사 한 수에 맞도록 막대를 그립니다.
④ 막대그래프에 알맞은 제목을 붙입니다.

핵심 포인트
• 막대그래프로 한눈에 크기를 비교할 수 있습니다.

[01~04] 표를 보고 막대그래프를 나타내어 보세요.

01

과목	국어	수학	영어	과학
학생 수(명)	7	8	6	4

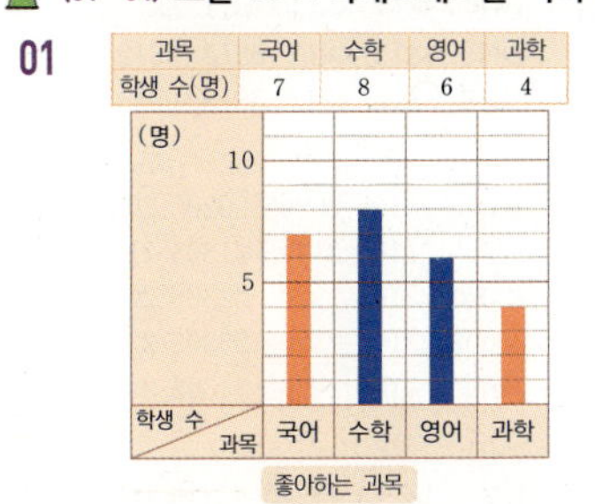

03

분식	만두	김밥	떡볶이	튀김
학생 수(명)	3	7	9	6

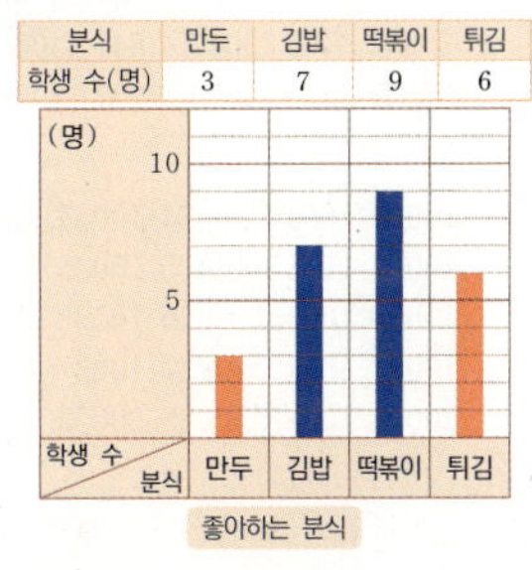

02

혈액형	A형	B형	AB형	O형
학생 수(명)	8	6	2	4

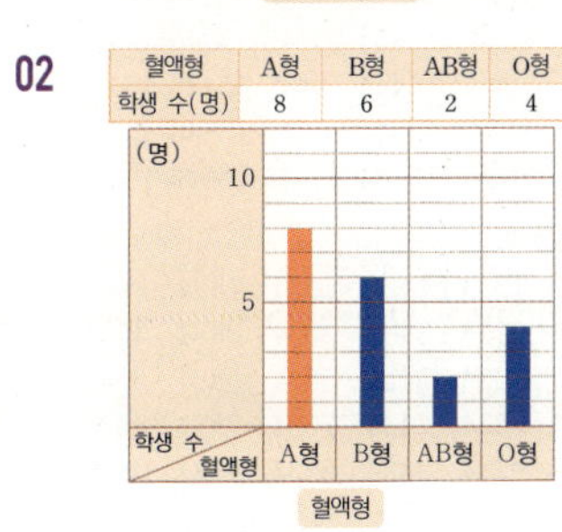

04

과일	배	참외	귤	키위
학생 수(명)	4	5	8	8

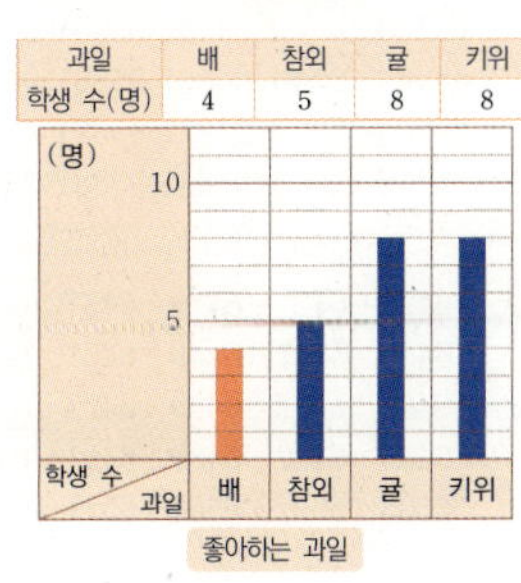

정확하게 풀어보아요

[05~08] 표를 보고 막대그래프를 나타내어 보세요.

05 <학생들의 혈액형>

혈액형	A형	B형	AB형	O형
학생 수(명)	11	8	5	6

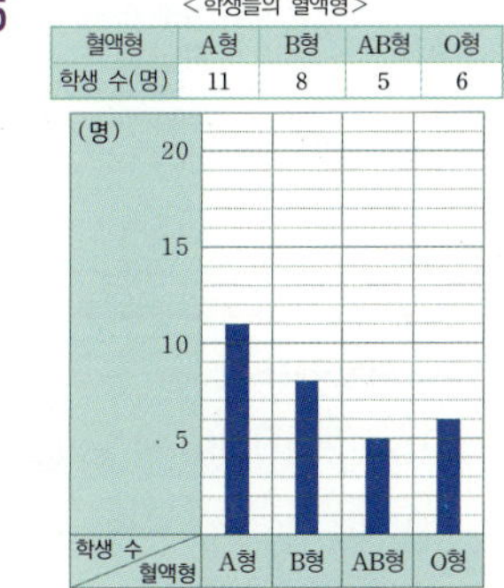

07 <학생들이 좋아하는 TV프로그램>

TV 프로그램	예능	다큐	드라마	스포츠
학생 수(명)	17	8	11	9

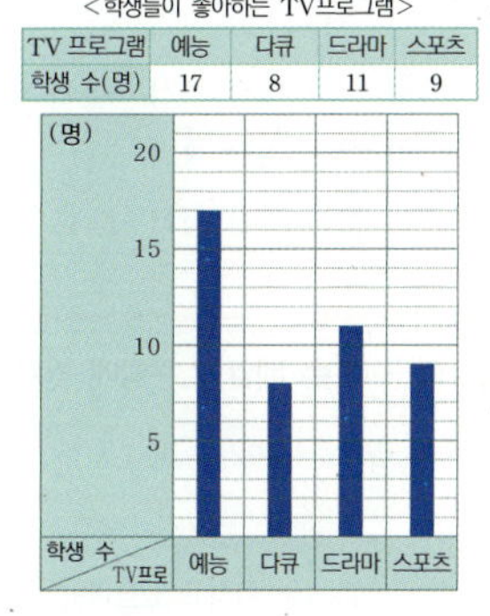

06 <학생들이 좋아하는 운동>

운동	축구	야구	배구	농구
학생 수(명)	11	7	4	18

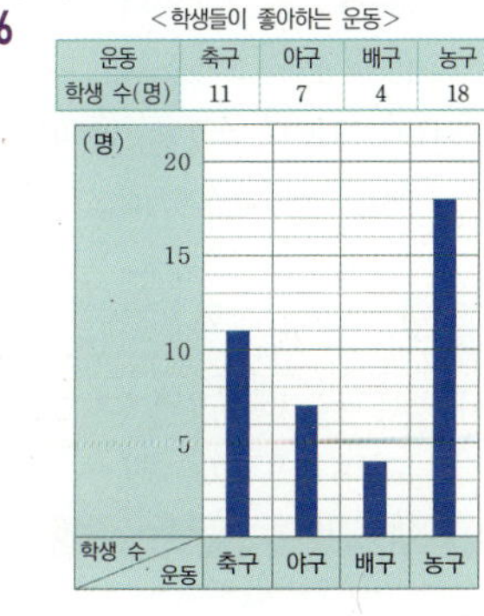

08 <학생들이 좋아하는 음악>

음악	클래식	재즈	가요	팝송
학생 수(명)	6	4	17	13

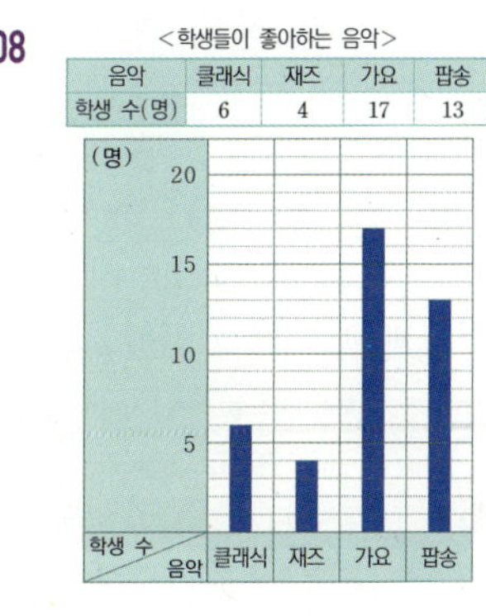

정확하게 풀어보아요

[09~12] 50명의 학생을 조사하여 나타낸 표의 빈칸을 채우고 막대그래프로 나타내어 보세요.

09 가보고 싶은 곳

장소	해운대	남산	정동진	남이섬
학생 수(명)	10	6	19	15

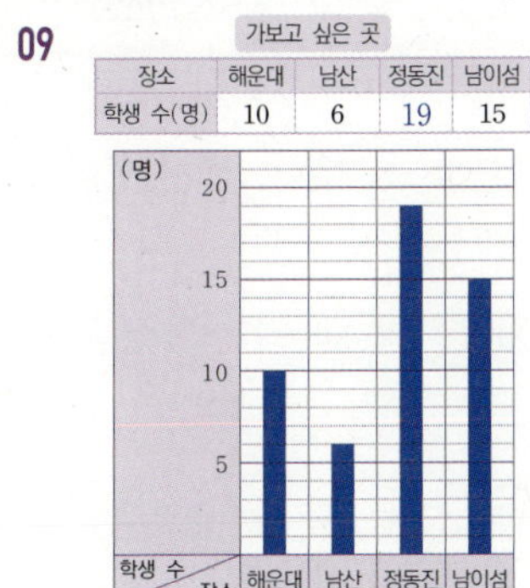

11 좋아하는 계절

계절	봄	여름	가을	겨울
학생 수(명)	9	14	17	10

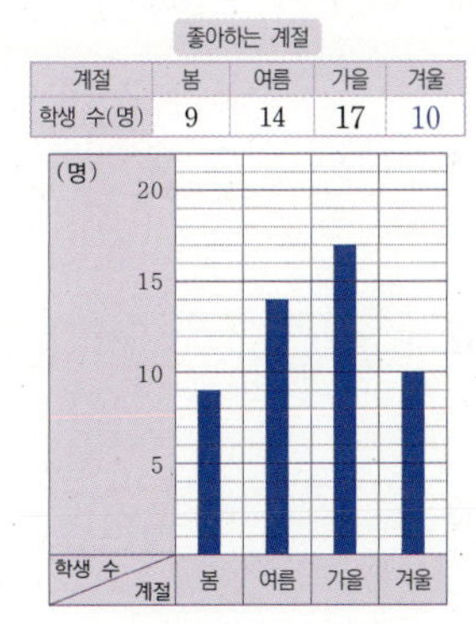

10 여행하고 싶은 나라

나라	캐나다	미국	프랑스	독일
학생 수(명)	15	14	12	9

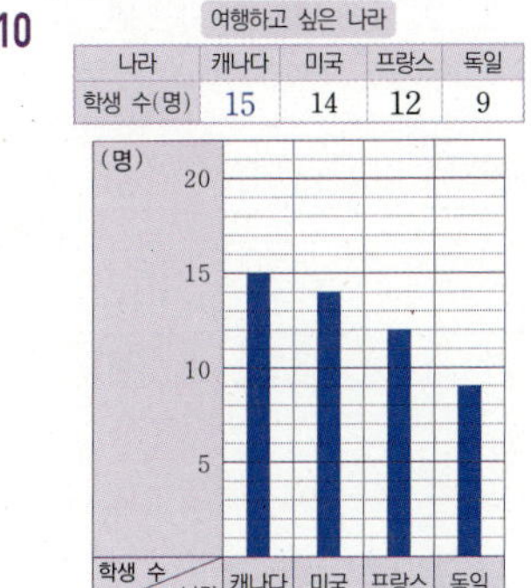

12 좋아하는 색

색	검정	노랑	빨강	파랑
학생 수(명)	13	13	8	16

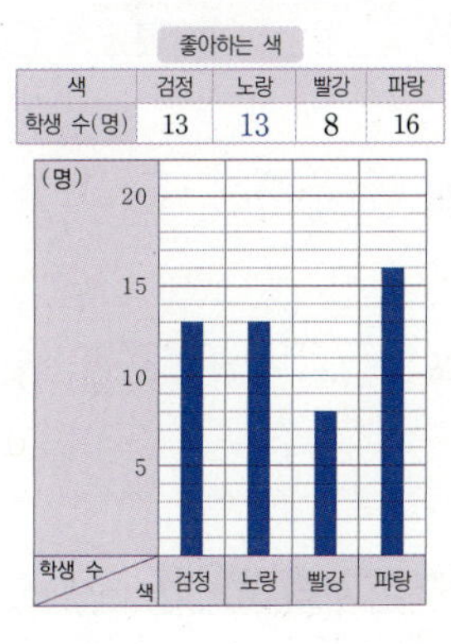

정확하게 풀어보아요

[13~16] 참여한 학생 수는 모두 30명입니다. 지워진 부분의 학생 수를 구하세요.

13 좋아하는 꽃

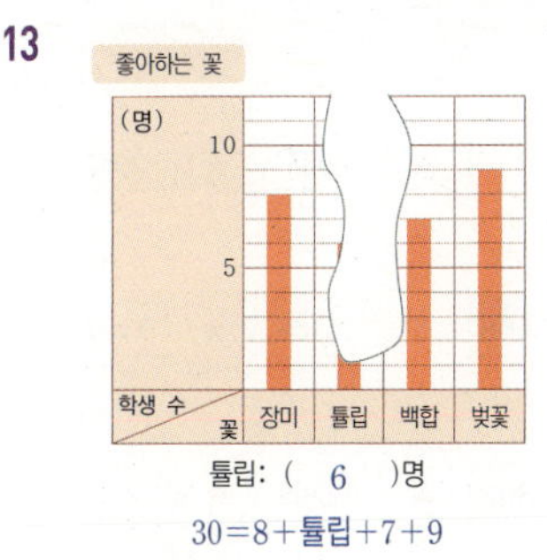

튤립: (6)명

$30 = 8 + 튤립 + 7 + 9$

15 평소 읽고 싶은 책

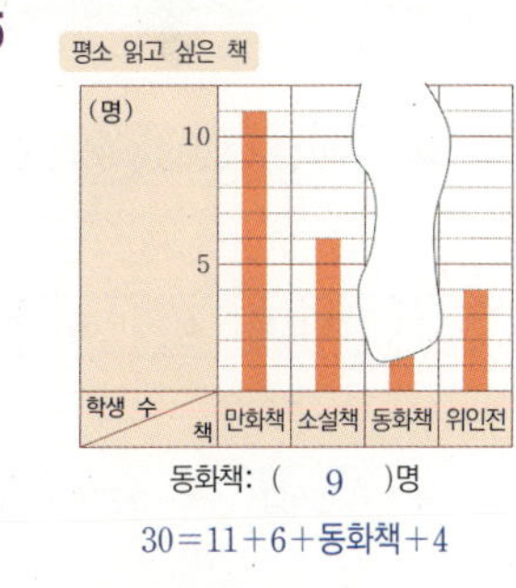

동화책: (9)명

$30 = 11 + 6 + 동화책 + 4$

14 좋아하는 애완동물

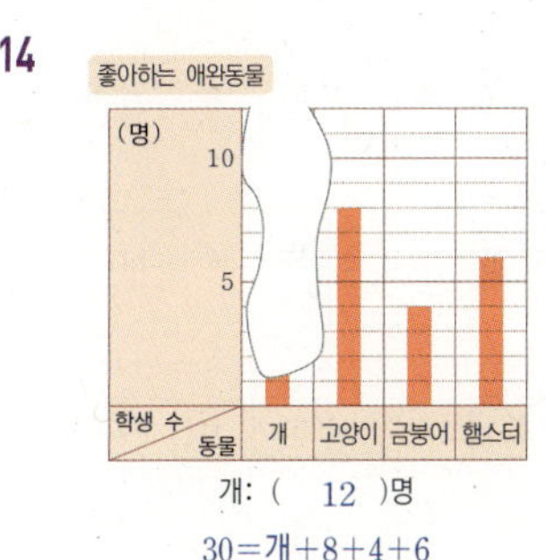

개: (12)명

$30 = 개 + 8 + 4 + 6$

16 방과 후 취미활동

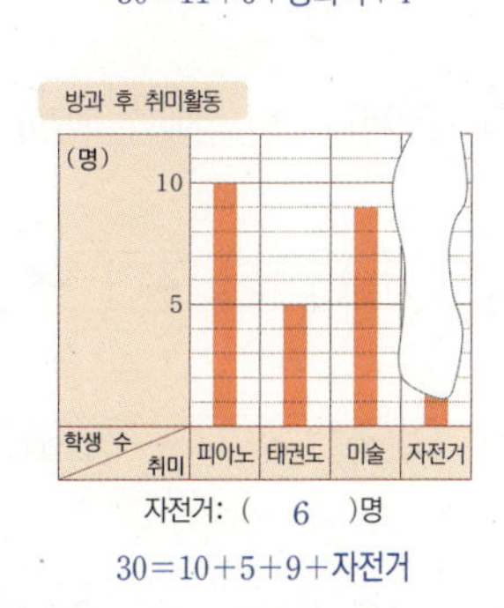

자전거: (6)명

$30 = 10 + 5 + 9 + 자전거$

엄마 Check 칭찬이나 노력할 점을 써 주세요.

맞힌 개수	지도 의견		확인란
개	나의 생각		

수의 배열에서 규칙 찾기

월   일

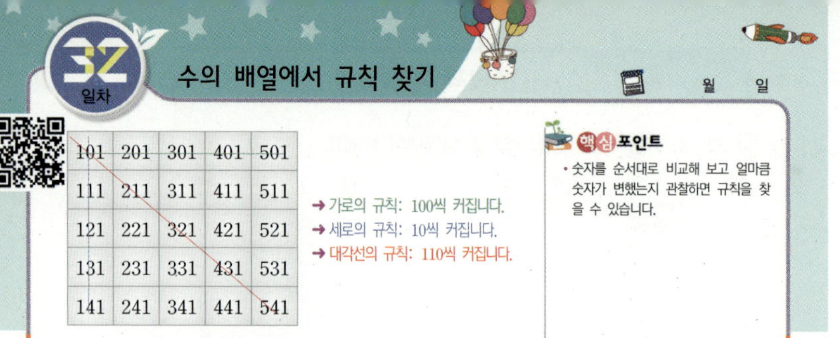

101	201	301	401	501
111	211	311	411	511
121	221	321	421	521
131	231	331	431	531
141	241	341	441	541

→ 가로의 규칙: 100씩 커집니다.
→ 세로의 규칙: 10씩 커집니다.
→ 대각선의 규칙: 110씩 커집니다.

핵심포인트
· 숫자를 순서대로 비교해 보고 얼마큼 숫자가 변했는지 관찰하면 규칙을 찾을 수 있습니다.

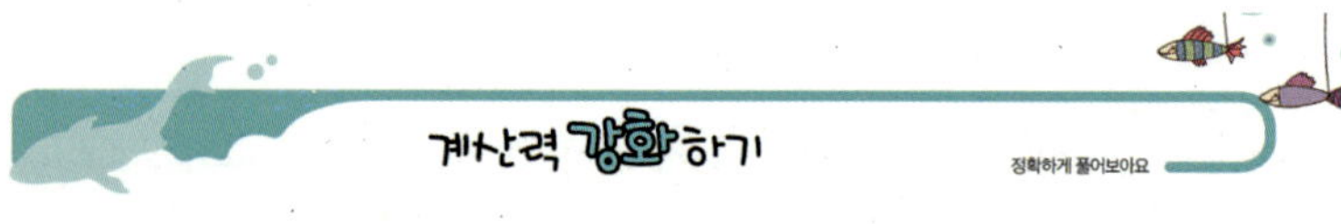

[01~10] 수 배열의 규칙에 맞게 빈칸에 들어갈 수를 써넣으세요.

01 501 502 503 504 / 505 506 507
1씩 커지고 있습니다.

02 886 876 866 856 / 846 836 826
10씩 줄어들고 있습니다.

03 2273 2373 2473 2573 / 2673 2773 2873
100씩 커지고 있습니다.

04 4520 4540 4560 4580 / 4600 4620 4640
20씩 커지고 있습니다.

05 1174 1474 1774 2074 / 2374 2674 2974
300씩 커지고 있습니다.

06 15418 15414 15410 15406 / 15402 15398 15394
4씩 줄어들고 있습니다.

07 9084 8984 8884 8784 / 8684 8584 8484
100씩 줄어들고 있습니다.

08 94102 94602 95102 95602 / 96102 96602 97102
500씩 커지고 있습니다.

09 336 636 936 1236 / 1536 1836 2136
300씩 커지고 있습니다.

10 2048 1024 512 256 / 128 64 32
앞 수의 $\frac{1}{2}$로 작아지고 있습니다.

계산력 강화하기
정확하게 풀어보아요

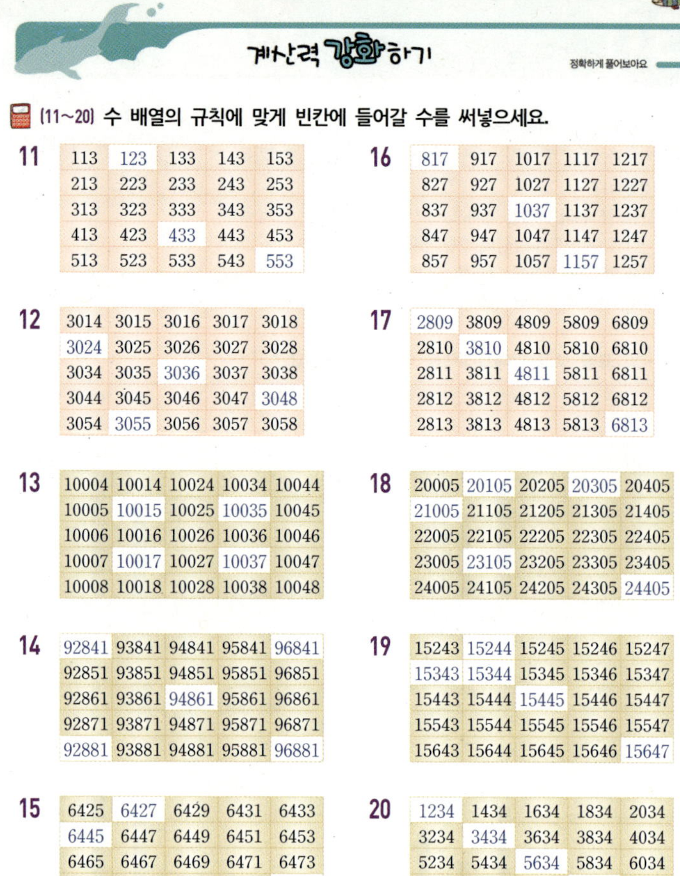

[11~20] 수 배열의 규칙에 맞게 빈칸에 들어갈 수를 써넣으세요.

11

113	123	133	143	153
213	223	233	243	253
313	323	333	343	353
413	423	433	443	453
513	523	533	543	553

12

3014	3015	3016	3017	3018
3024	3025	3026	3027	3028
3034	3035	3036	3037	3038
3044	3045	3046	3047	3048
3054	3055	3056	3057	3058

13

10004	10014	10024	10034	10044
10005	10015	10025	10035	10045
10006	10016	10026	10036	10046
10007	10017	10027	10037	10047
10008	10018	10028	10038	10048

14

92841	93841	94841	95841	96841
92851	93851	94851	95851	96851
92861	93861	94861	95861	96861
92871	93871	94871	95871	96871
92881	93881	94881	95881	96881

15

6425	6427	6429	6431	6433
6445	6447	6449	6451	6453
6465	6467	6469	6471	6473
6485	6487	6489	6491	6493
6505	6507	6509	6511	6513

16

817	917	1017	1117	1217
827	927	1027	1127	1227
837	937	1037	1137	1237
847	947	1047	1147	1247
857	957	1057	1157	1257

17

2809	3809	4809	5809	6809
2810	3810	4810	5810	6810
2811	3811	4811	5811	6811
2812	3812	4812	5812	6812
2813	3813	4813	5813	6813

18

20005	20105	20205	20305	20405
21005	21105	21205	21305	21405
22005	22105	22205	22305	22405
23005	23105	23205	23305	23405
24005	24105	24205	24305	24405

19

15243	15244	15245	15246	15247
15343	15344	15345	15346	15347
15443	15444	15445	15446	15447
15543	15544	15545	15546	15547
15643	15644	15645	15646	15647

20

1234	1434	1634	1834	2034
3234	3434	3634	3834	4034
5234	5434	5634	5834	6034
7234	7434	7634	7834	8034
9234	9434	9634	9834	10034

계산력 강화하기
정확하게 풀어보아요

[21~29] 규칙적인 수의 배열에서 ▲, ★에 알맞은 수를 구해 보세요.

21 4108 ▲ 4128 4138 4148 ★   → +10   ▲: 4118   ★: 4158

22 ▲ 3945 3955 3965 3975 ★   → +10   ▲: 3935   ★: 3985

23 15463 15464 ▲ ★ 15467 15468   → +1   ▲: 15465   ★: 15466

24 ▲ 73802 ★ 75802 76802 77802   → +1000   ▲: 72802   ★: 74802

25 50167 ▲ 50567 50767 ★ 51167   → +200   ▲: 50367   ★: 50967

26 11758 12758 ▲ ★ 15758 16758   +1000   ▲: 13758   ★: 14758

27 94261 ▲ ★ 94267 94269 94271   → +2   ▲: 94263   ★: 94265

28 2405 2410 ▲ 2420 ★ 2430   → +5   ▲: 2415   ★: 2425

29 37981 37871 37761 ▲ 37541 ★   → −110   ▲: 37651   ★: 37431

계산력 강화하기
정확하게 풀어보아요

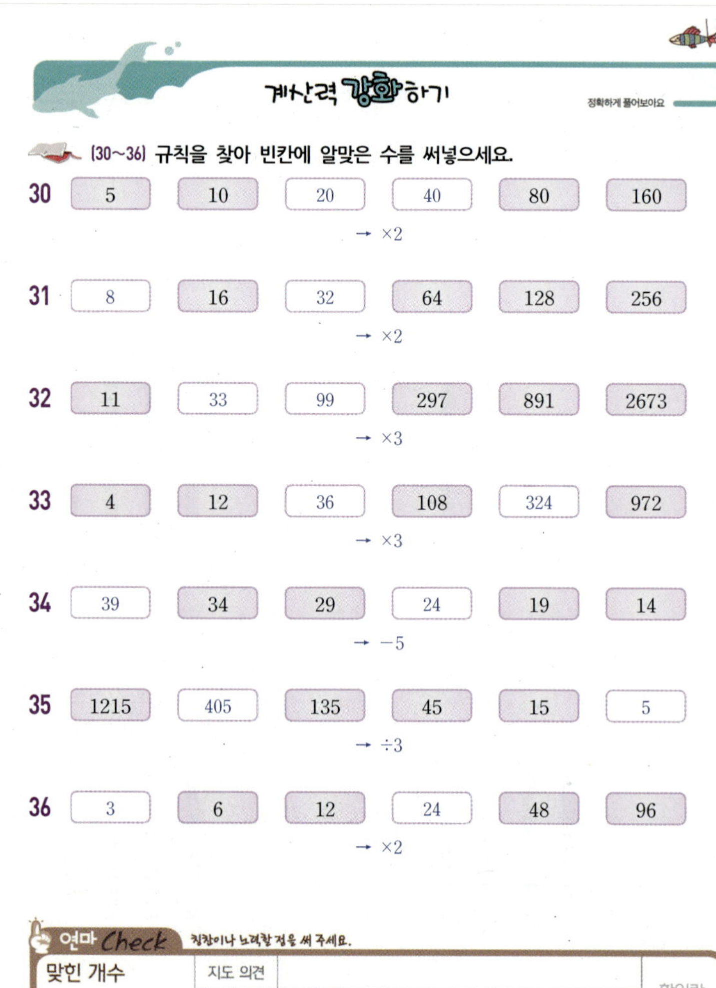

[30~36] 규칙을 찾아 빈칸에 알맞은 수를 써넣으세요.

30 5 10 20 40 80 160   → ×2

31 8 16 32 64 128 256   → ×2

32 11 33 99 297 891 2673   → ×3

33 4 12 36 108 324 972   → ×3

34 39 34 29 24 19 14   → −5

35 1215 405 135 45 15 5   → ÷3

36 3 6 12 24 48 96   → ×2

연마 Check 칭찬이나 노력할 점을 써 주세요.

맞힌 개수		지도 의견		확인란
	개	나의 생각		

월 일

핵심포인트
- 2개씩 늘어나는 규칙을 갖고 있으므로 다섯 번째 올 도형의 개수는 9개입니다.

→ 모형의 개수가 1개, 3개, 5개, 7개 … 로 단계가 진행될 때마다 2개씩 늘어나는 규칙을 갖고 있습니다.

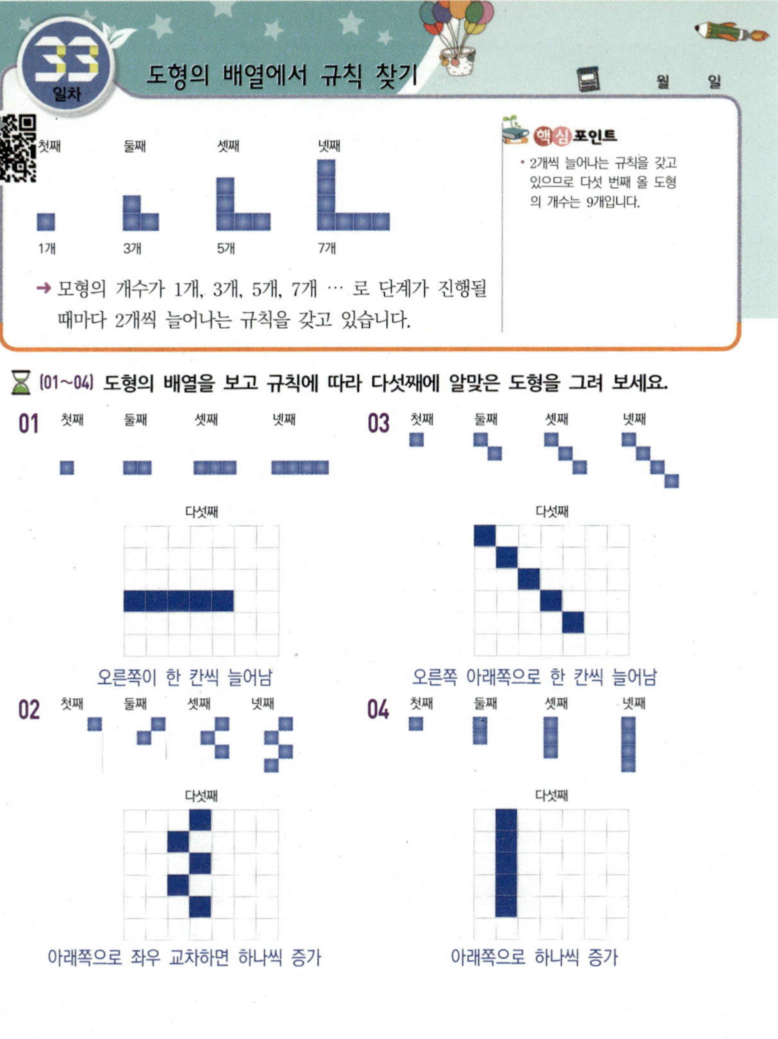

(01~04) 도형의 배열을 보고 규칙에 따라 다섯째에 알맞은 도형을 그려 보세요.

01 첫째 둘째 셋째 넷째 / 다섯째
오른쪽이 한 칸씩 늘어남

03 첫째 둘째 셋째 넷째 / 다섯째
오른쪽 아래쪽으로 한 칸씩 늘어남

02 첫째 둘째 셋째 넷째 / 다섯째
아래쪽으로 좌우 교차하면 하나씩 증가

04 첫째 둘째 셋째 넷째 / 다섯째
아래쪽으로 하나씩 증가

(05~10) 도형의 배열을 보고 규칙에 따라 다섯째에 알맞은 도형을 그려 보세요.

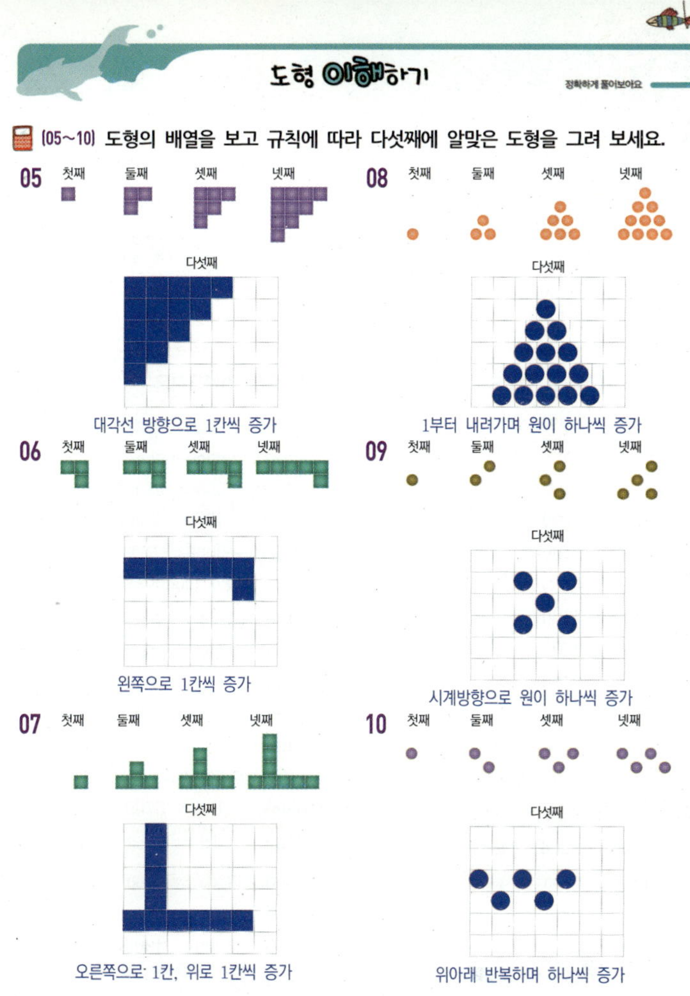

05 첫째 둘째 셋째 넷째 / 다섯째
대각선 방향으로 1칸씩 증가

08 첫째 둘째 셋째 넷째 / 다섯째
1부터 내려가며 원이 하나씩 증가

06 첫째 둘째 셋째 넷째 / 다섯째
왼쪽으로 1칸씩 증가

09 첫째 둘째 셋째 넷째 / 다섯째
시계방향으로 원이 하나씩 증가

07 첫째 둘째 셋째 넷째 / 다섯째
오른쪽으로 1칸, 위로 1칸씩 증가

10 첫째 둘째 셋째 넷째 / 다섯째
위아래 반복하며 하나씩 증가

(11~13) 도형의 배열을 보고 알맞은 도형을 그려 보세요.

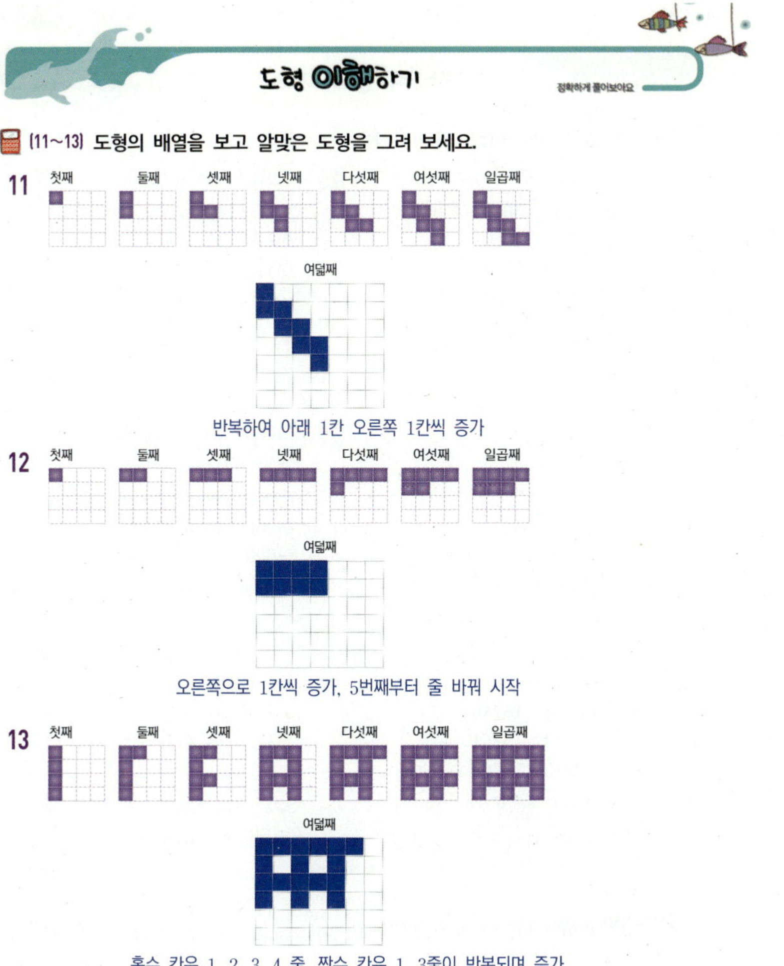

11 첫째 둘째 셋째 넷째 다섯째 여섯째 일곱째 / 여덟째
반복하여 아래 1칸 오른쪽 1칸씩 증가

12 첫째 둘째 셋째 넷째 다섯째 여섯째 일곱째 / 여덟째
오른쪽으로 1칸씩 증가, 5번째부터 줄 바꿔 시작

13 첫째 둘째 셋째 넷째 다섯째 여섯째 일곱째 / 여덟째
홀수 칸은 1, 2, 3, 4 줄, 짝수 칸은 1, 3줄이 반복되며 증가

(14~16) 도형의 배열을 보고 알맞은 도형을 그려 보세요.

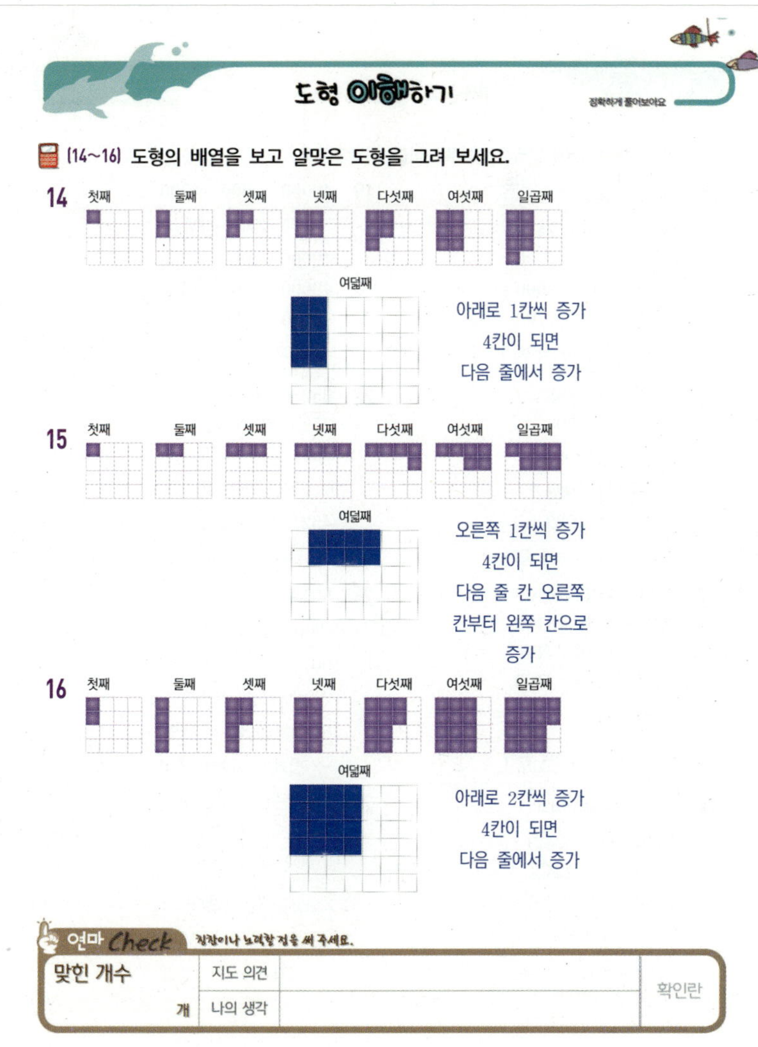

14 첫째 둘째 셋째 넷째 다섯째 여섯째 일곱째 / 여덟째
아래로 1칸씩 증가
4칸이 되면
다음 줄에서 증가

15 첫째 둘째 셋째 넷째 다섯째 여섯째 일곱째 / 여덟째
오른쪽 1칸씩 증가
4칸이 되면
다음 줄 칸 오른쪽
칸부터 왼쪽 칸으로
증가

16 첫째 둘째 셋째 넷째 다섯째 여섯째 일곱째 / 여덟째
아래로 2칸씩 증가
4칸이 되면
다음 줄에서 증가

연마 Check 칭찬이나 노력할 점을 써 주세요.

맞힌 개수	지도 의견	
개	나의 생각	확인란

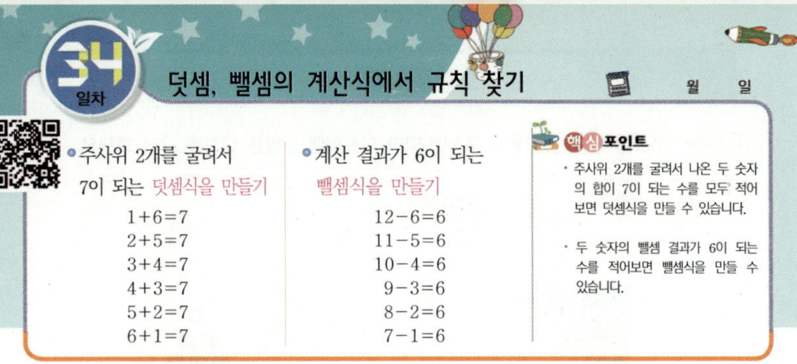

34 일차 덧셈, 뺄셈의 계산식에서 규칙 찾기

월 일

- 주사위 2개를 굴려서 7이 되는 덧셈식 만들기

$$1+6=7$$
$$2+5=7$$
$$3+4=7$$
$$4+3=7$$
$$5+2=7$$
$$6+1=7$$

- 계산 결과가 6이 되는 뺄셈식을 만들기

$$12-6=6$$
$$11-5=6$$
$$10-4=6$$
$$9-3=6$$
$$8-2=6$$
$$7-1=6$$

핵심포인트

- 주사위 2개를 굴려 나온 두 숫자의 합이 7이 되는 수를 모두 적어 보면 덧셈식을 만들 수 있습니다.

- 두 숫자의 뺄셈 결과가 6이 되는 수를 적어보면 뺄셈식을 만들 수 있습니다.

[01~06] 규칙적인 배열을 생각하여 빈칸에 알맞은 수를 써넣으시오.

01
$$2200+1100=3300$$
$$2200+2100=4300$$
$$2200+3100=\boxed{5300}$$
$$2200+4100=6300$$
$$2200+5100=\boxed{7300}$$
결과가 1000씩 증가

02
$$1700+3600=5300$$
$$1800+3600=\boxed{5400}$$
$$1900+3600=5500$$
$$2000+3600=\boxed{5600}$$
$$2100+3600=5700$$
결과가 100씩 증가

03
$$1200+\boxed{3200}=\boxed{4400}$$
$$1300+3300=4600$$
$$1400+\boxed{3400}=\boxed{4800}$$
$$1500+3500=5000$$
$$1600+3600=5200$$
결과가 200씩 증가

04
$$56000-7000=\boxed{49000}$$
$$56000-6000=50000$$
$$56000-5000=51000$$
$$56000-4000=52000$$
$$56000-3000=\boxed{53000}$$
결과가 1000씩 증가

05
$$8400-\boxed{1400}=\boxed{7000}$$
$$8400-1500=6900$$
$$8400-1600=6800$$
$$8400-1700=6700$$
$$8400-\boxed{1800}=\boxed{6600}$$
결과가 100씩 감소

06
$$6800-1100=5700$$
$$6700-\boxed{1200}=\boxed{5500}$$
$$6600-\boxed{1300}=\boxed{5300}$$
$$6500-1400=5100$$
$$6400-1500=4900$$
결과가 200씩 감소

[07~14] 규칙적인 배열을 생각하여 빈칸에 알맞은 수를 써넣으시오.

07
$$2200+1100=3300$$
$$2200+2100=4300$$
$$2200+3100=5300$$
$$2200+4100=6300$$
$$\boxed{2200}+\boxed{5100}=\boxed{7300}$$
결과가 1000씩 증가

08
$$461+118=579$$
$$\boxed{461}+\boxed{128}=\boxed{589}$$
$$461+138=599$$
$$461+148=609$$
$$461+158=619$$
결과가 10씩 증가

09
$$1459+2623=4082$$
$$\boxed{1460}+\boxed{2624}=\boxed{4084}$$
$$1461+2625=4086$$
$$1462+2626=4088$$
$$\boxed{1463}+\boxed{2627}=\boxed{4090}$$
결과가 2씩 증가

10
$$\boxed{5049}+\boxed{4156}=\boxed{9205}$$
$$5069+4166=9235$$
$$5089+4176=9265$$
$$\boxed{5109}+\boxed{4186}=\boxed{9295}$$
$$5129+4196=9325$$
결과가 30씩 증가

11
$$56000-7000=4900$$
$$56000-6000=5000$$
$$\boxed{56000}-\boxed{5000}=\boxed{5100}$$
$$56000-4000=5200$$
$$56000-3000=5300$$
결과가 100씩 증가

12
$$943-145=798$$
$$843-145=698$$
$$743-145=598$$
$$\boxed{643}-\boxed{145}=\boxed{498}$$
$$543-145=398$$
결과가 100씩 감소

13
$$5814-1726=4088$$
$$\boxed{5824}-\boxed{1716}=\boxed{4108}$$
$$5834-1706=4128$$
$$5844-1696=4148$$
$$5854-1686=4168$$
결과가 20씩 증가

14
$$\boxed{4284}-\boxed{1276}=\boxed{3008}$$
$$4274-1286=2988$$
$$4264-1296=2968$$
$$4254-1306=2948$$
$$\boxed{4244}-\boxed{1316}=\boxed{2928}$$
결과가 20씩 감소

[15~22] 빈칸에 알맞은 말이나 식을 써넣으세요.

15
$$\boxed{5100+2200=7300}$$
$$5100+2300=7400$$
$$5100+2400=7500$$
$$5100+2500=7600$$
$$5100+2600=7700$$
→ 결과가 $\boxed{100}$씩 증가

16
$$557+341=898$$
$$557+351=908$$
$$\boxed{557+361=918}$$
$$557+371=928$$
$$557+381=938$$
→ 결과가 $\boxed{10}$씩 증가

17
$$3011+1128=4139$$
$$3021+1138=4159$$
$$3031+1148=4179$$
$$3041+1158=4199$$
$$\boxed{3051+1168=4219}$$
→ 결과가 $\boxed{20}$씩 증가

18
$$\boxed{1430+980=2410}$$
$$1440+981=2421$$
$$1450+982=2432$$
$$1460+983=2443$$
$$\boxed{1470+984=2454}$$
→ 결과가 $\boxed{11}$씩 증가

19
$$49000-2000=4700$$
$$\boxed{49000-3000=4600}$$
$$49000-4000=4500$$
$$49000-5000=4400$$
$$49000-6000=4300$$
→ 결과가 $\boxed{100}$씩 감소

20
$$852-226=626$$
$$752-226=526$$
$$652-226=426$$
$$\boxed{552-226=326}$$
$$452-226=226$$
→ 결과가 $\boxed{100}$씩 감소

21
$$9014-2871=6143$$
$$\boxed{9024-2861=6163}$$
$$9034-2851=6183$$
$$\boxed{9044-2841=6203}$$
$$9054-2831=6223$$
→ 결과가 $\boxed{20}$씩 증가

22
$$3894-608=3286$$
$$3884-607=3277$$
$$\boxed{3874-606=3268}$$
$$\boxed{3864-605=3259}$$
$$3854-604=3250$$
→ 결과가 $\boxed{9}$씩 감소

[23~28] 빈칸에 알맞은 말이나 식을 써넣으세요.

23
$$\boxed{4400+1100=5500}$$
$$4400+1200=5600$$
$$4400+1300=5700$$
$$4400+1400=5800$$
$$4400+1500=5900$$
→ 결과가 $\boxed{100}$씩 증가

24
$$318+207=525$$
$$318+217=535$$
$$\boxed{318+227=545}$$
$$318+237=555$$
$$318+247=565$$
→ 결과가 $\boxed{10}$씩 증가

25
$$9017+6712=15729$$
$$9027+6713=15740$$
$$9037+6714=15751$$
$$9047+6715=15762$$
$$\boxed{9057+6716=15773}$$
→ 결과가 $\boxed{11}$씩 증가

26
$$\boxed{2911+141=3052}$$
$$2921+142=3063$$
$$2931+143=3074$$
$$2941+144=3085$$
$$\boxed{2951+145=3096}$$
→ 결과가 $\boxed{11}$씩 증가

27
$$78000-1000=77000$$
$$\boxed{78000-2000=76000}$$
$$78000-3000=75000$$
$$78000-4000=74000$$
$$78000-5000=73000$$
→ 결과가 $\boxed{1000}$씩 감소

28
$$931-314=617$$
$$831-314=517$$
$$731-314=417$$
$$\boxed{631-314=317}$$
$$531-314=217$$
→ 결과가 $\boxed{100}$씩 감소

연마 Check 칭찬이나 노력할 점을 써 주세요.

맞힌 개수	지도 의견		확인란
개	나의 생각		

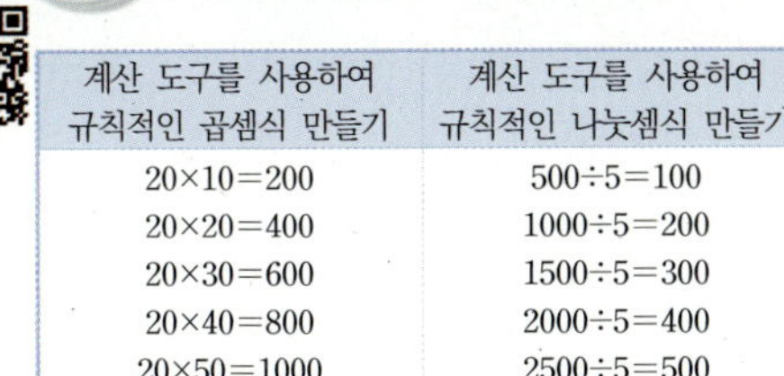

곱셈, 나눗셈의 계산식에서 규칙 찾기

월   일

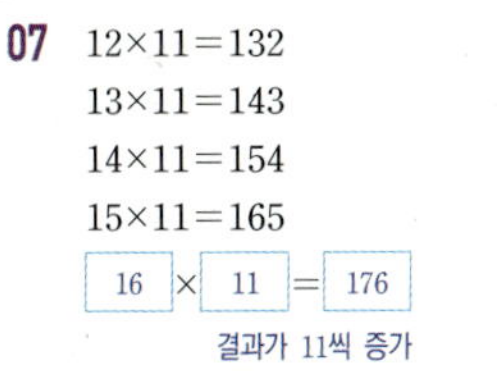

계산 도구를 사용하여 규칙적인 곱셈식 만들기	계산 도구를 사용하여 규칙적인 나눗셈식 만들기
20×10=200	500÷5=100
20×20=400	1000÷5=200
20×30=600	1500÷5=300
20×40=800	2000÷5=400
20×50=1000	2500÷5=500

핵심포인트

- 20에 10, 20, 30과 같이 10씩 커지는 수를 곱하면 계산 결과가 200씩 커지는 곱셈식을 만들 수 있습니다.

- 500, 1000, 1500과 같이 500씩 커지는 수를 5로 나누면 계산 결과는 100씩 커지는 나눗셈식을 만들 수 있습니다.

[01~06] 계산식 배열의 규칙에 맞게 빈칸에 식을 써넣으세요.

01
$6×101=606$
$6×1001=6006$
$6×10001=60006$
$6×100001=600006$
$6×1000001=\boxed{6000006}$

6과 6 사이에 0이 하나씩 추가

02
$1×9=9$
$21×9=189$
$321×9=2889$
$4321×9=38889$
$54321×9=\boxed{488889}$

가장 높은 자리 숫자 1씩 증가, 중간에 8이 하나씩 추가

03
$1200÷12=100$
$2400÷12=200$
$3600÷12=300$
$4800÷12=400$
$6000÷12=\boxed{500}$

100씩 증가

04
$11×11=121$
$11×111=1221$
$11×1111=12221$
$11×11111=122221$
$11×111111=\boxed{1222221}$

1과 1 사이에 2가 하나씩 추가

05
$700÷7=100$
$1400÷7=200$
$2100÷7=300$
$2800÷7=400$
$3500÷7=\boxed{500}$

100씩 증가

06
$24200÷2200=11$
$48400÷2200=22$
$72600÷2200=33$
$96800÷2200=44$
$121000÷2200=\boxed{55}$

십의 자리와 일의 자리 숫자 1씩 증가

계산력 강화하기

정확하게 풀어보아요

[07~14] 계산식 배열의 규칙에 맞게 빈칸에 식을 써넣으세요.

07
$12×11=132$
$13×11=143$
$14×11=154$
$15×11=165$
$\boxed{16}×\boxed{11}=\boxed{176}$

결과가 11씩 증가

08
$8×106=848$
$8×1006=8048$
$8×10006=80048$
$8×100006=800048$
$\boxed{8}×\boxed{1000006}=\boxed{8000048}$

결과의 숫자 8과 4 사이에 0이 하나씩 추가

09
$9×109=981$
$9×1009=9081$
$9×10009=90081$
$9×100009=900081$
$\boxed{9}×\boxed{1000009}=\boxed{9000081}$

결과의 숫자 9와 8 사이에 0이 하나씩 추가

10
$9×22=198$
$9×222=1998$
$9×2222=19998$
$9×22222=199998$
$\boxed{9}×\boxed{222222}=\boxed{1999998}$

결과의 숫자 19과 8 사이에 9가 하나씩 추가

11
$144÷12=12$
$1464÷12=122$
$14664÷12=1222$
$146664÷12=12222$
$\boxed{1466664}÷\boxed{12}=\boxed{122222}$

결과에 2로 한 자리씩 추가

12
$1089÷33=33$
$10989÷33=333$
$109989÷33=3333$
$1099989÷33=33333$
$\boxed{10999989}÷\boxed{33}=\boxed{333333}$

결과에 3으로 한 자리씩 추가

13
$1008÷7=144$
$10108÷7=1444$
$101108÷7=14444$
$1011108÷7=144444$
$\boxed{10111108}÷\boxed{7}=\boxed{1444444}$

결과에 4로 한 자리씩 추가

14
$605÷55=11$
$6105÷55=111$
$61105÷55=1111$
$611105÷55=11111$
$\boxed{6111105}÷\boxed{55}=\boxed{111111}$

결과에 1로 한 자리씩 추가

계산력 강화하기

정확하게 풀어보아요

[15~22] 계산식 배열의 규칙에 맞게 빈칸에 식을 써넣으세요.

15
$15×8=120$
$\boxed{15×88=1320}$
$15×888=13320$
$15×8888=133320$
$15×88888=1333320$

결과의 1과 2 사이에 3이 하나씩 추가

16
$9×101=909$
$\boxed{9×1001=9009}$
$9×10001=90009$
$9×100001=900009$
$9×1000001=9000009$

결과의 9와 9 사이에 0이 하나씩 추가

17
$7×707=4949$
$\boxed{7×7007=49049}$
$7×70007=490049$
$7×700007=4900049$
$7×7000007=49000049$

결과의 9와 4 사이에 0이 하나씩 추가

18
$8×44=352$
$\boxed{8×444=3552}$
$8×4444=35552$
$8×44444=355552$
$8×444444=3555552$

결과의 3과 2 사이에 5가 하나씩 추가

19
$169÷13=13$
$1729÷13=133$
$\boxed{17329÷13=1333}$
$173329÷13=13333$
$1733329÷13=133333$

결과에 3으로 한 자리씩 추가

20
$2420÷55=44$
$\boxed{24420÷55=444}$
$244420÷55=4444$
$2444420÷55=44444$
$24444420÷55=444444$

결과에 4로 한 자리씩 추가

21
$65÷5=13$
$\boxed{665÷5=133}$
$6665÷5=1333$
$66665÷5=13333$
$666665÷5=133333$

결과에 3으로 한 자리씩 추가

22
$1089÷99=11$
$\boxed{10989÷99=111}$
$109989÷99=1111$
$1099989÷99=11111$
$10999989÷99=111111$

결과에 1로 한 자리씩 추가

계산력 강화하기

정확하게 풀어보아요

[23~30] 계산식 배열의 규칙에 맞게 빈칸에 식을 써넣으세요.

23
$21×1=21$
$\boxed{21×11=231}$
$21×111=2331$
$21×1111=23331$
$21×11111=233331$

결과의 2와 1 사이에 3으로 한 자리씩 추가

24
$5×303=1515$
$\boxed{5×3003=15015}$
$5×30003=150015$
$5×300003=1500015$
$5×3000003=15000015$

결과의 5와 1 사이에 0으로 한 자리씩 추가

25
$2×101=202$
$\boxed{2×1001=2002}$
$2×10001=20002$
$2×100001=200002$
$2×1000001=2000002$

결과의 2와 2 사이에 0으로 한 자리씩 추가

26
$2×55=110$
$\boxed{2×555=1110}$
$2×5555=11110$
$2×55555=111110$
$2×555555=1111110$

결과의 앞자리에 1이 하나씩 추가

27
$156÷13=12$
$\boxed{1456÷13=112}$
$14456÷13=1112$
$144456÷13=11112$
$1444456÷13=111112$

결과의 앞자리에 1이 하나씩 추가

28
$242÷22=11$
$\boxed{2442÷22=111}$
$244442÷22=1111$
$2444442÷22=11111$
$24444442÷22=111111$

결과의 앞자리에 1이 하나씩 추가

29
$56÷4=14$
$\boxed{576÷4=144}$
$5776÷4=1444$
$57776÷4=14444$
$577776÷4=144444$

결과의 뒷자리에 4가 하나씩 추가

30
$1936÷88=22$
$\boxed{19536÷88=222}$
$195536÷88=2222$
$1955536÷88=22222$
$19555536÷88=222222$

결과의 앞 자리에 2가 하나씩 추가

연마 Check 칭찬이나 느낀점을 써 주세요.

맞힌 개수	지도 의견	확인란
개	나의 생각	

연산마스터 계산력 강화 초등 4-1 7권

총평